日本音響学会 編

音響テクノロジーシリーズ 16

音のアレイ信号処理

―音源の定位・追跡と分離―

工学博士 浅野 太 著

コロナ社

音響テクノロジーシリーズ編集委員会

編集委員長

株式会社 ATR-Promotions
工学博士　正木　信夫

編 集 委 員

産業技術総合研究所
工学博士　蘆原　郁

日本大学
工学博士　伊藤　洋一

千葉工業大学
工学博士　大野　正弘

日本電信電話株式会社
博士（芸術工学）　岡本　学

九州大学
博士（芸術工学）　鏑木　時彦

東京大学
博士（工学）　坂本　慎一

滋賀県立大学
博士（工学）　坂本　眞一

熊本大学
博士（工学）　苣木　禎史

東京情報大学
博士（芸術工学）　西村　明

株式会社ニューズ環境設計
博士（工学）　福島　昭則

（五十音順）

（2012 年 11 月現在）

発刊にあたって

「音響テクノロジーシリーズ」の第1巻「音のコミュニケーション工学－マルチメディア時代の音声・音響技術－」が初代東倉洋一編集委員長率いる第1期編集委員会から提案され，日本音響学会創立60周年記念出版として世に出て13年。その間に編集委員会は第2期吉川茂委員長に引き継がれ，本シリーズは13巻が刊行された。そして昨年，それに引き続く第3期の編集委員会が立ち上がった。

日本音響学会がコロナ社から発行している音響シリーズには「音響工学講座」，「音響入門シリーズ」，「音響テクノロジーシリーズ」があり，多くの読者を得てきた。さらに昨年には，音響学の多様性，現代性，面白さをサイエンティフィックな側面から伝えることを重視した「音響サイエンスシリーズ」が新設されることとなり，企画が進められている。このような構成の中で，この「音響テクノロジーシリーズ」は，従来の「音響技術に関するメソッドの体系化を分野横断的に行う」という方針を軸としつつ，「脳」「生命」「環境」などのキーワードで象徴される，一見音響とは距離があるように見えるが，実は大変関係の深い分野との連携も視野に入れたシリーズとして，さらなる発展を目指していきたい。ここではその枠組みのもとで，本シリーズが果たすべき役割，持つべき特徴，そしてあるべき将来像について考えてみたい。

まず，その果たすべき役割は「つねに新しい情報を提供できる」いわば「生き」がいい情報発信源となること。とにかく，世の中の変化が速い。まさにテクノロジーは日進月歩である。研究者・技術者はつねに的確な情報をとらえておかなければ，ニーズに応えるための適切な研究開発の機を逃すことになりかねない。そこで，本シリーズはつねに新しく有益な情報を提供する役割をきちんと果たしていきたい。そのためには時流にあった企画を立案できる編集委員会の体制が必要である。幸い第 3 期の委員は敏感なアンテナを持ち，しかもその分野を熟知したプロにお願いすることができた。

つぎに本シリーズの持つべき特徴は「読みやすく，理解を助ける工夫がある」いわば，「粋」な配慮があること。これまでも，企画段階から執筆者との間では綿密な打合せが行われ，読者への読みやすさのための配慮がなされてきた。そしてその工夫が高いレベルで実現されていることは，多くの読者の認めるところであろう。また，第 10 巻「音源の流体音響学」や第 13 巻「音楽と楽器の音響測定」には CD-ROM が付録され，紙面からだけでは得ることができない情報提供を可能にした。これも理解を助ける工夫の一つである。今後インターネットを利用するなど，速報性にも配慮した情報提供手段との連携も積極的に進めていきたい。

さらに本シリーズのあるべき将来像は「読者からの意見が企画に反映できる」いわば，編集者・著者・読者の間の「息」の合った関係を構築すること。読者からいただくご意見は編集活動におおいに役立つ。そこには新たな出版企画に繋がる種もあるだろう。是非読者の皆様からのフィードバックを日本音響学会，コロナ社にお寄せいただきたい。

以上述べてきたように，本シリーズが今後も「生き」のいい情報を，「粋」な配慮の行き届いた方法で提供することにより，読者の皆さんとの「息」の合った関係を構築していくことができれば，編集を担当する者としてはこの上ない喜びである。そして，本シリーズが読者から愛され，「息」の長い継続的なものに育てていくことの一翼を担うことができれば幸いである。

最後に，本シリーズの刊行にあたり，企画と執筆に多大なご努力をいただいている編集委員と著者の方々，ならびに出版準備のさまざまな局面で種々のご尽力をいただいているコロナ社の皆様に深く感謝の意を表して，筆を置くことにする。

2009 年 11 月

音響テクノロジーシリーズ編集委員会

編集委員長　正木　信夫

ま え が き

筆者が東北大学の学生として音のアレイ信号処理の研究を始めたのは，1980年代中ごろのことである。当時は，適応信号処理が盛んになりつつあるころであり，観測信号に対して統計的学習を行い，特性を自分自身で決める適応フィルタは，非常に新鮮であった。1980年代後半に入ると，適応信号処理を多チャネルに拡張した適応ビームフォーマや，MUSIC法に代表される高分解能なアレイ信号処理が登場した。1990年代後半には，独立成分分析を用いたブラインド音源分離という新たな枠組みが導入され，話題を呼んだ。

一方，信号処理理論を実装するためのデバイスも，著しい発展を遂げた。筆者が学生のころ，大型計算機センターのスーパーコンピュータを使って行っていたような計算が，ノートパソコンやDSP（ディジタルシグナルプロセッサ）などの小規模な計算資源を用いて，リアルタイムで実現されるようになった。

このように，アレイ信号処理の理論と応用の研究は，この四半世紀の間に大きく発展した。一方で，研究は細分化され，これからアレイ信号処理の研究を始める方の中には，過去の膨大な研究のどこから手を付けてよいか，迷う方もいるのではないかと思われる。また，本題の研究に入る前に多くの基礎知識を必要とし，理論と応用の乖離に悩まされることもあるだろう。

本書では，音響工学やディジタル信号処理を一通り学んだ読者が，音のアレイ信号処理の研究を始めるにあたり，短時間でこれまでの研究を概観できるよう，基礎理論とその応用例をコンパクトにまとめるよう心掛けたつもりである。アレイ信号処理に関しては，さまざまな立場から，優れた専門書が過去に多数出版されている。これらの名著や論文に読み進み，より専門的な知識を獲得する上で，本書がその足掛かりとなれば，幸いである。

本書は，8 章から構成される。このうち，前半の 1〜3 章は，本題のアレイ信号処理に入るための準備の章である。1 章では音波を複数センサで観測する場合の物理的環境とそのモデルについて述べる。2 章および 3 章では，最尤法，MMSE 法，ウィナーフィルタ，適応アルゴリズムなど，アレイ信号処理の理論的背景となるさまざまな推定法や最適化の手法について述べる。

4〜8 章では，アレイ信号処理の主要な方法について述べる。この部分の具体的な構成は 1.1 節に示してある。アレイ信号処理には，じつに多くの方法があり，主要な方法というと語弊があるかもしれないが，言い換えれば，著者が興味を持ち，実際のフィールドにおいて多少なりとも経験を積んだ方法である。この中には，例えば，高次統計量を用いる方法（5.4 節）や EM アルゴリズムを用いる方法（6 章）など，最近のアレイ信号処理の研究では必ずしも多用されていない方法も含まれている。これらの手法をあえて述べたのは，幅広い基礎知識を持ち，問題をさまざまな視点から見ることが，新しいアイディアを創出する上できわめて重要であると考えるからである。

巻末には，本書を読む上で必要最低限となる線形代数や確率・統計の基礎知識を付した。式の導出などを追う上で，参考になれば幸いである。

最後に，本書を執筆する機会を与えていただいた日本音響学会音響テクノロジーシリーズ編集委員会の正木信夫委員長，担当編集委員の岡本学氏をはじめ委員会の方々，本書の草稿を入念に読んでいただき多数の有益な助言をいただいた産業技術総合研究所　麻生英樹氏，NTT コミュニケーション科学基礎研究所　澤田宏氏，北海道大学　田中章氏，東京大学　小野順貴氏に深謝する。また，2 年半の執筆期間中，休日の執筆を受け入れ，支えてくれた家族に感謝する。

2010 年 12 月

浅野　太

目　　次

1. アレイ信号処理の基礎

2. 推定法の基礎

3. 適応フィルタ

4. ビームフォーマ

5. 部分空間法

6. EMアルゴリズムを用いた音源定位

7. 音　源　追　跡

8. ブラインド音源分離

付　　録

1 アレイ信号処理の基礎

本章では，複数センサから構成される**センサアレイ**（sensor array）を用いた音響信号の観測・分析・処理を行うにあたり，必要となる基礎的な事柄を述べる。1.2 節で述べる伝搬波のモデルと，1.3 節で述べる音響空間のモデルは，本書で扱う物理現象と，信号処理理論を結ぶ架け橋として重要である。また，1.4 節では，具体的な観測手法など，4 章以降で述べるさまざまな信号処理アルゴリズムを実装するための，実用的な事柄について述べておく。

1.1　アレイ信号処理とは

アレイ信号処理（array signal processing）では，センサアレイを用いて何らかの信号を観測し，さまざまな推定や処理を行う。空間の異なる位置に複数のセンサを配置することで，センサ間に生じる信号の到達時間差や振幅差など，音源の空間的情報を入手することができる。これらの空間情報を利用して，音源の位置を推定する**音源定位**（sound source localization），移動する音源の軌跡を推定する**音源追跡**（sound source tracking），混ざり合って観測される複数の信号を分離する**音源分離**（sound source separation）などを行うことが可能となる。本書では，これらの問題を，**表 1.1** のような構成で考えていく。

アレイ信号処理の応用分野は，無線通信，レーダー・ソナー，地震源の推定，脳波の解析など多岐にわたる。本書では，観測信号として音を扱うが，信号処理の理論面では，上述のような，まったく異なる応用分野において開発された手法と共通する部分が非常に多い。実際，本書でとりあげる手法の多くは，他

表 1.1　本書におけるアレイ信号処理の分類

カテゴリー	章
音源定位	4.8 節，5 章，6 章
音源追跡	7 章
音源分離	4 章，8 章

の応用分野で開発されたものである。一方，扱う物理現象は，応用分野により異なり，それぞれの応用分野において，信号処理に用いるモデルなどを対象となる物理現象に適応させていく必要がある。

本書では，各章に示した応用例で，音響信号に対するアレイ信号処理の効果をみていく。本書の応用例は，音声など可聴帯域の空気伝搬音を対象としており，センサとしてはマイクロホンを用いている。マイクロホンを用いたセンサアレイは**マイクロホンアレイ**（microphone array）と呼ばれる。同じ音でも，例えば，水中を伝搬する超音波に対しては，ハイドロホンや超音波振動子など，異なるセンサが用いられる。上述のように，対象となる物理現象やセンサが異なれば，アレイ信号処理の効果も変わってくるが，目安として参考にしていただきたい。

1.2　音の伝搬とそのモデル

1.2.1　座　　標　　系

本書で用いる座標系を**図 1.1** に示す。本書では，直感的にわかりやすいよう，水平角 θ を y 軸方向（正面）を 0° とした時計回りの角度で，仰角 ϕ を水平面（x-y 平面）を 0° とし，上方を正とした角度で表す。この場合，直交座標系と極座標系の変換は，次式のようになる。

$$\begin{bmatrix} x \\ y \\ z \end{bmatrix} = \begin{bmatrix} r\cos\phi\sin\theta \\ r\cos\phi\cos\theta \\ r\sin\phi \end{bmatrix} \tag{1.1}$$

一般に用いられている水平角 $\bar{\theta}$ は x 軸方向を 0° とした反時計回りの角度，仰角 $\bar{\phi}$ は z 軸方向を 0° とした角度である。本書で用いられる角度 (θ, ϕ) と，一

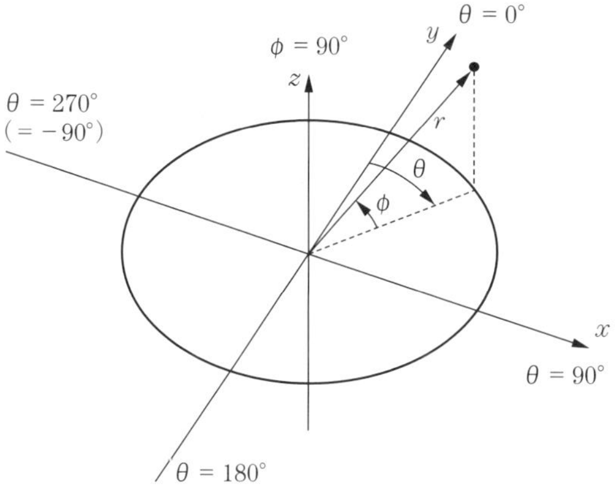

図 1.1　本書で用いる座標系

般に用いられる角度 $(\bar{\theta}, \bar{\phi})$ は，次式の関係にある。

$$\theta = \frac{\pi}{2} - \bar{\theta}, \quad \phi = \frac{\pi}{2} - \bar{\phi} \tag{1.2}$$

1.2.2　伝搬波とアレイ・マニフォールド・ベクトル

図 1.2 に示すように，空間に M 個のセンサがあり，これらにより**伝搬波** (propagating wave) を観測する場合を考える。伝搬の経路差により，各センサに到達する波には時間差が生じる。m 番目のセンサにおける伝搬波の遅延時

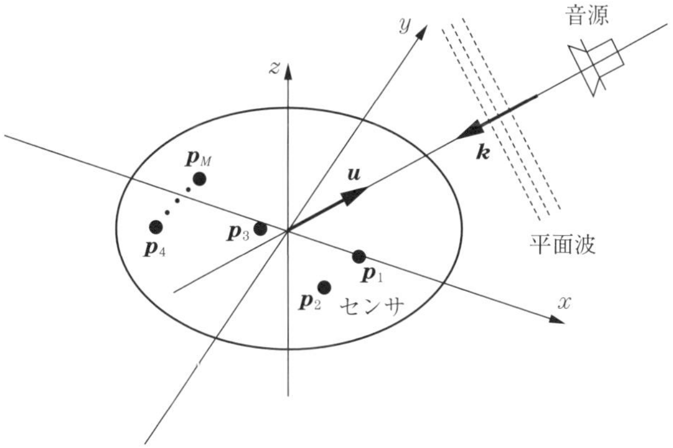

図 1.2　センサアレイに入射する伝搬波（平面波）

間を τ_m と表すものとすると，センサにおける観測信号は次式のようになる。

$$\boldsymbol{z}(t) = \begin{bmatrix} z_1(t) \\ \vdots \\ z_M(t) \end{bmatrix} = \begin{bmatrix} s(t-\tau_1) \\ \vdots \\ s(t-\tau_M) \end{bmatrix} \tag{1.3}$$

ここで，$z_m(t)$ は m 番目のセンサでの観測信号，$s(t)$ は音源信号を表す。t は時間を表す。観測信号 $\boldsymbol{z}(t)$ をフーリエ変換すると，次式に示す周波数領域での**観測ベクトル**（observation vector）が得られる。

$$\boldsymbol{z}(\omega) = \begin{bmatrix} Z_1(\omega) \\ \vdots \\ Z_M(\omega) \end{bmatrix} \tag{1.4}$$

ここで

$$\begin{aligned} Z_m(\omega) &= \int_{-\infty}^{\infty} z_m(t) e^{-j\omega t}\, dt = \int_{-\infty}^{\infty} s(t-\tau_m) e^{-j\omega t}\, dt \\ &= e^{-j\omega\tau_m} S(\omega) \end{aligned} \tag{1.5}$$

$S(\omega)$ は，次式で表される音源信号 $s(t)$ のフーリエ変換，すなわち音源の周波数スペクトルを表す。

$$S(\omega) = \int_{-\infty}^{\infty} s(t) e^{-j\omega t}\, dt \tag{1.6}$$

$\omega(=2\pi f)$ は角周波数を，f は周波数を，それぞれ表す。ここで，次式のベクトルを定義する。

$$\boldsymbol{a} = \begin{bmatrix} a_1 \\ \vdots \\ a_M \end{bmatrix} := \begin{bmatrix} e^{-j\omega\tau_1} \\ \vdots \\ e^{-j\omega\tau_M} \end{bmatrix} \tag{1.7}$$

式 (1.7) を用いて，式 (1.4) に示した観測ベクトルを書き直すと，次式のようになる。

$$\boldsymbol{z}(\omega) = \boldsymbol{a} S(\omega) \tag{1.8}$$

$\boldsymbol{a}$ は，**アレイ・マニフォールド・ベクトル** (array manifold vector)[1)†1] と呼ばれ，後述の音源定位や音源分離において，重要な役割を果たす[†2]。式 (1.7) におけるアレイ・マニフォールド・ベクトルの要素 a_m は，m 番目のセンサにおける伝搬波の位相差のみを表しているが，実際の音波の伝搬では，後述するように，距離減衰，障害物による遮蔽，センサのゲイン差などで，振幅差が生じる場合もある。これらを含めた形にアレイ・マニフォールド・ベクトルを一般化すると，アレイ・マニフォールド・ベクトルの要素は，音源から各センサまでの経路の伝達関数となる。

アレイ・マニフォールド・ベクトルは，つぎの 1.2.3 項および 1.2.4 項で述べるように，伝搬波が平面波とみなせる場合と，球面波として考えるべき場合とで異なる。音源がある程度遠方で，平面波とみなせる場合は，アレイ・マニフォールド・ベクトルは方向のみの関数となる。この場合，音源定位では，方向のみが推定可能となる。一方，音源がセンサアレイの近傍にあり，球面波として伝搬する場合，アレイ・マニフォールド・ベクトルは方向および距離の関数となり，音源定位により距離の推定も可能である。本書の例題では，簡単のため平面波の場合について述べるが，本書で述べる音源定位などの手法は，アレイ・マニフォールド・ベクトルを球面波に対するものに交換するだけで，距離推定や 2 次元／3 次元位置の推定に拡張することができる。

1.2.3 平　　面　　波

ここでは，本書で主として扱う**平面波** (plane wave) について述べる。図 1.2 に示すように，M 個のセンサにより平面波を観測するものとする。第 m 番目のセンサの位置は，次式の位置ベクトルで表される。

$$\boldsymbol{p}_m = [p_{m,x},\ p_{m,y},\ p_{m,z}]^T \tag{1.9}$$

---

†1 肩付き番号は章末の引用・参考文献を示す。

†2 ベクトル $\boldsymbol{a}$ は，ほかにも方向ベクトル (directional vector)[2)]，位置ベクトル (location vector)[3)]，ステアリングベクトル (steering vector)[4)] などさまざまな呼び方がある。このうち，ステアリングベクトルは 4.2.2 項で登場し，本書では，アレイ・マニフォールド・ベクトルと区別して扱う。

音源方向を (θ_s, ϕ_s) で表すものとすると，音源方向を表す単位ベクトルは，次式で与えられる（図 1.2 に示すように音源方向は平面波の進行方向とは逆であることに注意する）。

$$\boldsymbol{u} = \begin{bmatrix} \cos\phi_s \sin\theta_s \\ \cos\phi_s \cos\theta_s \\ \sin\phi_s \end{bmatrix} \tag{1.10}$$

続いて，次式で示される，直交座標系での波動方程式を考える。

$$\frac{\partial^2 s}{\partial x^2} + \frac{\partial^2 s}{\partial y^2} + \frac{\partial^2 s}{\partial z^2} = \frac{1}{c^2}\frac{\partial^2 s}{\partial t^2} \tag{1.11}$$

ここで，s は音圧を，c は伝搬速度†1を表す。式 (1.11) を満たす単一角周波数 ω の平面波は，次式のように表される5)。

$$\begin{aligned} s(\boldsymbol{p}, t) &= A\exp(j(\omega t - \boldsymbol{k}^T\boldsymbol{p})) \\ &= A\exp(j\omega t)\exp(-j\boldsymbol{k}^T\boldsymbol{p}) \end{aligned} \tag{1.12}$$

ここで，$s(\boldsymbol{p}, t)$ は，任意の観測点 $\boldsymbol{p} = [p_x,\ p_y,\ p_z]^T$ において†2，時刻 t に観測される信号波形である。A は定数，$A\exp(j\omega t)$ は信号源を表す。また，$\exp(-j\boldsymbol{k}^T\boldsymbol{p})$ は観測点における位相差を表す。$\boldsymbol{k} = [k_x,\ k_y,\ k_z]^T$ は**波数ベクトル**（wavenumber vector）と呼ばれ，次式で定義される1)。

$$\boldsymbol{k} := -\frac{\omega}{c}\boldsymbol{u} = -\frac{2\pi}{\lambda}\boldsymbol{u} \tag{1.13}$$

ここで，λ は波長であり，角周波数 ω および周波数 f とつぎの関係がある。

$$\lambda = \frac{2\pi c}{\omega} = \frac{c}{f} \tag{1.14}$$

式 (1.13) において，音源方向の単位ベクトル $\boldsymbol{u}$ に負号がついていることからもわかるように，波数ベクトルの方向は，平面波の進行方向を表している。また，その大きさ $|\boldsymbol{k}|$〔1/m〕は，単位長さあたりに含まれる波の周期の数を表す。こ

†1　空気伝搬の場合 $c \simeq 331.5 + 0.61T$〔m/s〕である。T は摂氏温度を表す。

†2　位置ベクトル $\boldsymbol{p}$ は，波動方程式 (1.11) との整合性を考えれば，$\boldsymbol{p} = [x,\ y,\ z]^T$ と書くべきであるが，他の記号との重複をさけるため，$\boldsymbol{p} = [p_x,\ p_y,\ p_z]^T$ と表す。

のことから，$\boldsymbol{k}$ は**空間周波数**（spatial frequency）とも呼ばれる[5)†]。また，波動方程式により波数ベクトルの大きさ $|\boldsymbol{k}|$ には，次式の拘束が与えられている。

$$|\boldsymbol{k}| = \sqrt{k_x^2 + k_y^2 + k_z^2} = \frac{\omega}{c} \tag{1.15}$$

式 (1.12) からわかるように，$\boldsymbol{p}_m$ にある m 番目のセンサにおいて生じる位相差，すなわち，アレイ・マニフォールド・ベクトルの要素 a_m は，次式のようになる。

$$a_m = \exp(-j\boldsymbol{k}^T\boldsymbol{p}_m) = \exp\left(j\frac{2\pi}{\lambda}\boldsymbol{u}^T\boldsymbol{p}_m\right) \tag{1.16}$$

また，遅延時間 τ_m は次式のように表される。

$$\tau_m = \frac{1}{\omega}\boldsymbol{k}^T\boldsymbol{p}_m = -\frac{1}{c}\boldsymbol{u}^T\boldsymbol{p}_m \tag{1.17}$$

なお，この遅延時間は，座標の原点を基準点とした場合の，相対的な遅延時間となる。

続いて，代表的な形状のアレイについて，アレイ・マニフォールド・ベクトルの成分を求めておく。本書では，簡単のため，2 次元 (x-y) 平面における伝搬を考えるので，音源方向の単位ベクトルは，次式のようになる。

$$\boldsymbol{u} = [\sin\theta_s,\ \cos\theta_s,\ 0]^T \tag{1.18}$$

〔1〕 直線状アレイ

図 1.3(a) に示す直線状等間隔のアレイを考える。各センサの位置ベクトルは次式のようになる。

$$\boldsymbol{p}_m = \left[\ \left\{(m-1) - \frac{M-1}{2}\right\}d_x,\quad 0,\quad 0\ \right]^T,\qquad m = 1,\cdots,M \tag{1.19}$$

ここで，d_x はセンサ間隔である。式 (1.17) から，m 番目のセンサにおける平面波の遅延時間は次式のようになる。

† 角周波数 ω あるいは周波数 f は，temporal frequency と呼ばれることがあり，spatial frequency と対比させて考えるとわかりやすい。

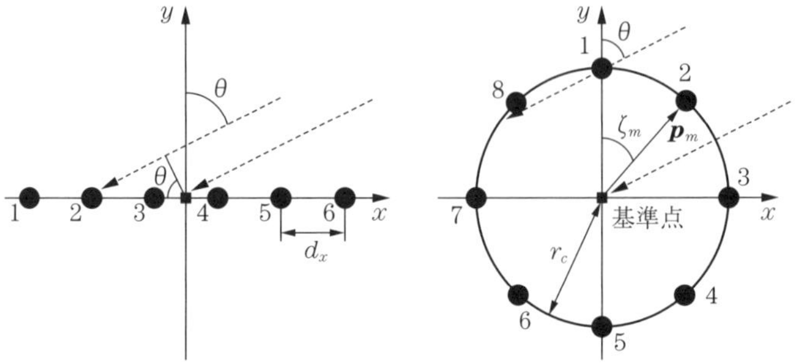

(a) 直線状等間隔アレイ　　(b) 円状等間隔アレイ

図 1.3　基本的なセンサアレイの素子配置

$$\tau_m = -\left\{(m-1) - \frac{M-1}{2}\right\}\frac{d_x}{c}\sin\theta_s \tag{1.20}$$

また，式 (1.16) から，アレイ・マニフォールド・ベクトル $\boldsymbol{a}$ の m 番目の要素 a_m は次式のようになる。

$$a_m = \exp\left(j\left\{(m-1) - \frac{M-1}{2}\right\}\frac{2\pi d_x}{\lambda}\sin\theta_s\right) \tag{1.21}$$

ここで，$\psi = \dfrac{2\pi d_x}{\lambda}\sin\theta_s$ とおき，アレイ・マニフォールド・ベクトルの要素を書き下してみると，次式のように，複素正弦波のサンプル系列となっていることがわかる。

$$\boldsymbol{a} = e^{-j(M-1)\psi/2}\left[\ 1,\quad e^{j\psi},\quad e^{j2\psi},\quad \cdots,\quad e^{j(M-1)\psi}\ \right]^T \tag{1.22}$$

〔**2**〕 **円 状 ア レ イ**

図 1.3(b) に示す円状等間隔のアレイの場合は，m 番目のセンサの位置ベクトルは次式のようになる。

$$\boldsymbol{p}_m = [r_c\sin\zeta_m,\ r_c\cos\zeta_m,\ 0]^T \tag{1.23}$$

ここで，r_c は円状アレイの半径，ζ_m は m 番目のセンサの角度である。これより，m 番目のセンサにおける遅延時間は，次式のようになる。

$$\begin{aligned}\tau_m &= -\frac{r_c}{c}(\sin\theta_s\sin\zeta_m + \cos\theta_s\cos\zeta_m)\\ &= -\frac{r_c}{c}\cos(\theta_s - \zeta_m)\end{aligned} \tag{1.24}$$

アレイ・マニフォールド・ベクトルの要素 a_m は，次式のようになる。

$$a_m = \exp\left(j\frac{2\pi r_c}{\lambda}\cos(\theta_s - \zeta_m)\right) \tag{1.25}$$

1.2.4 球 面 波

前節では，音源からセンサまでの距離がアレイのサイズに比べ十分大きい**遠方場**（far field）を仮定し，伝搬波を平面波とみなして，アレイ・マニフォールド・ベクトルを求めた。一方，音源からセンサまでの距離が小さい**近傍場**（near field）では，音源の大きさを十分小さい**点音源**（point source）と仮定し，ここから波が球面状に広がる**球面波**（spherical wave）として近似することによりアレイ・マニフォールド・ベクトルを求めることができる。次式は，近傍場の範囲を示す大まかな目安である[6]。

$$\rho < \frac{2D^2}{\lambda} \tag{1.26}$$

ここで，ρ はセンサアレイの中心からの距離，D はセンサアレイの最大幅である。例えば，本書で用いる $M = 8$，$d_x = 4\,\mathrm{cm}$ の直線状アレイの場合，1 000 Hz における近傍場の範囲は，$\rho \dot{<} 2\{(8-1)\times 0.04\}^2/0.34 = 0.46\,\mathrm{m}$ となる。

伝搬波が点音源から方向 (θ, ϕ) によらず均一に伝搬すると仮定すると，極座標系の波動方程式は，次式のように簡略化される[7]。

$$\frac{\partial^2(rs)}{\partial r^2} = \frac{1}{c^2}\frac{\partial^2(rs)}{\partial t^2} \tag{1.27}$$

式 (1.27) を満たす，原点にある音源から外方向への単一角周波数 ω の伝搬波は，次式のように表される[5]。

$$\begin{aligned} s(r,t) &= \frac{A}{r}\exp(j(\omega t - k_r r)) \\ &= A\exp(j\omega t)\frac{1}{r}\exp(-jk_r r) \end{aligned} \tag{1.28}$$

$k_r = 2\pi/\lambda = \omega/c$ は波数である。$A\exp(j\omega t)$ が音源信号，$\dfrac{1}{r}\exp(-jk_r r)$ が観測点での位相・振幅差を表す。これから，m 番目のセンサにおけるアレイ・マニフォールド・ベクトルの要素 a_m は，次式のように表される。

$$a_m = \frac{1}{r_m}\exp(-jk_r r_m) = \frac{1}{r_m}\exp\left(-j\omega\frac{r_m}{c}\right) \tag{1.29}$$

ここで，r_m は音源から m 番目のセンサまでの距離を表す。また，r_m/c は伝搬時間を表す。平面波との大きな違いは，距離減衰の項 $1/r_m$ がある点である。

1.3　音響空間とそのモデル

1.3.1　音　響　空　間

本節では，音波が伝搬する物理環境について述べる。物理環境は，対象とする応用に依存する。ここでは，部屋などの閉空間において空気中を伝搬する音を例として考える。図 **1.4**(a) は，閉空間における音の伝搬を模式的に示したものである。音源から発した音は，直接センサに到達する直接波と，床や壁面に反射して到達する反射波とに分けられる。この系をブロック図で示したのが，図 (b) である。$h_m(t)$ は，音源から m 番目のセンサまでの伝搬経路の**インパルス応答**（impulse response）である。インパルス応答には，直接波および反射波の物理的な情報がすべて含まれている。したがって，インパルス応答を測定し，これをフィルタとして用いれば，静的な（音源の移動のない）音響系のシミュレーションが比較的容易に実現できる。

時間領域における観測値 $z_m(t)$ は，次式のような，インパルス応答 $h_m(t)$ と音源信号 $s(t)$ の**畳み込み**（convolution）により生成される。

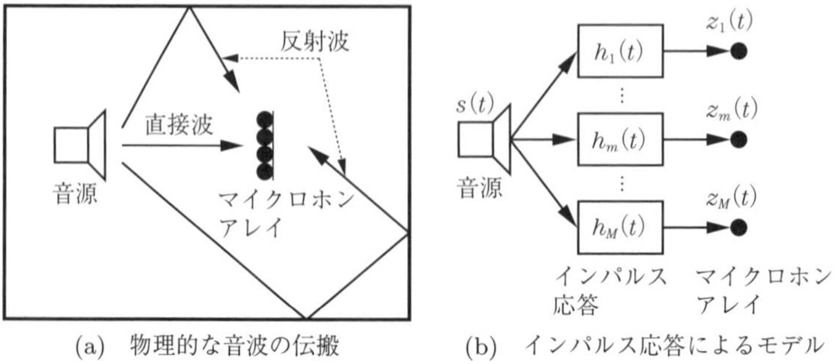

図 1.4　閉空間における音の伝搬

$$z_m(t) = h_m(t) * s(t) = \int h_m(\tau) s(t-\tau) \, d\tau \tag{1.30}$$

ここで，$*$ は畳み込み演算を表す。離散時間形式では，式 (1.30) は次式のようになる。

$$z_m(n) = \sum_{i=1}^{L_h} h_m(i) s(n-i+1) \tag{1.31}$$

ここで，$z_m(n)$ は，$z_m(t)$ の時刻 $t = nT_s$ におけるサンプルを表す。T_s はサンプリング間隔である。$s(n)$，$h_m(n)$ についても同様である。L_h はインパルス応答長を表す。

例 1.1　部屋のインパルス応答

図 **1.5** は，中程度の会議室（$8\,\mathrm{m} \times 9\,\mathrm{m} \times 2.7\,\mathrm{m}$）で測定したインパルス応答 $h(n)$ の例である。この図では先頭の $64\,\mathrm{ms}$ の部分のみを示してある。$t = 5\,\mathrm{ms}$ 程度のところに直接波が到来し，その後に散発的に反射波が到来している様子がわかる。図 (b) は二乗値 $10 \log_{10} h^2(n)$ を示したものであり，反射音の到来がみやすくなっている。

図 **1.6** (a) は，インパルス応答の全体（$8\,192$ 点，約 $0.5\,\mathrm{s}$）を二乗値で示し

(a) インパルス応答 $h(n)$ の波形

(b) インパルス応答の二乗値 $10 \log_{10} h^2(n)$

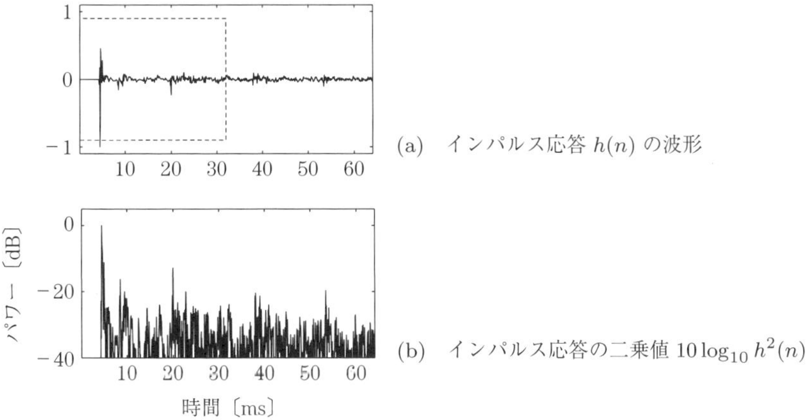

図 **1.5**　測定したインパルス応答の例。図 (a) の点線の枠は，本書で用いる時間窓長（$32\,\mathrm{ms}$）を表している

(a) インパルス応答の二乗値 $10\log_{10} h^2(n)$

(b) 残響曲線

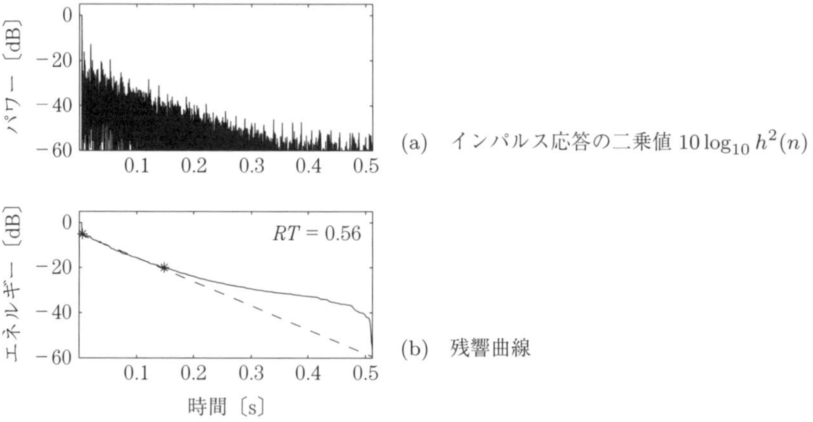

図 1.6 インパルス応答と残響曲線。図 (b) における ∗ は −5 dB および −20 dB 減衰した点を表す。点線は ∗ 点間の回帰直線を示す。RT の値は回帰直線から求めた残響時間を表す

たものである。この図から，インパルス応答は指数関数的に減衰する（図は対数表示なので直線的に減衰する）ことがわかる。インパルス応答が 60 dB 減衰する時間は，**残響時間**（reverberation time）と呼ばれる[7),8)]。図 (b) は，残響曲線と呼ばれ，インパルス応答の二乗値を，終端から時間軸を遡って積分したものである。測定で得られるインパルス応答は，60 dB 減衰する前にノイズフロアに達してしまうことが多いので，残響曲線のうち，先頭部分の直線的な傾きの部分を延長して残響時間を求めることがしばしば行われる。図中には，こうして求めた残響時間も示してある。本書の例では，この図で示したインパルス応答を持つ部屋がおもに用いられている。残響時間は，部屋の反射の程度を示す指標であり，残響時間が長いほど，反射・残響のエネルギーが大きい。後述するように，特に複数回の反射を繰り返して到達した残響は，本書で扱う周波数領域のアレイ信号処理では付加雑音として振る舞い，音源定位や音源分離を困難にする。

1.3.2 観測信号のモデル

1.2.2 項で述べた観測ベクトルのモデル（式 (1.8)）は，単一の音源により生じた信号が反射のない自由空間を伝搬してセンサに到達した，直接波を表している。しかし，実際の環境には，音源が複数ある場合がある。また，前節で述べた反射波や，背景雑音・センサの熱雑音などが存在する場合がある。本節では，実際の環境に即した観測信号のモデルを構築する。

本書では，観測値をその性質によって，つぎの 4 種類に分類して考える[2)]。

1) 目的信号の直接波：$\boldsymbol{z}_s$

2) 目的信号の反射波：$\boldsymbol{z}_r$

3) 目的信号と無相関な空間的有色雑音：$\boldsymbol{v}_c$

4) 目的信号と無相関な空間的白色雑音：$\boldsymbol{v}_w$

観測値 $\boldsymbol{z}$ は，これらの和として，次式のように表される。

$$\boldsymbol{z} = \boldsymbol{z}_s + \boldsymbol{z}_r + \boldsymbol{v}_c + \boldsymbol{v}_w \tag{1.32}$$

目的信号とは，音源定位や音源分離の対象となる，注目すべき信号を表す。

〔1〕 目的信号の直接波：$\boldsymbol{z}_s$

目的信号の直接波のモデルとして，式 (1.8) を N 個の音源に拡張すると，次式のようになる。

$$\boldsymbol{z}_s = \sum_{i=1}^{N} \boldsymbol{a}_i S_i = \boldsymbol{A}\boldsymbol{s} \tag{1.33}$$

ここで

$$\boldsymbol{A} = [\boldsymbol{a}_1, \cdots, \boldsymbol{a}_N] \tag{1.34}$$

$$\boldsymbol{s} = [S_1, \cdots, S_N]^T \tag{1.35}$$

周波数のインデックス ω は，簡略化のため省略してある。$\boldsymbol{A}$ は，アレイ・マニフォールド行列または，音源を混合する意味で**混合行列**（mixing matrix）と呼ばれ，各音源のアレイ・マニフォールド・ベクトル $\boldsymbol{a}_n$ を列ベクトルに持つ。$\boldsymbol{s}$ は，音源のスペクトルを要素に持つ音源ベクトルである。

〔2〕 目的信号の反射波：$\boldsymbol{z}_r$

式 (1.32) の第 2 項 $\boldsymbol{z}_r$ は，目的信号 $\boldsymbol{s}$ が反射などにより直接波 $\boldsymbol{z}_s$ よりも長い経路を通ってセンサに到達したものを表す。$\boldsymbol{z}_r$ は次式のようにモデル化される。

$$\boldsymbol{z}_r = \boldsymbol{A}_r \check{\boldsymbol{s}} \tag{1.36}$$

$\boldsymbol{z}_r$ を駆動している信号 $\check{\boldsymbol{s}}$ は，目的信号 $\boldsymbol{s}$ と相関を持つ。一方，アレイ・マニフォールド行列 $\boldsymbol{A}_r$ は，伝搬経路が異なるため，直接波 $\boldsymbol{z}_s$ のそれとは異なる。

具体的な例としては，図 1.4 に示すように，部屋に音源があり，この音源からの音波が壁面などに反射する場合がこれに当たる。本書では，1.4.1 項で述べるように，観測ベクトル $\boldsymbol{z}$ を得るのに，適当な窓長 L_f の短区間フーリエ変換を用いる。図 1.5(a) に示したインパルス応答の例には，本書で用いる窓長（$L_f = 512$ 点）を点線で示してある。この窓内に含まれる反射成分と音源信号が畳み込まれて生成された反射波は，目的信号 $\boldsymbol{z}_s$ と強い相関を持つ。

反射波は，音源からセンサまでの伝達系に零点を作り，これにより観測信号のスペクトルにひずみをもたらす[9)]。零点が z 平面の単位円に近い場合は，8 章などで音源分離フィルタを設計する際に影響が生じる場合がある。零点による影響は，Miyoshi *et al.* (1988)[10)] などで議論されている。また，音源定位では，反射波により虚音源が生じたり，5 章で述べる部分空間法において空間スペクトルがうまく求まらない場合がある。音源定位における反射波の影響も過去の文献[1),2),5)] で論じられている。本書では，簡単のため，遅延時間の短い反射波 $\boldsymbol{z}_r$ の影響は少ないものとし，この項を省略したモデルを用いる。

〔3〕 目的信号と無相関な空間的有色雑音：$\boldsymbol{v}_c$

目的信号と無相関な空間的有色雑音は，目的音源 $\boldsymbol{s}$ とは無相関な雑音源 $\boldsymbol{q} = [Q_1, \cdots, Q_{N_q}]^T$ により駆動される。

$$\boldsymbol{v}_c = \boldsymbol{A}_c \boldsymbol{q} \tag{1.37}$$

空間的に有色とは，1.3.3 項で述べる空間相関行列の非対角成分，すなわち異なるセンサにおける観測値間の相互相関が 0 とならない場合を表す。伝搬波は空間的有色性を有する。

具体的な例としては，4章で述べるビームフォーマを用いて，テレビの音と人の声が混在する環境で，人の声だけを収録しようとした場合に，人の声が目的信号，テレビの音がこの $\boldsymbol{v}_c$ に相当する。一方，同じような状況でも，8章で述べる音源分離の手法などでは，複数の音源を，目的音源と雑音源とに区別せずに分離する場合もある。この場合は，すべての音源を目的音源として扱う。

〔4〕 目的信号と無相関な空間的白色雑音：$\boldsymbol{v}_w$

空間的白色雑音は，1.3.3項で述べるように，空間相関行列が対角行列 $\sigma\boldsymbol{I}$ となる雑音である。白色性については，8.2.2項で詳しく述べる。

代表的な例は，センサにおける熱雑音である。音響の問題に特有な，反射回数の多い反射音（いわゆる残響）も，多方向から到来する反射波の和となるため，センサ間での相関が低下する。また，多重反射のため，遅延時間も大きく，目的音源 $\boldsymbol{s}$ との相関も低い。例えば，現在の観測窓における目的音源 $\boldsymbol{s}$ が音声の母音であり，これに数フレーム前の子音によって生じた反射音が重畳する場合を考えると，目的信号との相関はほとんどないと考えて良い。以上から，かなり粗い近似ではあるが，残響も $\boldsymbol{v}_w$ としてモデル化したほうが，アレイ信号処理のアルゴリズムを導出する際に便利な場合がある。

〔5〕 観測信号の一般型

最後に，本節のまとめとして，本書で扱う観測値のモデルの一般型を述べておく。観測値 $\boldsymbol{z}$ のうち，目的信号 $\boldsymbol{s}$ と無相関な成分を雑音と呼び，次式のように表すことにする。

$$\boldsymbol{v} = \boldsymbol{v}_c + \boldsymbol{v}_w \tag{1.38}$$

また，上述のように，目的信号の反射波成分のモデル $\boldsymbol{z}_r$ は省略して考える。以上から，本書で扱う観測値の一般的なモデルは次式のようになる。

$$\boldsymbol{z} = \boldsymbol{z}_s + \boldsymbol{v} = \boldsymbol{A}\boldsymbol{s} + \boldsymbol{v} \tag{1.39}$$

1.3.3 空間相関行列とそのモデル

音源の空間的性質を表す統計量として，本書では，次式で定義される**空間相関行列**（spatial correlation matrix）をしばしば用いる。

$$\boldsymbol{R} := E[\boldsymbol{z}\boldsymbol{z}^H] \tag{1.40}$$

目的信号の直接波 $\boldsymbol{z}_s$ の空間相関行列は，式 (1.33) から，次式のようになる。

$$\boldsymbol{R}_s := E[\boldsymbol{z}_s\boldsymbol{z}_s^H] = \boldsymbol{A}E[\boldsymbol{s}\boldsymbol{s}^H]\boldsymbol{A}^H = \boldsymbol{A}\boldsymbol{\Gamma}\boldsymbol{A}^H \tag{1.41}$$

ここで, $\boldsymbol{\Gamma}$ は, 次式で定義される音源の相互相関行列であり, 音源 $\{S_1, \cdots, S_N\}$ がたがいに無相関である場合は，次式のように対角行列となる。

$$\boldsymbol{\Gamma} := E[\boldsymbol{s}\boldsymbol{s}^H] = \mathrm{diag}(\gamma_1, \cdots, \gamma_N) \tag{1.42}$$

ここで，対角成分 $\gamma_i = E[S_i(\omega)S_i^*(\omega)]$ は，周波数 ω における i 番目の音源の平均パワーを表す。

一方，雑音の空間相関行列を次式のように表すものとする。

$$\boldsymbol{K} := E[\boldsymbol{v}\boldsymbol{v}^H] \tag{1.43}$$

特に，雑音の空間相関行列が，次式のような対角行列で表される場合を，雑音が空間的に白色であるという†。

$$\boldsymbol{K} = \sigma\boldsymbol{I} \tag{1.44}$$

ここで，$\boldsymbol{I} = \mathrm{diag}(1, \cdots, 1)$ は単位行列である。σ は雑音のパワー（分散）を表す。本書で扱うような音響の問題では，雑音が完全に白色である場合は少ないが，白色雑音のモデルは，アルゴリズムの導出を行う上で有用である。

例 1.2　残響の空間相関行列

図 1.7 は，単一音源に対する空間相関行列をプロットしたものである。観測に用いたマイクロホンアレイは, **図 1.8** に示す直線状アレイ (マイクロホン数 $M = 8$，マイクロホン間隔 $d_x = 4\,\mathrm{cm}$) である。周波数は 2 000 Hz

---

† 8.2.2 項で述べる白色化の定義では，相関行列が単位行列である場合を白色化と呼んでいるが，ここでは，雑音全体のパワーを表すスカラー σ を付けて，一般化してある。また，過去の文献[1),5)]では，雑音の分散であることを表すため $\sigma^2\boldsymbol{I}$ と表記されている場合が多いが，本書では，4 章における記号の整合性などのため，$\sigma\boldsymbol{I}$ を用いる。

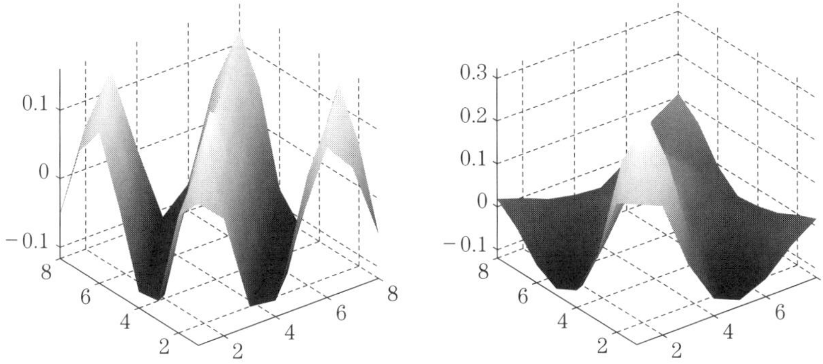

(a)　直接波　　　　(b)　反射波（残響成分）

図 1.7　単一音源に対する空間相関行列の例。$\mathrm{Re}([\boldsymbol{R}]_{ij})$ をプロットしてある

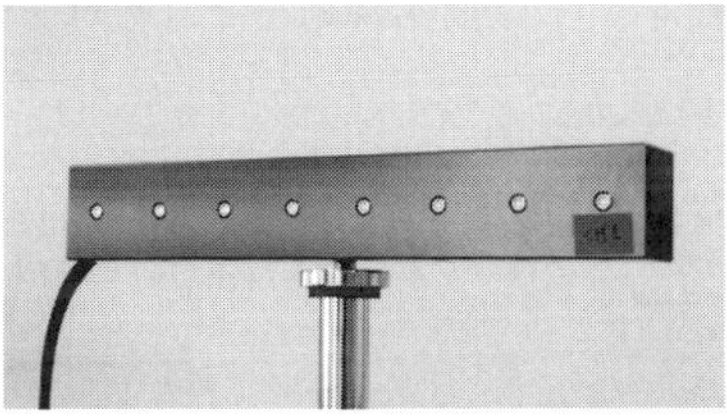

図 1.8　直線状マイクロホンアレイの例（$M=8$, $d_x=4\,\mathrm{cm}$）。

である。図 1.7(a) は直接波に対する相関行列である。直線状アレイに対するアレイ・マニフォールド・ベクトル（式 (1.22)）の構造から理解されるように，相関行列にも，空間周波数に対応した正弦波が観測される。一方図 (b) は，反射波（残響成分）に対する空間相関行列である。インパルス応答から直接波の部分を除去し，これを音源信号（ガウス雑音）と畳み込んで観測信号を生成して求めた。この図から，対角成分に比して非対角成分が小さくなっており，対角行列に近づいているのがわかる。このことから，残響成分は，どちらかというと，伝搬波よりは，空間的白色雑音としてモデル化するほうが妥当であると考えられる。ただし，完全に白色ではないので，注意が必要である。この点については，5 章で議論する。

1.4 音響信号の観測と処理

1.4.1 観測値のサンプリング

1.3.2 項で登場した観測ベクトル $\boldsymbol{z}$ の要素は，実際の応用では，センサアレイに入力する時間波形 $\{z_m(t); m=1,\cdots,M\}$ を次式のように**短区間フーリエ変換**（short-time Fourier transform，STFT）して得られる。

$$Z_m(\omega, t_1) = \int_{t_1}^{t_1+T_f} \xi(t-t_1) z_m(t) e^{-j\omega t}\, dt \tag{1.45}$$

ここで，$\xi(t)$ は窓関数を表す。本書では，矩形窓，ハミング窓などが用いられる。T_f は STFT の窓長を，t_1 は開始時刻をそれぞれを表す。式 (1.45) を離散型で表すと次式のようになる。

$$Z_m(\omega_i, n_1) = \sum_{n=n_1}^{n_1+L_f-1} \xi(n-n_1+1) z_m(n) \exp\left(-j\frac{2\pi ni}{L_f}\right) \tag{1.46}$$

ここで，L_f は窓長を，ω_i は離散周波数を，それぞれ表す。ただし，式 (1.46) では，窓長と STFT の点数が等しいと仮定してある。n は，式 (1.31) と同様，離散時間のインデックスである。

ここで，次章以降で述べる分析や処理の便宜上，**図 1.9** に示すような，フレームとブロックという時間単位を導入する。フレームは，1 回の STFT を行う単位であり，そのインデックスを k とする。フレーム長は窓長と一致する。また，k 番目のフレームにおける STFT を $Z_m(\omega, k)$ と表すものとする。これにより，観測ベクトルのサンプルは次式のように表される。

$$\boldsymbol{z}_k(\omega) = [Z_1(\omega, k), \cdots, Z_M(\omega, k)]^T \tag{1.47}$$

一方，ブロックは，K 回の STFT を行い，これらの観測値から，1.3.3 項で述べた空間相関行列などの統計量を計算したり，さらにこれらの統計量を用いて，音源の位置や音源分離フィルタなどを推定する単位である。例えば，式 (1.47)

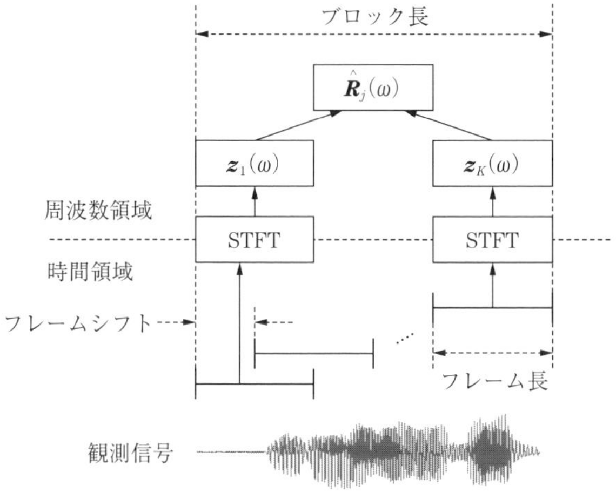

図 1.9 信号のサンプリングに用いるフレームとブロック

に示した観測ベクトルのサンプルを用いて，空間相関行列の推定値は次式のように表される。

$$\hat{\boldsymbol{R}}_j(\omega) = \frac{1}{K}\sum_{k=1}^{K} \boldsymbol{z}_k(\omega)\boldsymbol{z}_k^H(\omega) \tag{1.48}$$

ここで，j はブロックのインデックス，K はブロック内の観測ベクトルの数（フレーム数）を表す。

本書では，おもに周波数領域で信号を扱うため，今後の議論は周波数ごとに独立となる場合が多い。このため，周波数のインデックス ω は，必要ない場合は省略する。また，フレームとブロックのインデックス k および j も，記号が煩雑になるので，必要ない場合は省略する。本書で用いるフレーム長やブロック長などの具体的な値は，各章の例に示してある。

1.4.2 音響信号のフィルタリング

ビームフォーマ（4 章）や，ブラインド音源分離（8 章）では，入力信号 $\boldsymbol{z}(t)$ をフィルタにより処理することにより，音源信号の推定値を得る。次式は，フィルタ処理の基礎となる，フィルタ $w_m(t)$ と観測信号 $z_m(t)$ との畳み込み演算を表している。

$$y_m(t) = w_m(t) * z_m(t) = \int w_m(\tau) z_m(t-\tau)\, d\tau \tag{1.49}$$

式 (1.49) を，式 (1.31) と同様に離散時間形式で表すと，次式のようになる。

$$y_m(n) = \sum_{i=1}^{L_f} w_m(i) z_m(n-i+1) \tag{1.50}$$

ここで，L_f はフィルタ $w_m(i)$ の長さであり，STFT のフレーム長と一致する。このような有限長のフィルタを**FIR フィルタ**（finite impulse response filter）と呼ぶ。本書では，おもに，この FIR フィルタを用いる。

畳み込み演算は，周波数領域では，次式のような単純なかけ算となる。

$$Y_m(\omega, k) = W_m(\omega, k) Z_m(\omega, k) \tag{1.51}$$

ここで，$Y_m(\omega, k)$, $W_m(\omega, k)$, $Z_m(\omega, k)$ は，それぞれ，$y_m(t)$, $w_m(t)$, $z_m(t)$ の STFT を表す†。

本書では，フィルタの設計（学習）は周波数領域で行うが，フィルタ処理はつぎに示すどちらでもよい。

- 周波数領域：フィルタリングは式 (1.51) を用いて周波数領域で行い，フィルタ出力 $Y_m(\omega, k)$ を**逆フーリエ変換**（inverse Fourier transform, IFT）により時間領域に戻す。隣接するフレームとは，窓関数などを用いてなめらかに接続する。
- 時間領域：フィルタ $W_m(\omega, k)$ を逆フーリエ変換により時間領域に戻し，時間領域で畳み込み演算（式 (1.49)）を行う。隣接するフレームとは，**重畳加算法**（overlap-add method）[9] などにより接続する。

周波数領域でフィルタを設計する場合，時間領域に戻したフィルタが因果律を満たしているか否かについて注意を払う必要がある。**図 1.10**(a) は，周波数領域で設計された白色化フィルタ（8.2.2 項参照）のあるチャネルの係数を逆フーリエ変換により時間領域に戻したものである。このような因果律を満たしていないフィルタを FIR フィルタとして直線状畳み込みに用いると，フィルタの始点および終点における不連続のため，フィルタの特性が歪むことになる。このため，

† 式 (1.51) は，厳密にはフーリエ変換について成り立つ。

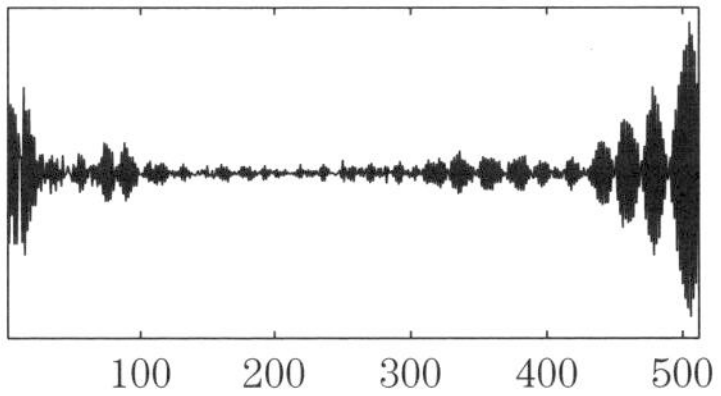

(a) 円状シフトなし

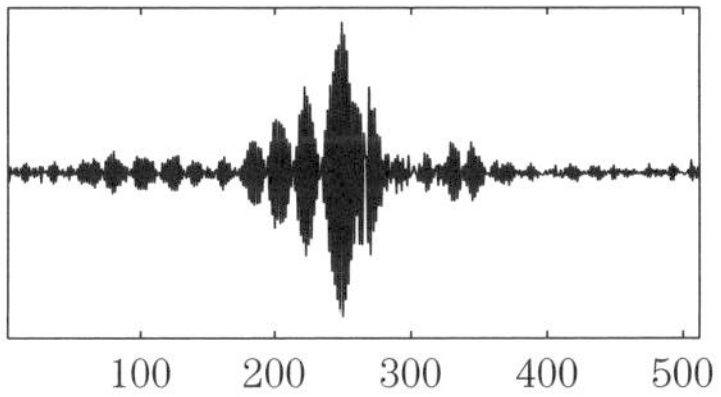

(b) 円状シフトあり

図 1.10 周波数領域で設計されたフィルタの時間波形

フィルタに周波数領域で位相回転を与えるか，時間領域で円状シフトすることにより，図 (b) に示すように，フィルタの両端が収束するようにして用いる必要がある。図 (b) の例では，$L_f/2 = 256$ 点の遅延に相当する位相回転を与えている。

1.4.3 アレイ・マニフォールド・ベクトルの生成と測定

音源定位や音源追跡の手法では，あらかじめ想定される音源位置に対するアレイ・マニフォールド・ベクトルを用意する必要がある。例えば，水平面において音源方向を推定する場合は，$\{\boldsymbol{a}(\theta); \theta = 0°, 5°, 10°, \cdots, 355°\}$ のようにアレイ・マニフォールド・ベクトルを用意する。アレイ・マニフォールド・ベクトルを求めるには，つぎの三つの方法がある。

1) 伝搬波のモデル（式 (1.16)）を用いる。
2) **有限要素法**（finite element method，FEM）や**境界要素法**（boundary element method，BEM）などの数値計算法を用いる。
3) 想定される音源位置に実音源を置き，インパルス応答を測定して求める。

図 1.3 および図 1.8 に示すように，センサが直線状や円状など単純な配置の場合は，伝搬波のモデルを用いて計算により算出する方法が，最も簡単である。この方法は，シミュレーション実験によく用いられる。

(a) 外観

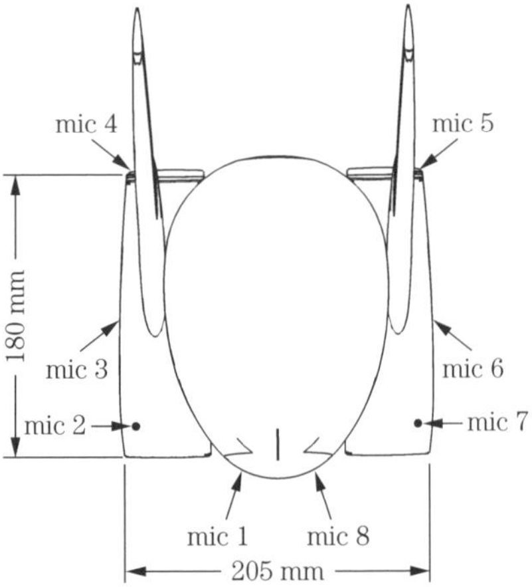

(b) マイクロホン配置

図 1.11　ロボット頭部に搭載されたマイクロホンアレイ。図 (b) のマイクロホン配置は，ロボット頭部を上方から見たもの。マイクロホン数 $M = 8$

図 1.11 に示すように，センサがロボット頭部などのような複雑な形状の物体の表面にある場合は，この物体により，伝搬波が遮蔽・回折・散乱などの影響を受けるため，式 (1.16) のような単純な伝搬波のモデルを用いることはできない。このような場合は，FEM や BEM など，波動性を考慮した数値計算法により，センサと想定される音源位置間の伝達関数を算出し，これを用いて，アレイ・マニフォールド・ベクトルを求める方法がある[11),12)]。この手法を用いるためには，**図 1.12** に示すような物体の正確な形状の情報が必要となる。

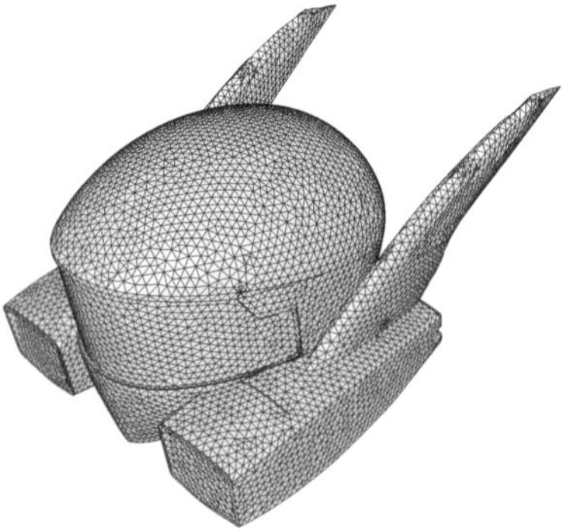

図 1.12　BEM で用いるためロボット頭部を境界要素に分割した例。要素数は 20684

上述の方法 1)，2) が使えない場合は，**図 1.13** に示すように，実音源を用いて，想定される音源位置から各センサまでのインパルス応答を測定し，これをフーリエ変換することにより，アレイ・マニフォールド・ベクトルを求めることになる。**図 1.14** に，インパルス応答の測定を行うためのブロック図を示す。音源からは，TSP 信号や M 系列信号などのテスト信号[13)~17)] を出力し，これをセンサアレイで観測することにより，音源から各センサまでのインパルス応答を測定する。図 1.13 に示すような反射の存在する環境でインパルス応答を測定する場合は，測定したインパルス応答の直接波の部分に窓をかけて切り出す操作が必要となる。切り出されたインパルス応答の直接波の部分をフーリエ変換して，アレイ・マニフォールド・ベクトルの要素が求まる。

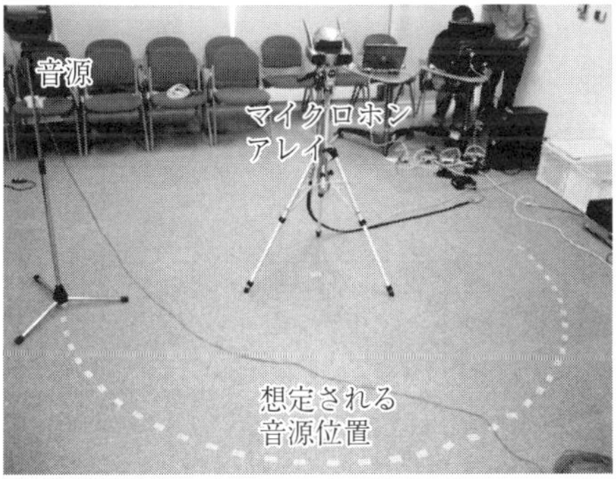

図 1.13　ロボット頭部に搭載されたマイクロホンアレイによるインパルス応答の測定

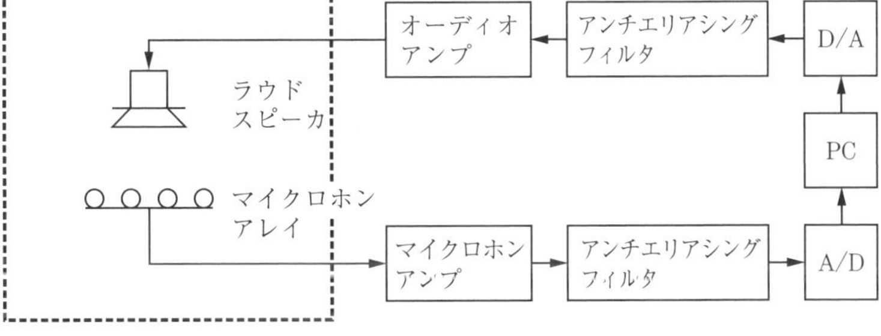

図 1.14　インパルス応答を測定するためのブロック図

例 1.3　アレイ・マニフォールド・ベクトルの測定例

図 1.15 は，アレイ・マニフォールド・ベクトルの測定例である。測定環境は，図 1.13 に示した会議室である。マイクロホンアレイは，図 1.11 に示した，ロボット頭部に搭載したマイクロホン数 $M=8$ のものを用いた。測定したインパルス応答は，図 1.5 および図 1.6 に示してある。こうして測定したインパルス応答に，図 1.15(a) に示すように，窓かけを行い，直接波を切り出す。この例では，図 (a) の点線で示すような窓を用いた。インパルス応答が最大となる点から減衰する部分には，ハニング窓の後半部分を用いている。この部分の長さは，2 ms（サンプリング周波数 16 kHz で 32 点）である。図 (b) は，切り出したインパルス応答の直接波の部分である。図 (c) は切り出した直接波の振幅–周波数特性，図 (d) は位相–周波数特性を示す。図 (c)，図 (d) における各周波数の値がアレイ・マニフォール

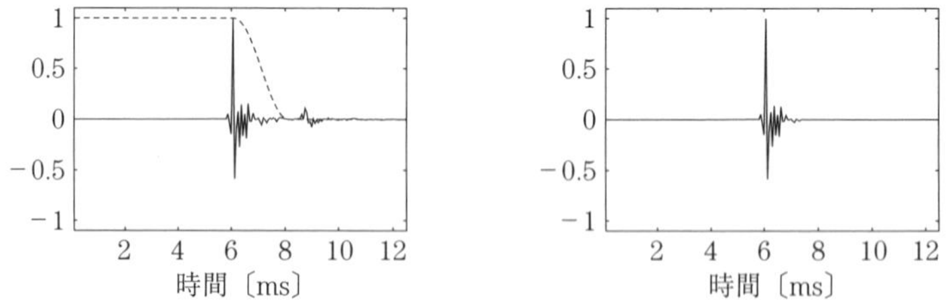

(a)　測定されたインパルス応答　　(b)　窓かけにより切り出したインパルス応答の直接波

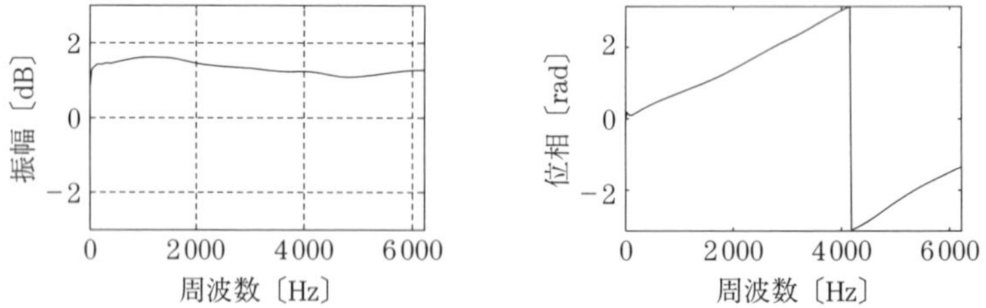

(c)　直接波の振幅–周波数特性　　(d)　直接波の位相–周波数特性

図 1.15　アレイ・マニフォールド・ベクトルの測定例。(c)，(d) は基準センサで正規化した値を示す

ド・ベクトルの要素となる。図 (d) から，ほぼ直線位相となっており，直接波が切り出されていることがわかる。一方，図 (c) は，センサの感度差や，ロボット頭部の遮蔽効果によるゲイン差などを反映している。

1.4.4　周波数領域の処理の概要

本項では，本章で導入した基礎的事項をまとめ，本書で扱うアレイ信号処理の流れを概観する。

本書では，これまでにも述べたように，観測信号を STFT を用いて周波数領域に変換し，さまざまな推定や処理を行う。これは，1.3 節で述べたように，観測対象となる物理系を比較的簡単なモデルで表すことができるからである。**図 1.16** に，本書で扱う周波数領域でのアレイ信号処理の概要を示す。

まず，はじめに，センサアレイで得られた時間領域での信号 $\boldsymbol{z}(t)$ を，STFT を用いて，周波数領域の観測ベクトル $\boldsymbol{z}_k(\omega)$ に変換する。これ以降は，同様の処理がそれぞれの周波数 $\{\omega_i; i = 1, \cdots, N_\omega\}$ ごとに独立に行われる。続いて，

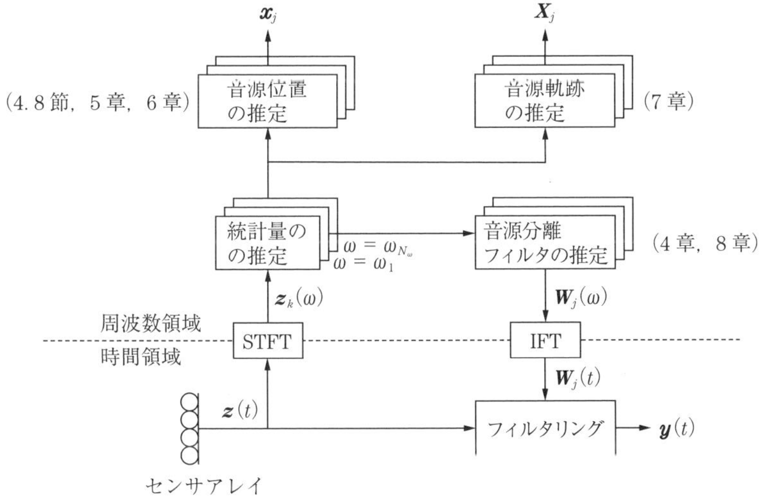

図 1.16　本書で扱う周波数領域でのアレイ信号処理の概要

観測ベクトルをブロック単位でまとめ，相関行列などの統計量を推定する。ただし，3 章や 8 章で登場するような逐次アルゴリズムにより推定を行う場合は，統計量を陽に求めない場合もある。このようにして求めた，観測ベクトルや統計量を用いて，音源定位／追跡／分離の処理を行う。

音源定位では，音源が静止していると仮定し，その位置 $\boldsymbol{x}_j$ を求める†1。一方，音源追跡では，時刻とともに動的に変化する音源の位置を音源の軌跡 $\boldsymbol{X}_j = [\boldsymbol{x}_1, \cdots, \boldsymbol{x}_j]$ として求める。音源定位と音源追跡の違いは，7 章の冒頭で詳しく述べるように，対象となる物理系を定常過程としてモデル化するか，あるいは動的過程としてモデル化するかという点であり，後者では，音源位置の時間的なつながりが考慮される。音源定位や音源追跡では，各周波数で推定された音源位置を統合して，最終的な推定値を得る必要があるが，これについては，5.5 節や 7.4.8 項で述べる。

音源分離では，複数の音源信号を分離するフィルタ $\boldsymbol{W}_j(\omega)$ を推定する。4 章で述べるビームフォーマでは，単一の目的信号とそれ以外の雑音を分離する。一方，8 章で述べるブラインド音源分離では，複数の信号を，目的信号／雑音の区別なく分離する。したがって，前者はスカラーの出力，後者はベクトル（多チャネル）の出力となる。本書では，分離フィルタは周波数領域で推定されるが，最終的に時間領域の分離出力 $\boldsymbol{y}(t)$ を得るためには，1.4.2 項で述べた 2 通りの方法がある†2。

引用・参考文献

1） H. L. Van Trees：*Optimum Array Processing*, Wiley (2002)
2） 菊間信義：アレーアンテナによる適応信号処理，科学技術出版 (1998)
3） K. M. Buckley and L. J. Griffiths："Broad-band signal-subspace spatial-spectrum (bass-ale) estimation," *IEEE Trans. Acoust. Speech, Signal Processing*, vol. 36, no. 7, pp. 953～964, July (1988)

†1　本節で説明の便宜上導入した $\boldsymbol{x}_j$，$\boldsymbol{X}_j$，$\boldsymbol{W}_j(\omega)$ などの記号は，これらを実際に用いる 4～8 章では，その詳細が異なるので，詳しくは各章をみてほしい。

†2　図 1.16 では，フィルタを時間領域に変換する方法を示してある。

4) R. Roy and T. Kailath：“Esprit - estimation of signal parameters via rotational invariance techniques,” *IEEE Trans. Acoust. Speech, Signal Processing*, vol. 37, no. 7, pp. 984～995, July (1989)

5) D. H. Johnson and D. E. Dudgeon：*Array signal processing*, Prentice Hall, Englewood Cliffs NJ (1993)

6) R. Kennedy, T. Abhayapala, and D. Ward：“Broadband nearfield beamforming using a radial beampattern transformation,” *IEEE Trans. Signal Process*, vol. 46, no. 8, pp. 2147～2156, August (1998)

7) A. D. Pierce：*Acoustics: An Introduction to Its Physical Principles and Applications*, The Acoustical Society of America, Woodbury, New York (1991)

8) 城戸健一：音響工学，コロナ社 (1982)

9) A. V. Oppenheim：*Digital signal processing*, Prentice-hall (1975)

10) M. Miyoshi and Y. Kaneda：“Inverse filtering of room acoustics,” *IEEE Trans. Acoust. Speech, Signal Processing*, vol. 36, pp. 145～152 (1988)

11) M. Otani and S. Ise：“Fast calculation system specialized for head-related transfer function based on boundary element method,” *J. Acoust. Soc. Am.*, vol. 119, no. 5, pp. 2589～2598 (2006)

12) 山本潔，浅野太，松坂要佐，原功，麻生英樹，大谷真，岩谷幸雄：“ヒューマノイドロボットにおける音響シミュレーションの検討,” 信学技報，vol. 109，no. 100，pp. 103～108 (2009)

13) 青島伸治，五十嵐寿一：“M-系列の相関を用いた音響測定,” 日本音響学会誌，vol. 24，no. 4，pp. 197～206 (1964)

14) N. Aoshima：“Computer-generated pulse signal applied for sound measurement,” *J. Acoust. Soc. Am.*, vol. 69, no. 5, pp. 1484～1488 (1981)

15) Y. Suzuki, F. Asano, H. Y. Kim, and T. Sone：“An optimum computer-generated pulse suitable for the measurement of very long impulse response,” *J. Acoust. Soc. Am.*, vol. 97, no. 2, pp. 1119～1123 (1993)

16) J. Vanderkooy：“Aspects of MLS measureing systems,” *J. Audio Eng. Soc.*, vol. 42, pp. 219～231 (1994)

17) 守谷直也，金田豊：“雑音に起因する誤差を最小化するインパルス応答測定信号,” 日本音響学会誌，vol. 64，no. 12，pp. 695～701 (2008)

2 推定法の基礎

本章では，本書で扱う音源位置や信号波形の推定の基礎となるパラメータ推定法の理論について述べる。2.1 節では，推定法を分類し，全体像を概観する。2.2 節では，パラメータ推定で用いられる線形モデルについて述べる。2.3 節から 2.7 節では，パラメータ推定の代表的な方法を個別にみていく。

2.1 パラメータ推定法の概要

いま，観測値 $\boldsymbol{z} = [z_1, \cdots, z_K]^T$ が得られたとして，これから，観測値の生成に関与するパラメータ $\boldsymbol{x} = [x_1, \cdots, x_L]^T$ を推定する問題を考える。本章は，一般的な推定理論の説明であるので，観測値 $\boldsymbol{z}$ およびパラメータ $\boldsymbol{x}$ は，特定の構造や意味を持たないものとして議論を進めるが，実際の応用では，それぞれの環境に応じて最適な構成を考える必要がある。例えば，観測値 $\boldsymbol{z}$ については，すでに 1.3 節で議論したように，本書では，おもにセンサアレイで観測された信号を周波数領域に変換して得られる観測ベクトル（式 (1.47)）が用いられる。一方，推定すべきパラメータとしては，さまざまなものが考えられる。例えば，音源の位置をパラメータとすれば，音源定位や音源追跡の問題となる。式 (7.53) は，その一例である。一方，音源から発せられる信号をパラメータと考えれば，音源分離の問題となる。

本書では，おもに統計的手法を用いたパラメータ推定の問題を扱う。統計的パラメータ推定法は，パラメータ $\boldsymbol{x}$ を未知ではあるが固定値と考えるか，あるいは，ランダムな振舞いをする確率変数と考えるかで，**表 2.1** に示すように，2

表 2.1 推定法の分類

推定法		規範
非ベイズ推定法	ML	$\max p(\boldsymbol{z}\|\boldsymbol{x})$
	線形 LS	$\min(\boldsymbol{z}-\hat{\boldsymbol{z}})^H(\boldsymbol{z}-\hat{\boldsymbol{z}})$ subject to $\hat{\boldsymbol{z}} = \boldsymbol{H}\hat{\boldsymbol{x}}$
ベイズ推定法	MMSE	$\min E[(\boldsymbol{x}-\hat{\boldsymbol{x}})^H(\boldsymbol{x}-\hat{\boldsymbol{x}})\|\boldsymbol{z}]$
	線形 MMSE	$\min E[(\boldsymbol{x}-\hat{\boldsymbol{x}})^H(\boldsymbol{x}-\hat{\boldsymbol{x}})]$ subject to $\hat{\boldsymbol{x}} = \boldsymbol{\mathcal{A}}\boldsymbol{z}+\boldsymbol{\beta}$
	MAP	$\max p(\boldsymbol{x}\|\boldsymbol{z})$

種類に大別される[1)~4)]。パラメータ $\boldsymbol{x}$ を確率変数と考える方法は，**ベイズ推定**（Bayesian estimation）**法**と呼ばれる。本書では，ベイズ推定法と区別する意味で，パラメータ $\boldsymbol{x}$ を未知の固定値と考える方法を非ベイズ推定法と呼ぶことにする。

2.1.1 非ベイズ推定法

非ベイス推定法は，**決定論的アプローチ**（deterministic approach）[1),5)] とも呼ばれ，上述のように推定すべきパラメータ $\boldsymbol{x}$ を未知の固定値であると考える。非ベイズ推定法に属する代表的なパラメータ推定法は，**最尤**（maximum likelihood，ML）**法**である。2.6 節で詳しく述べるように，ML 法では，観測値 $\boldsymbol{z}$ の条件付き確率 $p(\boldsymbol{z}|\boldsymbol{x})$ が最大となるようパラメータ $\boldsymbol{x}$ を決定する。$p(\boldsymbol{z}|\boldsymbol{x})$ を $\boldsymbol{x}$ の関数と考えた場合，$p(\boldsymbol{z}|\boldsymbol{x})$ は**尤度関数**（likelihood function）と呼ばれ，$L(\boldsymbol{x}) = p(\boldsymbol{z}|\boldsymbol{x})$ のように記述されることがある。この場合，$\boldsymbol{x}$ は尤度関数における変数ではあるが，確率変数ではないことに注意する。また，表 2.1 に示すように，2.7 節で述べる**最小二乗**（least squares，LS）**法**も非ベイズ推定法に分類される。

例 2.1 尤度の例

ここでは，最も簡単なデータ数 $K = 1$，パラメータ数 $L = 1$ の場合について，尤度関数を具体的に求めてみよう。推定すべきパラメータ x に雑音 v が重畳した，次式のような観測値 z が得られたものとする。

$$z = x + v \tag{2.1}$$

ここでは，簡単のため，観測値，パラメータとも実数であるとする。雑音 v は，次式のようなガウス分布に従うものとする。

$$p(v) = \mathcal{N}(v; 0, \sigma_v^2) = \frac{1}{\sqrt{2\pi\sigma_v^2}} \exp\left(-\frac{1}{2}\frac{v^2}{\sigma_v^2}\right) \tag{2.2}$$

このとき，パラメータ x が与えられた場合の，観測値 z の条件付き確率密度，すなわち尤度は，次式のように，平均値 x，分散 σ_v^2 のガウス分布となる。

$$p(z|x) = \mathcal{N}(z; x, \sigma_v^2) = \frac{1}{\sqrt{2\pi\sigma_v^2}} \exp\left(-\frac{1}{2}\frac{(z-x)^2}{\sigma_v^2}\right) \tag{2.3}$$

2.1.2 ベイズ推定法

ベイズ推定法は，**ランダム・アプローチ** (random approach) とも呼ばれ[1),5)]，推定すべきパラメータ $\boldsymbol{x}$ を，確率密度 $p(\boldsymbol{x})$ を持つ**確率変数** (random variable) であると考える。確率密度 $p(\boldsymbol{x})$ は，特定の観測値 $\boldsymbol{z}$ が観測される前のパラメータの確率密度であることから，**事前確率密度**（prior density）と呼ばれる。一方，パラメータの推定は，観測値 $\boldsymbol{z}$ が観測された後の条件付き確率密度 $p(\boldsymbol{x}|\boldsymbol{z})$ に基づいて行われる。$p(\boldsymbol{x}|\boldsymbol{z})$ は**事後確率密度**（posterior density）と呼ばれる。ベイズの定理（式 (B.5)）により，事後確率密度は次式のように分解される。

$$p(\boldsymbol{x}|\boldsymbol{z}) = \frac{p(\boldsymbol{z}|\boldsymbol{x})p(\boldsymbol{x})}{p(\boldsymbol{z})} \tag{2.4}$$

ここで，分母の $p(\boldsymbol{z})$ は，式 (B.6) で示すように正規化の役割を持ち，パラメータ推定には無関係である。したがって，事後確率密度の評価には，次式のように，尤度 $p(\boldsymbol{z}|\boldsymbol{x})$ とパラメータの事前確率密度 $p(\boldsymbol{x})$ がわかればよい。

$$p(\boldsymbol{x}|\boldsymbol{z}) \propto p(\boldsymbol{z}|\boldsymbol{x})p(\boldsymbol{x}) \tag{2.5}$$

表 2.1 に示すように，ベイズ推定法としては，**最小二乗平均誤差**（minimum mean-square error, MMSE）**法**（2.3 節），**最大事後確率**（maximum a posteriori, MAP）**法**（2.5 節）などがある。式 (2.5) からわかるように，非ベイズ推定法との違いは，事前確率密度 $p(\boldsymbol{x})$ を考慮する点にある。本書では，7 章で述べる音源追跡の問題で，事前確率密度を考慮した手法が登場する。瞬時の観測値から得られる尤度に基づいた推定値が，ノイズの影響などにより，一時的に真の音源の軌跡から大きく外れる場合でも，事前確率密度を考慮することにより，極端な推定誤差を防ぐことができる場合がある。一方，4 章で述べるような，一般の音源定位や分離の問題では，事前確率密度が得られない場合も多い。このような場合は，事前確率密度に一様分布を用いることになる。このような事前確率密度は，**無情報事前確率密度**（noninformative prior）と呼ばれ，式 (2.5) からもわかるように，ベイズ推定法と非ベイズ推定法は，同様の結果をもたらす。

例 2.2　アレイ処理に用いられる尤度

本節の冒頭で述べたように，推定対象となる信号やパラメータを，未知の固定値と考えるか，あるいは確率変数と考えるかは，推定におけるモデルを構築する上で重要である。この例では，アレイ処理でしばしば用いられる尤度を例題に，両者の違いについて考える。

アレイ処理における観測値のモデルである式 (1.39) を再び書くと

$$\boldsymbol{z} = \boldsymbol{A}\boldsymbol{s} + \boldsymbol{v} \tag{2.6}$$

Miller *et al.* (1990)[6] は，式 (2.6) において，目的信号 $\boldsymbol{s}$ を固定値と考える場合を**決定論的信号モデル**（deterministic signal model），確率変数と考える場合を**ランダム信号モデル**（random signal model）と呼んでいる。

決定論的信号モデル　式 (2.6) において，雑音 $\boldsymbol{v}$ が次式の複素多次元ガウス分布（式 (B.14) 参照）に従うものとする。

$$p(\boldsymbol{v}) = \mathcal{N}(\boldsymbol{v}; 0, \boldsymbol{K}) = \frac{1}{\det(\pi \boldsymbol{K})} \exp\left(-\boldsymbol{v}^H \boldsymbol{K}^{-1} \boldsymbol{v}\right) \tag{2.7}$$

ここで，$\boldsymbol{K} = E[\boldsymbol{v}\boldsymbol{v}^H]$ は，雑音 $\boldsymbol{v}$ の共分散行列†である。目的信号を推定すべきパラメータとする（$\boldsymbol{x} = \boldsymbol{s}$）と，尤度は次式で与えられる。

$$p(\boldsymbol{z}|\boldsymbol{s}) = \mathcal{N}(\boldsymbol{z}; \boldsymbol{A}\boldsymbol{s}, \boldsymbol{K}) = \frac{1}{\det(\pi \boldsymbol{K})} \exp\left(-(\boldsymbol{z} - \boldsymbol{A}\boldsymbol{s})^H \boldsymbol{K}^{-1} (\boldsymbol{z} - \boldsymbol{A}\boldsymbol{s})\right) \tag{2.8}$$

式 (2.8) において，パラメータ $\boldsymbol{s}$ は未知の固定値として扱われている。このタイプの尤度は，本書では，4.4 節で述べる ML 法を用いたビームフォーマにおいて，音源波形推定の問題に用いられる。

ランダム信号モデル　　ランダム信号モデルでは，信号 $\boldsymbol{s}$ も次式の複素多次元ガウス分布に従うものとする。

$$p(\boldsymbol{s}) = \mathcal{N}(\boldsymbol{s}; \boldsymbol{0}, \boldsymbol{\Gamma}) \tag{2.9}$$

ここで，$\boldsymbol{\Gamma} = E[\boldsymbol{s}\boldsymbol{s}^H] = \mathrm{diag}(\gamma_1, \cdots, \gamma_N)$ は，式 (1.42) で述べた信号 $\boldsymbol{s}$ の共分散行列である。B.1.2 項に述べたガウス分布の性質より，ガウス分布に従う確率変数の線形変換である観測値 $\boldsymbol{z}$ も，次式のような複素多次元ガウス分布に従う。

$$p(\boldsymbol{z}|\boldsymbol{x}) = \mathcal{N}(\boldsymbol{z}; \boldsymbol{0}, \boldsymbol{R}) = \frac{1}{\det(\pi \boldsymbol{R})} \exp\left(-\boldsymbol{z}^H \boldsymbol{R}^{-1} \boldsymbol{z}\right) \tag{2.10}$$

ここで，$\boldsymbol{R}$ は観測値の共分散行列であり，式 (1.41) により次式のように表される。

$$\boldsymbol{R} \;=\; E[\boldsymbol{z}\boldsymbol{z}^H] \;=\; \boldsymbol{A}(\boldsymbol{\theta})\boldsymbol{\Gamma}\boldsymbol{A}^H(\boldsymbol{\theta}) + \boldsymbol{K} \tag{2.11}$$

ただし，音源 $\boldsymbol{s}$ と雑音 $\boldsymbol{v}$ は無相関であると仮定している。

ランダム信号モデルをパラメータ推定に用いる場合，Miller *et al.* は，共分散行列のモデル（式 (2.11)）に含まれる音源方向 $\boldsymbol{\theta} = [\theta_1, \cdots, \theta_N]^T$ や音源パワー $\boldsymbol{\gamma} = [\gamma_1, \cdots, \gamma_N]^T$ を推定すべきパラメータとしている。すなわち

† 式 (1.44) では雑音の空間相関行列と呼んでいるが，ここでは，雑音の平均値を 0 と仮定しているので，相関行列と共分散行列は等しい。

$$\boldsymbol{x} = [\theta_1, \cdots, \theta_N, \gamma_1, \cdots, \gamma_N]^T \tag{2.12}$$

この場合，パラメータ $\boldsymbol{x}$ を未知の固定値と考えるか，確率変数として扱うかについて，選択の余地がある。6 章で述べる EM アルゴリズムを用いた音源定位では，$\boldsymbol{x}$ を固定値として扱う ML 法を用いる。一方，7 章で述べる音源追跡の問題では，$\boldsymbol{x}$ を確率変数として扱い，その事前分布 $p(\boldsymbol{x})$ を考慮するベイズ推定法を用いる。

2.2 観測系と推定器のモデル

ここでは，パラメータの推定を容易にするための，観測系と推定器のモデルについて述べる。

2.2.1 線形観測モデル

線形観測モデルは単に**線形モデル**（linear model）とも呼ばれ[5]，次式に示すように，観測値 $\boldsymbol{z}$ がパラメータ $\boldsymbol{x}$ の線形変換と雑音 $\boldsymbol{v}$ との和により表される。

$$\boldsymbol{z} = \boldsymbol{H}\boldsymbol{x} + \boldsymbol{v} \tag{2.13}$$

式 (2.13) は，パラメータ $\boldsymbol{x}$ のアフィン変換であると考えることもできる。行列 $\boldsymbol{H}$ は**観測行列**（measurement matrix）と呼ばれ，次式のような $K \times L$ の行列である。

$$\boldsymbol{H} = \begin{pmatrix} h_{11} & \cdots & h_{1L} \\ \vdots & \ddots & \vdots \\ h_{K1} & \cdots & h_{KL} \end{pmatrix} \tag{2.14}$$

本書では，式 (1.39) で導入されたセンサアレイの観測値のモデル（式 (1.39) では $\boldsymbol{H} \to \boldsymbol{A}$，$\boldsymbol{x} \to \boldsymbol{s}$）や，7.2 節で述べるカルマンフィルタにおける観測方程式 (7.5) で用いられる。

2.2.2 線 形 推 定 器

線形推定器（linear estimator）では，パラメータ $\boldsymbol{x}$ の推定値 $\hat{\boldsymbol{x}}$ が，次式のような観測値のアフィン変換で表されるものと仮定する。

$$\hat{\boldsymbol{x}} = \boldsymbol{\mathcal{A}}\boldsymbol{z} + \boldsymbol{\beta} \tag{2.15}$$

ここで，$\boldsymbol{\mathcal{A}}$ は $L \times K$ の行列，$\boldsymbol{\beta}$ は $L \times 1$ のベクトルである。

$$\boldsymbol{\mathcal{A}} = \begin{pmatrix} \alpha_{11} & \cdots & \alpha_{1K} \\ \vdots & \ddots & \vdots \\ \alpha_{L1} & \cdots & \alpha_{LK} \end{pmatrix}, \quad \boldsymbol{\beta} = \begin{pmatrix} \beta_1 \\ \vdots \\ \beta_L \end{pmatrix} \tag{2.16}$$

線形推定器は，2.4 節で述べる線形 MMSE 法で用いられる。また，3 章で述べる適応フィルタも，線形推定器の特殊型（$\boldsymbol{\mathcal{A}} \to \boldsymbol{w}^H$，$\boldsymbol{\beta} \to 0$）である。

2.3 最小二乗平均誤差法（MMSE 法）

2.3.1 MMSE 法の導出

MMSE 法では，パラメータの推定値 $\hat{\boldsymbol{x}}$ と真値 $\boldsymbol{x}$ との差を誤差

$$\tilde{\boldsymbol{x}} := \boldsymbol{x} - \hat{\boldsymbol{x}} \tag{2.17}$$

として定義し，その二乗値の期待値，すなわち**二乗平均誤差**（mean-square error）

$$J = E[\|\tilde{\boldsymbol{x}}\|^2] = \iint (\boldsymbol{x} - \hat{\boldsymbol{x}})^H (\boldsymbol{x} - \hat{\boldsymbol{x}}) p(\boldsymbol{x}, \boldsymbol{z})\, d\boldsymbol{x} d\boldsymbol{z} \tag{2.18}$$

を最小化する†。

式 (2.18) は，$p(\boldsymbol{x}, \boldsymbol{z}) = p(\boldsymbol{x}|\boldsymbol{z})p(\boldsymbol{z})$ の関係を用いて次式のように書き直せる。

$$\begin{aligned} J &= \int \left\{ \int (\boldsymbol{x} - \hat{\boldsymbol{x}})^H (\boldsymbol{x} - \hat{\boldsymbol{x}}) p(\boldsymbol{x}|\boldsymbol{z})\, d\boldsymbol{x} \right\} p(\boldsymbol{z})\, d\boldsymbol{z} \\ &= \int E\left[(\boldsymbol{x} - \hat{\boldsymbol{x}})^H (\boldsymbol{x} - \hat{\boldsymbol{x}}) | \boldsymbol{z} \right] p(\boldsymbol{z})\, d\boldsymbol{z} \end{aligned} \tag{2.19}$$

† 推定値 $\hat{\boldsymbol{x}}$ は，線形推定器を用いる場合の式 (2.15) からもわかるように，観測値の関数 $\hat{\boldsymbol{x}}(\boldsymbol{z})$ である。このため，式 (2.18) では，$\boldsymbol{x}$ および $\boldsymbol{z}$ についての期待値をとる。

$p(\boldsymbol{z}) \geqq 0$ であるので，J の最小化は，次式の条件付き期待値の最小化により達成される。

$$J_1 = E\left[(\boldsymbol{x} - \hat{\boldsymbol{x}})^H(\boldsymbol{x} - \hat{\boldsymbol{x}})|\boldsymbol{z}\right] \tag{2.20}$$

$$= E[\boldsymbol{x}^H\boldsymbol{x}|\boldsymbol{z}] - E[\boldsymbol{x}^H|\boldsymbol{z}]\hat{\boldsymbol{x}} - \hat{\boldsymbol{x}}^H E[\boldsymbol{x}|\boldsymbol{z}] + \hat{\boldsymbol{x}}^H\hat{\boldsymbol{x}} \tag{2.21}$$

J_1 を $\hat{\boldsymbol{x}}^*$ について偏微分することにより（A.2.2 項参照），次式を得る。

$$\frac{\partial J_1}{\partial \hat{\boldsymbol{x}}^*} = -E[\boldsymbol{x}|\boldsymbol{z}] + \hat{\boldsymbol{x}} \tag{2.22}$$

これを $\boldsymbol{0}_{L\times 1}$ とおくことにより，MMSE 法による最適解は，次式のように $\boldsymbol{x}$ の条件付き期待値となる。

$$\hat{\boldsymbol{x}}_{\mathrm{MMSE}} = E[\boldsymbol{x}|\boldsymbol{z}] = \int \boldsymbol{x}p(\boldsymbol{x}|\boldsymbol{z})\,d\boldsymbol{x} \tag{2.23}$$

式 (2.23) の計算には，事後確率密度 $p(\boldsymbol{x}|\boldsymbol{z})$ が必要となり，また，積分計算もあるため，一般には難しい。ただし，つぎの特殊の場合は，計算が大幅に簡略化される。

- $\boldsymbol{x}$ と $\boldsymbol{z}$ が結合ガウス分布の場合。
- $\hat{\boldsymbol{x}}$ が線形推定器（式 (2.15)）の場合。

ガウス分布の場合は 2.3.2 項で，線形推定器の場合は 2.4 節でそれぞれ述べるが，両者は同じ最適解に帰着する。この解は，後述するウィナーフィルタやカルマンフィルタの基礎となる意味で重要である。

例 2.3　MMSE 法の例

ここでは，パラメータ x にガウス雑音 v_k が重畳した K 個の観測値 $\{z_k; k = 1, \cdots, K\}$ から，MMSE 法の推定値 $\hat{x}_{\mathrm{MMSE}}$ を得る場合を考える。パラメータ x 自体もガウス分布を持つ確率変数として考える。この例題は，MMSE 法と ML 法を比較する例として，しばしば用いられる[2),7)]。問題をまとめると，次式のようになる。

$$z_k = x + v_k, \quad k = 1, \cdots, K \tag{2.24}$$

$$
\begin{aligned}
v_k &\sim \mathcal{N}(0, \sigma_v^2) \\
x &\sim \mathcal{N}(\mu_x, \sigma_x^2)
\end{aligned}
$$

簡単のため，x，v_k とも実数とする。雑音の分散 σ_v^2，およびパラメータの平均値 μ_x と分散 σ_x^2 は既知であるとする。また，K 個の観測値は，たがいに統計的に独立であるとする。

尤度 $p(\boldsymbol{z}|x)$ および x の事前確率密度 $p(x)$ は，それぞれ，次式のようになる。

$$
p(\boldsymbol{z}|x) = \prod_{k=1}^{K} \frac{1}{\sqrt{2\pi\sigma_v^2}} \exp\left(-\frac{1}{2}\frac{(z_k - x)^2}{\sigma_v^2}\right) \tag{2.25}
$$

$$
p(x) = \frac{1}{\sqrt{2\pi\sigma_x^2}} \exp\left(-\frac{1}{2}\frac{(x - \mu_x)^2}{\sigma_x^2}\right) \tag{2.26}
$$

式 (2.5) から，正規化定数を省略した事後確率密度は次式のようになる。

$$
\begin{aligned}
&p(x|\boldsymbol{z}) \propto p(\boldsymbol{z}|x)p(x) \\
&\quad \propto \exp\left(-\frac{1}{2}\left\{\frac{\sum_{k=1}^{K}(z_k - x)^2}{\sigma_v^2} + \frac{(x - \mu_x)^2}{\sigma_x^2}\right\}\right) \\
&\quad = \exp\left(-\frac{1}{2\sigma_v^2\sigma_x^2}\left\{(K\sigma_x^2 + \sigma_v^2)x^2 - 2\left(\sigma_x^2\sum_{k=1}^{K} z_k + \sigma_v^2\mu_x\right)x + \alpha\right\}\right) \\
&\quad \propto \exp\left(-\frac{1}{2\sigma^2}\left\{x - \sigma^2\left(\frac{\mu_x}{\sigma_x^2} + \frac{\sum_{k=1}^{K} z_k}{\sigma_v^2}\right)\right\}^2\right)
\end{aligned} \tag{2.27}
$$

α は x を含まない定数項をまとめたものである。σ^2 は次式で定義される。

$$
\sigma^2 := \frac{\sigma_x^2\sigma_v^2}{\sigma_v^2 + K\sigma_x^2} \tag{2.28}
$$

また，$\mu_{x|z}$ を次式のように定義する。

$$
\mu_{x|z} := \sigma^2\left(\frac{\mu_x}{\sigma_x^2} + \frac{\sum_{k=1}^{K} z_k}{\sigma_v^2}\right) \tag{2.29}
$$

式 (2.27) から，事後確率密度 $p(x|\boldsymbol{z})$ もガウス分布 $\mathcal{N}(\mu_{x|z}, \sigma^2)$ であることがわかる。MMSE 法の推定値は，式 (2.23) から，$\hat{x}_{\mathrm{MMSE}} = \mu_{x|z}$ となる。ここで

$$\hat{\mu}_z := \frac{1}{K}\sum_{k=1}^{K} z_k \tag{2.30}$$

とおき，式 (2.29) を解釈しやすいように整理すると

$$\hat{x}_{\mathrm{MMSE}} = \frac{\sigma_v^2/K}{\sigma_x^2 + \sigma_v^2/K}\mu_x + \frac{\sigma_x^2}{\sigma_x^2 + \sigma_v^2/K}\hat{\mu}_z \tag{2.31}$$

式 (2.31) から，推定値 $\hat{x}_{\mathrm{MMSE}}$ は，事前分布の平均値 μ_x と観測値のサンプル平均値 $\hat{\mu}_z$ の重み付き和となっていることがわかる。観測値のサンプル数が多い場合（$K \to \infty$），あるいは，雑音の分散が小さい場合（$\sigma_v^2 \to 0$），$\hat{x}_{\mathrm{MMSE}} \simeq \hat{\mu}_z$ となる。これは，サンプル数が多い場合，または，雑音の分散（パワー）が小さい場合は，観測値の信頼性が高いことを反映している。一方，サンプル数が少ない場合（$K \to 0$），あるいは，雑音の分散が大きい（$\sigma_v^2 \to \infty$）場合は，$\hat{x}_{\mathrm{MMSE}} \simeq \mu_x$ となる。これは，観測値の信頼性が低いことを反映している。例 2.4 で述べるように，サンプル平均は，この例題に対する ML 法の解である（$\hat{x}_{\mathrm{ML}} = \hat{\mu}_z$）。このことから，式 (2.31) の第 1 項 $\frac{\sigma_v^2/K}{\sigma_x^2 + \sigma_v^2/K}\mu_x$ が，MMSE 法と ML 法の差ということになる。これは，パラメータの事前確率密度を考慮するベイズ推定と，考慮しない非ベイズ推定の差を表している。

2.3.2 $\boldsymbol{x}$ および $\boldsymbol{z}$ が結合ガウス分布の場合

ここでは，6 章で述べる EM アルゴリズムや，7 章で述べるカルマンフィルタの導出において重要となる，観測値 $\boldsymbol{z}$ およびパラメータ $\boldsymbol{x}$ が結合ガウス分布に従う場合を考える。$\boldsymbol{z}$ および $\boldsymbol{x}$ は，それぞれ，K 次元，および L 次元のガウス分布に従うものとする。

$$p(\boldsymbol{z}) = \frac{1}{\pi^K \det(\boldsymbol{P}_z)} \exp\left(-(\boldsymbol{z}-\boldsymbol{\mu}_z)^H \boldsymbol{P}_z^{-1}(\boldsymbol{z}-\boldsymbol{\mu}_z)\right) \tag{2.32}$$

$$p(\boldsymbol{x}) = \frac{1}{\pi^L \det(\boldsymbol{P}_x)} \exp\left(-(\boldsymbol{x}-\boldsymbol{\mu}_x)^H \boldsymbol{P}_x^{-1}(\boldsymbol{x}-\boldsymbol{\mu}_x)\right) \tag{2.33}$$

ここで

$$\boldsymbol{\mu}_z := E[\boldsymbol{z}], \quad \boldsymbol{\mu}_x := E[\boldsymbol{x}] \tag{2.34}$$

$$\boldsymbol{P}_z := E[(\boldsymbol{z}-\boldsymbol{\mu}_z)(\boldsymbol{z}-\boldsymbol{\mu}_z)^H] \tag{2.35}$$

$$\boldsymbol{P}_x := E[(\boldsymbol{x}-\boldsymbol{\mu}_x)(\boldsymbol{x}-\boldsymbol{\mu}_x)^H] \tag{2.36}$$

$\boldsymbol{y} = [\boldsymbol{x}^T,\ \boldsymbol{z}^T]^T$ が次式の多次元ガウス分布

$$p(\boldsymbol{y}) = \frac{1}{\pi^{L+K} \det(\boldsymbol{P}_y)} \exp\left(-(\boldsymbol{y}-\boldsymbol{\mu}_y)^H \boldsymbol{P}_y^{-1}(\boldsymbol{y}-\boldsymbol{\mu}_y)\right) \tag{2.37}$$

に従う場合，$\boldsymbol{x}$ と $\boldsymbol{z}$ は**結合ガウス分布**（jointly Gaussian distribution）に従うという。ここで，平均値 $\boldsymbol{\mu}_y$ および共分散行列 $\boldsymbol{P}_y$ は次式で表される。

$$\boldsymbol{\mu}_y = \begin{bmatrix} \boldsymbol{\mu}_x \\ \boldsymbol{\mu}_z \end{bmatrix}, \quad \boldsymbol{P}_y = \begin{bmatrix} \boldsymbol{P}_x & \boldsymbol{P}_{xz} \\ \boldsymbol{P}_{zx} & \boldsymbol{P}_z \end{bmatrix} \tag{2.38}$$

$\boldsymbol{P}_{xz}$ および $\boldsymbol{P}_{zx}$ は，次式で定義される相互共分散行列である。

$$\boldsymbol{P}_{xz} := E\left[(\boldsymbol{x}-\boldsymbol{\mu}_x)(\boldsymbol{z}-\boldsymbol{\mu}_z)^H\right] \tag{2.39}$$

$$\boldsymbol{P}_{zx} := E\left[(\boldsymbol{z}-\boldsymbol{\mu}_z)(\boldsymbol{x}-\boldsymbol{\mu}_x)^H\right] \tag{2.40}$$

ここで，$\boldsymbol{P}_{zx} = \boldsymbol{P}_{xz}^H$ である。

このとき，観測値 $\boldsymbol{z}$ が与えられた場合のパラメータ $\boldsymbol{x}$ の条件付き確率密度は，ガウス分布 $\mathcal{N}(\boldsymbol{\mu}_{x|z}, \boldsymbol{P}_{x|z})$ となる。また，その平均値 $\boldsymbol{\mu}_{x|z}$ および共分散行列 $\boldsymbol{P}_{x|z}$ は，次式で与えられる。

$$\boldsymbol{\mu}_{x|z} = E[\boldsymbol{x}|\boldsymbol{z}] = \boldsymbol{\mu}_x + \boldsymbol{P}_{xz}\boldsymbol{P}_z^{-1}(\boldsymbol{z}-\boldsymbol{\mu}_z) \tag{2.41}$$

$$\boldsymbol{P}_{x|z} = E[(\boldsymbol{x}-\boldsymbol{\mu}_{x|z})(\boldsymbol{x}-\boldsymbol{\mu}_{x|z})^H|\boldsymbol{z}] = \boldsymbol{P}_x - \boldsymbol{P}_{xz}\boldsymbol{P}_z^{-1}\boldsymbol{P}_{zx} \tag{2.42}$$

式 (2.41) から，$\boldsymbol{\mu}_{x|z}$ は $\boldsymbol{x}$ の MMSE 推定値である。

続いて，式 (2.41) および式 (2.42) の導出を簡単にまとめておく[5)]。観測値 $\boldsymbol{z}$ が与えられた場合のパラメータ $\boldsymbol{x}$ の条件付き確率密度 $p(\boldsymbol{x}|\boldsymbol{z})$ は，次式のようになる。

$$p(\boldsymbol{x}|\boldsymbol{z}) = \frac{p(\boldsymbol{x},\boldsymbol{z})}{p(\boldsymbol{z})} = \frac{p(\boldsymbol{y})}{p(\boldsymbol{z})} \tag{2.43}$$

式 (2.43) に式 (2.37) および式 (2.32) を代入して，次式を得る。

$$\begin{aligned} p(\boldsymbol{x}|\boldsymbol{z}) = &\frac{1}{\pi^L \det(\boldsymbol{P}_y)/\det(\boldsymbol{P}_z)} \cdot \\ &\exp\left(-(\boldsymbol{y}-\boldsymbol{\mu}_y)^H \boldsymbol{P}_y^{-1}(\boldsymbol{y}-\boldsymbol{\mu}_y) + (\boldsymbol{z}-\boldsymbol{\mu}_z)^H \boldsymbol{P}_z^{-1}(\boldsymbol{z}-\boldsymbol{\mu}_z)\right) \end{aligned} \tag{2.44}$$

ここで，記号の簡略化のため次式を定義する。

$$\check{\boldsymbol{y}} := \boldsymbol{y}-\boldsymbol{\mu}_y, \quad \check{\boldsymbol{z}} := \boldsymbol{z}-\boldsymbol{\mu}_z \tag{2.45}$$

式 (2.45) を用い，式 (2.44) から $\exp(\cdot)$ の中身の 2 次形式の部分（以降 q と表す）を取り出すと

$$\begin{aligned} q &= (\boldsymbol{y}-\boldsymbol{\mu}_y)^H \boldsymbol{P}_y^{-1}(\boldsymbol{y}-\boldsymbol{\mu}_y) - (\boldsymbol{z}-\boldsymbol{\mu}_z)^H \boldsymbol{P}_z^{-1}(\boldsymbol{z}-\boldsymbol{\mu}_z) \\ &= \check{\boldsymbol{y}}^H \boldsymbol{P}_y^{-1}\check{\boldsymbol{y}} - \check{\boldsymbol{z}}^H \boldsymbol{P}_z^{-1}\check{\boldsymbol{z}} \end{aligned} \tag{2.46}$$

共分散行列 $\boldsymbol{P}_y$ の逆行列は，式 (A.21) から，次式のようになる。

$$\boldsymbol{P}_y^{-1} = \begin{bmatrix} \boldsymbol{B}_{11} & \boldsymbol{B}_{12} \\ \boldsymbol{B}_{21} & \boldsymbol{B}_{22} \end{bmatrix} \tag{2.47}$$

ここで

$$\boldsymbol{B}_{11} = (\boldsymbol{P}_x - \boldsymbol{P}_{xz}\boldsymbol{P}_z^{-1}\boldsymbol{P}_{zx})^{-1} \tag{2.48}$$

$$\boldsymbol{B}_{12} = -\boldsymbol{B}_{11}\boldsymbol{P}_{xz}\boldsymbol{P}_z^{-1}, \quad \boldsymbol{B}_{21} = \boldsymbol{B}_{12}^H \tag{2.49}$$

$$\begin{aligned} \boldsymbol{B}_{22} &= (\boldsymbol{P}_z - \boldsymbol{P}_{zx}\boldsymbol{P}_x^{-1}\boldsymbol{P}_{xz})^{-1} \\ &= \boldsymbol{P}_z^{-1} + \boldsymbol{P}_z^{-1}\boldsymbol{P}_{zx}\boldsymbol{B}_{11}\boldsymbol{P}_{xz}\boldsymbol{P}_z^{-1} \end{aligned} \tag{2.50}$$

式 (2.50) では，逆行列の補助定理（式 (A.26)）が用いられている。これらを式 (2.46) に代入して，次式を得る。

$$
\begin{aligned}
q &= \begin{bmatrix} \check{\boldsymbol{x}}^H & \check{\boldsymbol{z}}^H \end{bmatrix} \begin{bmatrix} \boldsymbol{B}_{11} & \boldsymbol{B}_{12} \\ \boldsymbol{B}_{12}^H & \boldsymbol{B}_{22} \end{bmatrix} \begin{bmatrix} \check{\boldsymbol{x}} \\ \check{\boldsymbol{z}} \end{bmatrix} - \check{\boldsymbol{z}}^H \boldsymbol{P}_z^{-1} \check{\boldsymbol{z}} \\
&= \check{\boldsymbol{x}}^H \boldsymbol{B}_{11} \check{\boldsymbol{x}} + \check{\boldsymbol{z}}^H \boldsymbol{B}_{12}^H \check{\boldsymbol{x}} + \check{\boldsymbol{x}}^H \boldsymbol{B}_{12} \check{\boldsymbol{z}} + \check{\boldsymbol{z}}^H (\boldsymbol{B}_{22} - \boldsymbol{P}_z^{-1}) \check{\boldsymbol{z}} \\
&= \check{\boldsymbol{x}}^H \boldsymbol{B}_{11} \check{\boldsymbol{x}} - \check{\boldsymbol{z}}^H \boldsymbol{P}_z^{-1} \boldsymbol{P}_{zx} \boldsymbol{B}_{11} \check{\boldsymbol{x}} \\
&\quad - \check{\boldsymbol{x}}^H \boldsymbol{B}_{11} \boldsymbol{P}_{xz} \boldsymbol{P}_z^{-1} \check{\boldsymbol{z}} + \check{\boldsymbol{z}}^H \boldsymbol{P}_z^{-1} \boldsymbol{P}_{zx} \boldsymbol{B}_{11} \boldsymbol{P}_{xz} \boldsymbol{P}_z^{-1} \check{\boldsymbol{z}} \\
&= \left(\check{\boldsymbol{x}} - \boldsymbol{P}_{xz} \boldsymbol{P}_z^{-1} \check{\boldsymbol{z}} \right)^H \boldsymbol{B}_{11} \left(\check{\boldsymbol{x}} - \boldsymbol{P}_{xz} \boldsymbol{P}_z^{-1} \check{\boldsymbol{z}} \right) \qquad (2.51)
\end{aligned}
$$

式 (2.51) に式 (2.45) を再び代入して整理すると，次式を得る。

$$
q = \left\{ \boldsymbol{x} - \left\{ \boldsymbol{\mu}_x + \boldsymbol{P}_{xz} \boldsymbol{P}_z^{-1} (\boldsymbol{z} - \boldsymbol{\mu}_z) \right\} \right\}^H \boldsymbol{B}_{11} \left\{ \boldsymbol{x} - \left\{ \boldsymbol{\mu}_x + \boldsymbol{P}_{xz} \boldsymbol{P}_z^{-1} (\boldsymbol{z} - \boldsymbol{\mu}_z) \right\} \right\} \qquad (2.52)
$$

ここで，式 (2.41) および式 (2.42) を式 (2.52) に代入することにより

$$
q = (\boldsymbol{x} - \boldsymbol{\mu}_{x|z})^H \boldsymbol{P}_{x|z}^{-1} (\boldsymbol{x} - \boldsymbol{\mu}_{x|z}) \qquad (2.53)
$$

となり，$p(\boldsymbol{x}|\boldsymbol{z})$ はガウス分布 $\mathcal{N}(\boldsymbol{\mu}_{x|z}, \boldsymbol{P}_{x|z})$ であることがわかる。

2.4　線形 MMSE 法

2.3.1 項では，MMSE 法の解が条件付き期待値 $\hat{\boldsymbol{x}}_{\mathrm{MMSE}} = E[\boldsymbol{x}|\boldsymbol{z}]$ であることを述べた。さらに，2.3.2 項では，$\boldsymbol{x}$ および $\boldsymbol{z}$ が結合ガウス分布に従う場合は，MMSE 法の解が式 (2.41) に示す線形推定器となることを述べた。しかし，ガウス分布に従わない場合は，条件付き期待値の導出は非線形問題となる場合も多く，一般に導出が難しい。線形 MMSE 法は，解を線形推定器（式 (2.15)）の範囲に拘束することにより，解の導出を容易にする方法である。

2.4.1 線形 MMSE 法の導出

線形 MMSE 法は，MMSE 法において，解に線形推定器（式 (2.15)）の拘束を与えたものである。この場合の最適化問題は，次式のようになる。

$$\min E[\|\tilde{\boldsymbol{x}}\|^2] \tag{2.54}$$

$$\text{subject to} \quad \hat{\boldsymbol{x}} = \boldsymbol{\mathcal{A}}\boldsymbol{z} + \boldsymbol{\beta} \tag{2.55}$$

式 (2.54) に，次式で表される誤差

$$\tilde{\boldsymbol{x}} = \boldsymbol{x} - \hat{\boldsymbol{x}} = \boldsymbol{x} - \boldsymbol{\mathcal{A}}\boldsymbol{z} - \boldsymbol{\beta} \tag{2.56}$$

を代入することにより，最小化すべきコスト関数は，次式のようになる。

$$J = E\left[(\boldsymbol{x} - \boldsymbol{\mathcal{A}}\boldsymbol{z} - \boldsymbol{\beta})^H(\boldsymbol{x} - \boldsymbol{\mathcal{A}}\boldsymbol{z} - \boldsymbol{\beta})\right] \tag{2.57}$$

式 (2.57) を $\boldsymbol{\mathcal{A}}^*$ および $\boldsymbol{\beta}^*$ について偏微分して $\boldsymbol{0}$ とおくことにより（A.2.2 項参照），次式を得る。

$$\frac{\partial J}{\partial \boldsymbol{\mathcal{A}}^*} = E\left[(\boldsymbol{x} - \boldsymbol{\mathcal{A}}\boldsymbol{z} - \boldsymbol{\beta})\boldsymbol{z}^H\right] = \boldsymbol{0}_{L\times K} \tag{2.58}$$

$$\frac{\partial J}{\partial \boldsymbol{\beta}^*} = E\left[\boldsymbol{x} - \boldsymbol{\mathcal{A}}\boldsymbol{z} - \boldsymbol{\beta}\right] = \boldsymbol{0}_{L\times 1} \tag{2.59}$$

ここで，式 (2.58) における偏微分には，式 (A.77) が用いられている。式 (2.58) および式 (2.59) に式 (2.56) を代入することにより，次式のように書くこともできる。

$$E[\tilde{\boldsymbol{x}}\boldsymbol{z}^H] = \boldsymbol{0} \tag{2.60}$$

$$E[\tilde{\boldsymbol{x}}] = \boldsymbol{0} \tag{2.61}$$

続いて，線形推定器の係数 $\boldsymbol{\mathcal{A}}$ および $\boldsymbol{\beta}$ を決定する。式 (2.59) から，$\boldsymbol{\beta}$ は次式のようになる。

$$\boldsymbol{\beta} = E[\boldsymbol{x}] - \boldsymbol{\mathcal{A}}E[\boldsymbol{z}] = \boldsymbol{\mu}_x - \boldsymbol{\mathcal{A}}\boldsymbol{\mu}_z \tag{2.62}$$

一方，式 (2.60) および式 (2.61) から，次式を得る。

$$E[\tilde{\boldsymbol{x}}(\boldsymbol{z}-\boldsymbol{\mu}_z)^H] \;=\; E[\tilde{\boldsymbol{x}}\boldsymbol{z}^H]-E[\tilde{\boldsymbol{x}}]\boldsymbol{\mu}_z^H \;=\; \boldsymbol{0} \tag{2.63}$$

式 (2.63) に，式 (2.62) および式 (2.56) を代入し，整理すると，次式を得る。

$$\begin{aligned} &E\left[\{\boldsymbol{x}-\boldsymbol{\mathcal{A}}\boldsymbol{z}-(\boldsymbol{\mu}_x-\boldsymbol{\mathcal{A}}\boldsymbol{\mu}_z)\}(\boldsymbol{z}-\boldsymbol{\mu}_z)^H\right] \\ &=\; E\left[\{(\boldsymbol{x}-\boldsymbol{\mu}_x)-\boldsymbol{\mathcal{A}}(\boldsymbol{z}-\boldsymbol{\mu}_z)\}(\boldsymbol{z}-\boldsymbol{\mu}_z)^H\right] \\ &=\; E[(\boldsymbol{x}-\boldsymbol{\mu}_x)(\boldsymbol{z}-\boldsymbol{\mu}_z)^H]-\boldsymbol{\mathcal{A}}E\left[(\boldsymbol{z}-\boldsymbol{\mu}_z)(\boldsymbol{z}-\boldsymbol{\mu}_z)^H\right] \;=\; \boldsymbol{0} \end{aligned} \tag{2.64}$$

式 (2.64) に式 (2.35) および式 (2.39) を代入すると，次式を得る。

$$\boldsymbol{\mathcal{A}}\boldsymbol{P}_z \;=\; \boldsymbol{P}_{xz} \tag{2.65}$$

式 (2.65) は，**正規方程式**（normal equation）と呼ばれる。式 (2.65) を $\boldsymbol{\mathcal{A}}$ について解くことにより，次式のように $\boldsymbol{\mathcal{A}}$ が決定される。

$$\boldsymbol{\mathcal{A}} \;=\; \boldsymbol{P}_{xz}\boldsymbol{P}_z^{-1} \tag{2.66}$$

以上のようにして求めた係数（式 (2.66)，式 (2.62)）を線形推定器（式 (2.55)）に代入して，次式の最終的な推定値を得る。

$$\hat{\boldsymbol{x}} \;=\; \boldsymbol{\mu}_x+\boldsymbol{P}_{xz}\boldsymbol{P}_z^{-1}(\boldsymbol{z}-\boldsymbol{\mu}_z) \tag{2.67}$$

また，推定誤差共分散行列は次式のようになる。

$$\begin{aligned} &\boldsymbol{P}_{\tilde{x}} := E[\tilde{\boldsymbol{x}}\tilde{\boldsymbol{x}}^H] \\ &\quad = E\left[\{(\boldsymbol{x}-\boldsymbol{\mu}_x)-\boldsymbol{P}_{xz}\boldsymbol{P}_z^{-1}(\boldsymbol{z}-\boldsymbol{\mu}_z)\}\{(\boldsymbol{x}-\boldsymbol{\mu}_x)-\boldsymbol{P}_{xz}\boldsymbol{P}_z^{-1}(\boldsymbol{z}-\boldsymbol{\mu}_z)\}^H\right] \\ &\quad = \boldsymbol{P}_x-\boldsymbol{P}_{xz}\boldsymbol{P}_z^{-1}\boldsymbol{P}_{zx} \end{aligned} \tag{2.68}$$

2.4.2　直交性と不偏性

前節において線形 MMSE 法の解を導く過程で登場した式 (2.60) および式 (2.61) は，二つの重要な性質を表している。

式 (2.61) は，偏り誤差がないことを表しており，この性質は**不偏性**（unbiasedness）と呼ばれる。一方，式 (2.60) は，誤差 $\tilde{\boldsymbol{x}}$ と観測値 $\boldsymbol{z}$ との**直交性**（orthogonality）を表しており，**直交性原理**（principle of orthogonality）と呼ばれる。

直交性について，簡単に説明しておこう。ベクトル空間での直交性と類推して考えるため，便宜上，平均値が 0 の二つの確率変数 x と y に対して，次式を確率変数の内積として定義する[1)]。

$$< x, y > \;:=\; E[xy^*] \tag{2.69}$$

この内積が 0 となるとき，二つの確率変数は直交するという。式 (2.69) から，確率変数 x と y が直交する場合，両者は無相関である。

式 (2.60) をベクトルの要素ごとに書くと，次式のようになる。

$$E[\tilde{x}_i z_k^*] \;= < \tilde{x}_i, z_k > =\; 0, \quad i = 1, \cdots, L,\; k = 1, \cdots, K \tag{2.70}$$

式 (2.70) を幾何学的に理解するために，確率変数をベクトルに例え†，ベクトル空間での直交性と類推して考える[1),8),9)]。図 **2.1** に $L = 1$，$K = 2$ の場合のベクトルの直交関係を示す。この例の場合，観測値 z_1 および z_2 と誤差 $\tilde{x}_1$ が直交する，すなわち，$< \tilde{x}_1, z_k >= 0$，$k = 1, 2$ となるように推定値 $\hat{x}_1$ を決定することにより，誤差のノルム $< \tilde{x}_1, \tilde{x}_1 >= E[\tilde{x}_1 \tilde{x}_1^*]$ が最小化される。式 (2.65) が正規方程式と呼ばれるのも，式 (2.65) が直交性原理により導かれるためである。“normal” には「垂直な」という意味がある。

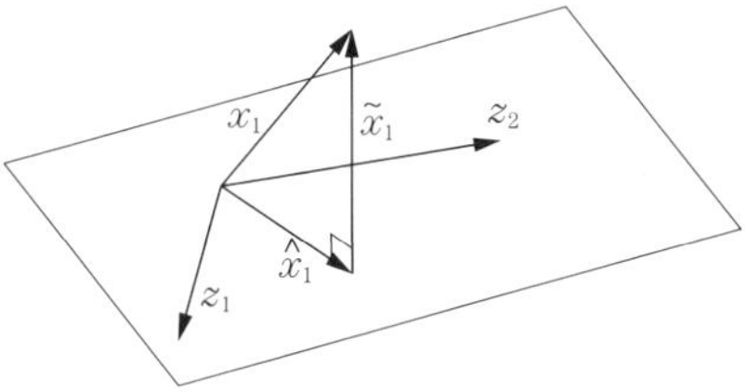

図 **2.1** 確率変数の直交性の幾何学的説明

† この場合のベクトルとは，複数の確率変数を要素に持つ確率変数ベクトル $\boldsymbol{z} = [z_1, \cdots, z_K]^T$ のことではなく，単体の確率変数 z_k をベクトルに例えて考えている。

2.5　最大事後確率法（MAP 法）

MAP 法では，次式のように事後確率が最大となるようパラメータ $\boldsymbol{x}$ を推定する。

$$\hat{\boldsymbol{x}}_{\mathrm{MAP}} = \arg\max_{\boldsymbol{x}} p(\boldsymbol{x}|\boldsymbol{z}) \tag{2.71}$$

事後確率密度が，ガウス分布のように左右対称で，かつ**単峰性**（unimodal）である場合は，$\hat{\boldsymbol{x}}_{\mathrm{MAP}} = \hat{\boldsymbol{x}}_{\mathrm{MMSE}}$ となる。これは，例 2.3 からも理解される。

MAP 法の最適解は，事後確率密度の対数をパラメータ $\boldsymbol{x}^*$ について偏微分し（A.2.2 節参照），$\boldsymbol{0}$ とおいた次式の解として得られる。

$$\frac{\partial}{\partial \boldsymbol{x}^*} \log p(\boldsymbol{x}|\boldsymbol{z}) \ \propto \ \frac{\partial}{\partial \boldsymbol{x}^*} \log p(\boldsymbol{z}|\boldsymbol{x}) + \frac{\partial}{\partial \boldsymbol{x}^*} \log p(\boldsymbol{x}) \ = \ \boldsymbol{0}_{L\times 1} \tag{2.72}$$

式 (2.72) では，式 (2.5) が用いられている。ML 法の場合の式 (2.75) と比較するとわかるように，ML 法との差は，事前確率密度 $p(\boldsymbol{x})$ の偏微分の項がある点である。事前確率密度 $p(\boldsymbol{x})$ を一様分布とした場合は，この項が 0 となり，$\hat{\boldsymbol{x}}_{\mathrm{MAP}} = \hat{\boldsymbol{x}}_{\mathrm{ML}}$ となる。

2.6　最尤法（ML法）

ML 法では，次式のように尤度関数 $L(\boldsymbol{x}) = p(\boldsymbol{z}|\boldsymbol{x})$ を最大化する。

$$\hat{\boldsymbol{x}}_{\mathrm{ML}} \ = \ \arg\max_{\boldsymbol{x}} p(\boldsymbol{z}|\boldsymbol{x}) \tag{2.73}$$

実際に最適解を求める際には，確率密度が $\exp(\cdot)$ を含んでいる場合などに計算が簡略化されるため，尤度関数の対数をとった**対数尤度関数**（log likelihood function）

$$LL(\boldsymbol{x}) \ := \ \log p(\boldsymbol{z}|\boldsymbol{x}) \tag{2.74}$$

を用いる場合が多い。ML 法の推定値は，次式の**尤度方程式**（likelihood equation）の解として与えられる。

$$\frac{\partial LL(\boldsymbol{x})}{\partial \boldsymbol{x}^*} = \frac{\partial}{\partial \boldsymbol{x}^*} \log p(\boldsymbol{z}|\boldsymbol{x}) = \boldsymbol{0}_{L\times 1} \tag{2.75}$$

例 2.4　ML 法の例

例 2.3 と同じ問題を ML 法で解いてみよう。式 (2.25) から，対数尤度関数は，次式のようになる。

$$LL(x) = K \log \frac{1}{\sqrt{2\pi\sigma_v^2}} - \sum_{k=1}^{K} \frac{1}{2} \frac{(z_k - x)^2}{\sigma_v^2} \tag{2.76}$$

これから，尤度方程式は次式のようになる。

$$\frac{\partial LL(x)}{\partial x} = \frac{1}{\sigma_v^2} \sum_{k=1}^{K} (z_k - x) = 0 \tag{2.77}$$

したがって，ML 法の推定値はサンプル平均となる。

$$\hat{x}_{\mathrm{ML}} = \frac{1}{K} \sum_{k=1}^{K} z_k = \hat{\mu}_z \tag{2.78}$$

2.7　最小二乗法（LS 法）

2.7.1　LS 法 の 導 出

先に述べた MMSE 法では，二乗平均誤差 $E[\|\tilde{\boldsymbol{x}}\|^2]$ を最小化した。LS 法によるパラメータ推定では，パラメータの推定誤差の二乗和 $\|\tilde{\boldsymbol{x}}\|^2$ を直接最小化するのではなく，次式で示すように，観測値の推定誤差 $\tilde{\boldsymbol{z}} = \boldsymbol{z} - \hat{\boldsymbol{z}}$ の二乗和を最小化する[1),5)†]。

$$\hat{\boldsymbol{x}}_{\mathrm{LS}} = \arg\min \|\tilde{\boldsymbol{z}}\|^2 \tag{2.79}$$

本節では，式 (2.13) に示す線形観測モデルに基づいた LS 法について述べる。線形モデルを用いた観測値の推定値 $\hat{\boldsymbol{z}}$ は，次式で表される。

---

† $\|\tilde{\boldsymbol{x}}\|^2$ を最小化する場合，未知であるパラメータの真値 $\boldsymbol{x}$ がコスト関数に含まれるため，一般には計算できない。一方，$E[\|\tilde{\boldsymbol{x}}\|^2]$ を最小化する場合は，式 (2.21) に示したように，コスト関数に含まれるのはパラメータの期待値 $E[\boldsymbol{x}|\boldsymbol{z}]$ となる。

$$\hat{\boldsymbol{z}} = \boldsymbol{H}\hat{\boldsymbol{x}} \tag{2.80}$$

これから，線形 LS 法で最小化するコスト関数は，次式のようになる。

$$J = \tilde{\boldsymbol{z}}^H \tilde{\boldsymbol{z}} = (\boldsymbol{z} - \boldsymbol{H}\hat{\boldsymbol{x}})^H (\boldsymbol{z} - \boldsymbol{H}\hat{\boldsymbol{x}}) \tag{2.81}$$

ここで，コスト関数 J に，次式のような重みを導入し，一般化しておく。

$$J_{\mathrm{w}} = \tilde{\boldsymbol{z}}^H \boldsymbol{\Phi} \tilde{\boldsymbol{z}} = (\boldsymbol{z} - \boldsymbol{H}\hat{\boldsymbol{x}})^H \boldsymbol{\Phi} (\boldsymbol{z} - \boldsymbol{H}\hat{\boldsymbol{x}}) \tag{2.82}$$

式 (2.82) を $\hat{\boldsymbol{x}}^*$ について偏微分すると（A.2.2 項参照），次式のようになる。

$$\frac{\partial J_{\mathrm{w}}}{\partial \hat{\boldsymbol{x}}^*} = -\boldsymbol{H}^H \boldsymbol{\Phi} \boldsymbol{z} + \boldsymbol{H}^H \boldsymbol{\Phi} \boldsymbol{H} \hat{\boldsymbol{x}} \tag{2.83}$$

式 (2.83) を $\boldsymbol{0}$ とおくことにより，最適解は次式のようになる。

$$\hat{\boldsymbol{x}}_{\mathrm{WLS}} = (\boldsymbol{H}^H \boldsymbol{\Phi} \boldsymbol{H})^{-1} \boldsymbol{H}^H \boldsymbol{\Phi} \boldsymbol{z} \tag{2.84}$$

この方法は，最小二乗法に重みを用いていることから，**重み付き最小二乗**（weighted least squares，WLS）**法**と呼ばれる。

重みの例として，観測値が時系列データの場合は，次式のような指数重みがしばしば用いられる。

$$\boldsymbol{\Phi} = \mathrm{diag}(\varphi^{-(K-1)}, \cdots, \varphi^{-1}, 1) \tag{2.85}$$

ただし，$\boldsymbol{z} = [z_1, \cdots, z_K]^T$ は，時刻の古い順に並んでいるものとする。また，φ は**忘却係数**（forgetting factor）と呼ばれ，$0 < \varphi \leqq 1$ の値をとり，過去のデータよりも最近のデータに大きな重みをおくようになっている。$\boldsymbol{\Phi} = \boldsymbol{I}$ の場合は，重みなしの LS 法となる。

2.7.2 ML法との関係

式 (2.13) で示す線形観測モデルにおいて，雑音 $\boldsymbol{v}$ が次式のガウス分布に従うものとする。

$$p(\boldsymbol{v}) = \mathcal{N}(\boldsymbol{v}; 0, \boldsymbol{K}) = \frac{1}{\det(\pi \boldsymbol{K})} \exp\left(-\boldsymbol{v}^H \boldsymbol{K}^{-1} \boldsymbol{v}\right) \tag{2.86}$$

この場合，尤度は次式のようになる。

$$p(\boldsymbol{z}|\boldsymbol{x}) = \frac{1}{\det(\pi \boldsymbol{K})} \exp\left(-(\boldsymbol{z} - \boldsymbol{H}\boldsymbol{x})^H \boldsymbol{K}^{-1}(\boldsymbol{z} - \boldsymbol{H}\boldsymbol{x})\right) \tag{2.87}$$

式 (2.87) の尤度を最大化することは，次式で表される $\exp(\cdot)$ の中身の 2 次形式を最小化することと等価である。

$$J = (\boldsymbol{z} - \boldsymbol{H}\boldsymbol{x})^H \boldsymbol{K}^{-1}(\boldsymbol{z} - \boldsymbol{H}\boldsymbol{x}) \tag{2.88}$$

式 (2.88) を式 (2.82) と比較すると，式 (2.88) は，重みを $\boldsymbol{\Phi} = \boldsymbol{K}^{-1}$ とした場合の WLS 法と等価であることがわかる[5)]。

引用・参考文献

1) Y. Bar-shalom, X. Li, and T. Kirubarajan：*Estimation with applications to tracking and navigtion*, Wiley (2001)
2) C. Bishop：*Pattern recognition and machine learning*, Springer (2006)
3) M. D. Srinath, P. K. Rajasekaran, and R. Viswanathan：*Introduction to Statistical Signal Processing with Applications*, Prentice hall (1996)
4) A. Hyvärinen, J. Karhunen, and E. Oja：*Independent component analysis*, Wiley (2001)
5) J. M. Mendel：*Lessons in Estimation Theory for Signal Processing, Communications, and Control*, Prentice Hall, New Jersey (1995)
6) M. Miller and D. Fuhrmann：“Maximum-likelihood narrow-band direction finding and the EM algorithm,” *IEEE Trans. Acoust. Speech, Signal Processing*, vol. 38, no. 9, pp. 1560〜1577 (1990)
7) D. H. Johnson and D. E. Dudgeon：*Array signal processing*, Prentice Hall, Englewood Cliffs NJ (1993)
8) S. ヘイキン：適応フィルタ入門，現代工学社 (1987)
9) S. Haykin：*Adaptive filter theory*, Prentice Hall, fourth edition (2002)

3 適応フィルタ

本章では，観測値に対して統計的な学習を行い，所望の信号を抽出する適応フィルタについて述べる。適応フィルタは，古典的なウィナーフィルタを基礎としている。3.1 節では，まず，ウィナーフィルタについて述べる。3.2 節では，ウィナーフィルタの最適解をサンプル平均から近似的に求める最小二乗法について述べる。続く 3.3 節から 3.7 節では，ウィナーフィルタの最適解を反復により逐次的に求める適応アルゴリズムについて述べる。ウィナーフィルタの最適解は，3.1 節で述べるように正規方程式の解として得られるが，適応アルゴリズムによる逐次解法は，組込みシステムなど，実装する際にシステムの計算資源に制約がある場合などに有用である。また，ウィナーフィルタは定常過程を前提としているが，適応アルゴリズムを採用することにより，系が変動する場合も，これに追従することができるようになる。一方，本章の場合とは異なり，問題によっては最適解が陽に求められないこともある。このような場合は，必然的に逐次アルゴリズムを用いて反復しながら解を求めることになる。8 章で登場する逐次アルゴリズムはその例である。このような逐次アルゴリズムを理解する上でも，本章で述べる基礎的な適応アルゴリズムを理解することは有用である。

3.1 ウィナーフィルタ

ウィナーフィルタ（Wiener filter）は，2.4 節で述べた線形 MMSE 法を定常（stationary）な時系列に適用した特殊型であり，後述するさまざまな適応アルゴリズムの基礎となる。本節では，線形 MMSE 法とウィナーフィルタの関係について述べた後，ウィナーフィルタを導出する。また，周波数領域でのウィナーフィルタの表現についても述べる。

3.1.1 ウィナーフィルタの構造

図 3.1 は，ウィナーフィルタのブロック図である。本章では，一般的な適応フィルタの文献[1),2)] との整合性のため，線形 MMSE 法で用いた記号を**表 3.1** のように置き換えて考える。

続いて，図 (b) に示すウィナーフィルタの構造を詳細にみていこう。ウィナーフィルタの入出力は，次式で表される。

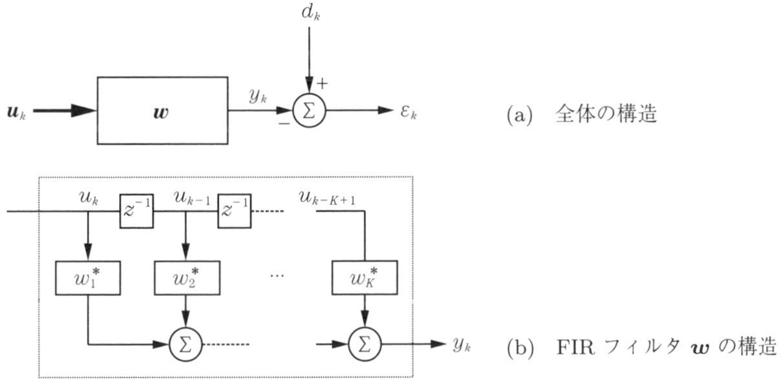

図 3.1 ウィナーフィルタのブロック図

表 3.1 適応フィルタで用いられる記号

線形 MMSE 法			適応フィルタ		
観測値	$(K \times 1)$	$\boldsymbol{z}$	$\boldsymbol{u}_k$	$(K \times 1)$	フィルタ入力
係数	$(L \times K)$	$\boldsymbol{\mathcal{A}}$	$\boldsymbol{w}^H$	$(1 \times K)$	フィルタ係数
	$(L \times 1)$	$\boldsymbol{\beta}$	なし		
パラメータの真値	$(L \times 1)$	$\boldsymbol{x}$	d_k	(1×1)	望みの応答
パラメータの推定値	$(L \times 1)$	$\hat{\boldsymbol{x}}$	y_k	(1×1)	フィルタ出力 $(= \hat{d}_k)$
推定誤差	$(L \times 1)$	$\tilde{\boldsymbol{x}}$	ε_k	(1×1)	推定誤差

$$y_k = \boldsymbol{w}^H \boldsymbol{u}_k \tag{3.1}$$

ここで，$\boldsymbol{w}^H$ は次式で与えられるフィルタ係数ベクトルである。

$$\boldsymbol{w}^H = [w_1^*, \cdots, w_K^*] \tag{3.2}$$

これを線形推定器（式 (2.15)）と比較すると，$\boldsymbol{A} \to \boldsymbol{w}^H$，$\boldsymbol{\beta} \to 0$ となっていることがわかる。一方，ウィナーフィルタは単一チャネルの時系列を扱うため，線形推定器における観測信号 $\boldsymbol{z}$ は，次式のような時系列 $\{u_k\}$ を逆順に並べたものとなる。

$$\boldsymbol{u}_k = [u_k, u_{k-1}, \cdots, u_{k-K+1}]^T \tag{3.3}$$

これは，式 (3.1) により，次式のような時間領域の畳み込み演算を表すためである。

$$y_k = \sum_{i=1}^{K} w_i^* u_{k-i+1} \tag{3.4}$$

これにより，式 (3.1) は，フィルタ係数 $\{w_i^*\}$ を持つ時間領域の FIR フィルタを表すことになる。本書では，おもに空間領域のフィルタを扱うが，時間領域の FIR フィルタは，4 章で述べるように，簡単に空間領域のフィルタに拡張することができる。入力時系列 $\{u_k\}$ については，平均値 $E[u_k] = 0$ の実数あるいは複素数を仮定している。これは線形推定器の定数項を $\boldsymbol{\beta} \to 0$ としているためである。

線形推定器において，推定すべきパラメータベクトルであった $\boldsymbol{x}$ は，実数あるいは複素数のスカラー量 d_k となる。d_k は**望みの応答**（desired response）と呼ばれ，フィルタ出力 y_k により，望みの応答を推定する。すなわち，$\hat{d}_k = y_k$。フィルタの推定過程では，次式で定義される推定誤差を，次節で述べる規範の下に最小化する。

$$\varepsilon_k := d_k - y_k \tag{3.5}$$

上述のように，適応フィルタの目的は，入力信号 $\boldsymbol{u}_k$ から d_k を推定することである。一方，次節で述べるように，フィルタ係数ベクトル $\boldsymbol{w}$ の決定には d_k が必要であり，一見矛盾しているように思える。これは，フィルタ $\boldsymbol{w}$ の係数を決定する学習過程と，式 (3.1) により $\hat{d}_k$ を推定するフィルタリング過程とに分けて考えるとわかりやすい。フィルタの学習過程では，信号 d_k を教師として与え，d_k と $\boldsymbol{u}_k$ の関係を表す係数 $\boldsymbol{w}$ を学習する。これを**教師あり学習**（supervised learning）と呼ぶ。一方，フィルタリング過程では，信号 d_k が未知の場合について，観測値 $\boldsymbol{u}_k$ と学習済みのフィルタ係数 $\boldsymbol{w}$ から，信号の推定値 $\hat{d}_k$（$= y_k$）を得る。学習過程で望みの応答 d_k をどうやって与えるかは，応用に依存する。アレイ信号処理における例は，4.3 節で述べる。

3.1.2 ウィナーフィルタの導出

ウィナーフィルタでは，観測値 $\boldsymbol{u}_k$ から信号 d_k を推定する。フィルタの学習過程では，次式の二乗平均誤差をコスト関数として最小化する。

$$\begin{aligned} J &= E[|\varepsilon_k|^2] \\ &= E[(d_k - \boldsymbol{w}^H\boldsymbol{u}_k)(d_k - \boldsymbol{w}^H\boldsymbol{u}_k)^H] \\ &= E[d_k d_k^H] - \boldsymbol{w}^H E[\boldsymbol{u}_k d_k^H] - E[d_k \boldsymbol{u}_k^H]\boldsymbol{w} + \boldsymbol{w}^H E[\boldsymbol{u}_k\boldsymbol{u}_k^H]\boldsymbol{w} \end{aligned} \tag{3.6}$$

ここで次式を定義する。

$$\begin{aligned} \sigma_d^2 &:= E[d_k d_k^H], \quad & \boldsymbol{r}_{ud} &:= E[\boldsymbol{u}_k d_k^H] \\ \boldsymbol{r}_{du} &:= E[d_k \boldsymbol{u}_k^H], \quad & \boldsymbol{R}_u &:= E[\boldsymbol{u}_k \boldsymbol{u}_k^H] \end{aligned} \tag{3.7}$$

$\boldsymbol{r}_{ud}$ および $\boldsymbol{r}_{du}$ は，入力ベクトル $\boldsymbol{u}_k$ と望みの応答 d_k との相互相関ベクトル，$\boldsymbol{R}_u$ は，$\boldsymbol{u}_k$ の自己相関行列である。これらを用いて式 (3.6) は次式のように書き直せる。

$$J = \sigma_d^2 - \boldsymbol{w}^H\boldsymbol{r}_{ud} - \boldsymbol{r}_{du}\boldsymbol{w} + \boldsymbol{w}^H\boldsymbol{R}_u\boldsymbol{w} \tag{3.8}$$

コスト関数を $\boldsymbol{w}^*$ について偏微分すると（A.2.2 項参照），次式のようになる。

$$\frac{\partial J}{\partial \boldsymbol{w}^*} = -\boldsymbol{r}_{ud} + \boldsymbol{R}_u\boldsymbol{w} \tag{3.9}$$

式 (3.9) を $\mathbf{0}_{K\times 1}$ とおくと，次式を得る。

$$\boldsymbol{R}_u \boldsymbol{w} \;=\; \boldsymbol{r}_{ud} \tag{3.10}$$

式 (3.10) は，**正規方程式**あるいは**ウィナー・ホッフ方程式**（Wiener-Hopf equation）と呼ばれる。式 (3.10) を解くことにより最適フィルタは，次式のように求まる。

$$\hat{\boldsymbol{w}}_{\mathrm{WF}} \;=\; \boldsymbol{R}_u^{-1} \boldsymbol{r}_{ud} \tag{3.11}$$

本節の冒頭で述べたように，ウィナーフィルタは線形 MMSE 法の特殊型であるので，上述のウィナーフィルタの最適解（式 (3.11)）は，線形 MMSE 法の解からも，簡単に導くことができる。線形 MMSE 法における最適係数 $\boldsymbol{\mathcal{A}}$ は式 (2.65) を満足する。ここで，線形 MMSE 法からウィナーフィルタへ変換するために，表 3.1 に基づいて，次式の置き換えを行う。

$$\boldsymbol{P}_z \to \boldsymbol{R}_u, \quad \boldsymbol{P}_{xz} \to \boldsymbol{r}_{du}, \quad \boldsymbol{\mathcal{A}} \to \boldsymbol{w}^H$$

これにより，式 (2.65) は，次式のようになる。

$$\boldsymbol{w}^H \boldsymbol{R}_u = \boldsymbol{r}_{du} \tag{3.12}$$

式 (3.12) の共役転置をとることにより，式 (3.10) を得る。ここで，$\boldsymbol{R}_u = \boldsymbol{R}_u^H$，$\boldsymbol{r}_{du}^H = \boldsymbol{r}_{ud}$ であることを用いている。

3.1.3　周波数領域でのウィナーフィルタ

ここでは，ウィナーフィルタの周波数領域での表現について述べる。ウィナーフィルタでは，入力信号に弱定常性（B.3.1 項参照）を仮定しており，相関行列 $\boldsymbol{R}_u$ の対角成分は次式のようにすべて等しくなる。

$$\boldsymbol{R}_u = \begin{pmatrix} r_u(0) & r_u(1) & \cdots & r_u(K-1) \\ r_u(-1) & r_u(0) & \cdots & r_u(K-2) \\ \vdots & \vdots & \ddots & \vdots \\ r_u(1-K) & r_u(2-K) & \cdots & r_u(0) \end{pmatrix} \tag{3.13}$$

ここで，$r_u(n)$ は，次式で定義される自己相関関数である。

$$r_u(n) \ := \ E[u_k u_{k-n}^*] \tag{3.14}$$

このような形の行列は，**テプリッツ**（Toeplitz）**行列**と呼ばれる。これから，正規方程式 (3.12) は，次式のような畳み込み演算として書けることがわかる。

$$\sum_{i=1}^{K} w_i^* r_u(n-i+1) \ = \ r_{du}(n), \quad n = 0, \cdots, K-1 \tag{3.15}$$

ここで，相互相関関数 $r_{du}(n)$ は次式で定義され

$$r_{du}(n) \ := \ E[d_k u_{k-n}^*] \tag{3.16}$$

次式のように $\boldsymbol{r}_{du}$ の要素となっている。

$$\boldsymbol{r}_{du} = [r_{du}(0), \cdots, r_{du}(K-1)] \tag{3.17}$$

伝達関数を求めやすくするために，データの範囲を $[-\infty, +\infty]$ に拡張すると，式 (3.15) は次式のようになる。

$$\sum_{i=-\infty}^{+\infty} w_i^* r_u(n-i+1) \ = \ r_{du}(n), \quad n = -\infty, \cdots, +\infty \tag{3.18}$$

式 (3.18) をフーリエ変換すると，次式のようになる。

$$W(\omega) S_u(\omega) \ = \ S_{du}(\omega) \tag{3.19}$$

$W(\omega)$，$S_u(\omega)$ および $S_{du}(\omega)$ は，それぞれ w_i^*，$r_u(n)$ および $r_{du}(n)$ のフーリエ変換であり，$S_u(\omega)$ は u_k の自己パワースペクトル，$S_{du}(\omega)$ は d_k と u_k の相互パワースペクトルとなる[3)]。ここで，簡単のため，観測値 u_k が，次式のような，信号 d_k と雑音 v_k の和である場合を考える。

$$u_k = d_k + v_k \tag{3.20}$$

d_k と v_k は無相関であるとすると，$S_{du}(\omega)$ および $S_u(\omega)$ は次式のようになる。

$$S_{du}(\omega) = S_d(\omega) \tag{3.21}$$

$$S_u(\omega) = S_d(\omega) + S_v(\omega) \tag{3.22}$$

ここで，$S_d(\omega)$ および $S_v(\omega)$ は，d_k および v_k の自己パワースペクトルである。以上から，ウィナーフィルタの伝達関数 $W(\omega)$ は，次式のようになる。

$$W(\omega) = \frac{S_d(\omega)}{S_d(\omega) + S_v(\omega)} \tag{3.23}$$

式 (3.23) は，周波数領域の音声強調などでしばしば用いられる。本書では，4.7 節で登場する。

3.2　最小二乗法（LS 法）

適応フィルタにおける LS 法は，ウィナーフィルタの近似解を有限のサンプルから求めるものであり，3.7 節で述べる RLS 法の基礎となっている。

適応フィルタにおける LS 法では，次式に示す誤差の二乗和が最小化される。

$$J = \sum_{k=1}^{L_s} |\varepsilon_k|^2 = \sum_{k=1}^{L_s} |d_k - \boldsymbol{w}^H \boldsymbol{u}_k|^2 \tag{3.24}$$

ここで，L_s はサンプル数である。コスト関数 J を行列・ベクトル形式で書くと

$$\begin{aligned} J &= (\boldsymbol{d} - \boldsymbol{w}^H \boldsymbol{U})(\boldsymbol{d} - \boldsymbol{w}^H \boldsymbol{U})^H \\ &= \boldsymbol{d}\boldsymbol{d}^H - \boldsymbol{w}^H \boldsymbol{U}\boldsymbol{d}^H - \boldsymbol{d}\boldsymbol{U}^H \boldsymbol{w} + \boldsymbol{w}^H \boldsymbol{U}\boldsymbol{U}^H \boldsymbol{w} \end{aligned} \tag{3.25}$$

ここで，$\boldsymbol{U}$ は，次式で定義される観測行列である。

$$\begin{aligned} \boldsymbol{U} &= [\boldsymbol{u}_1, \cdots, \boldsymbol{u}_{L_s}] \\ &= \begin{pmatrix} u_1 & u_2 & \cdots & u_K & \cdots & u_{L_s-1} & u_{L_s} \\ 0 & u_1 & \cdots & u_{K-1} & \cdots & u_{L_s-2} & u_{L_s-1} \\ \vdots & & \ddots & \vdots & & \vdots & \vdots \\ 0 & 0 & & u_1 & \cdots & u_{L_s-K} & u_{L_s-K+1} \end{pmatrix} \end{aligned} \tag{3.26}$$

また，$\boldsymbol{d}$ は，次式のように望みの応答の時系列 $\{d_k\}$ で構成される $1 \times L_s$ の行ベクトルである。

$$\boldsymbol{d} = [d_1, \cdots, d_{L_s}] \tag{3.27}$$

ここで，次式を定義する。

$$\begin{aligned}\hat{\sigma}_d^2 &:= \boldsymbol{d}\boldsymbol{d}^H = \sum_{k=1}^{L_s} d_k d_k^*,\ \hat{\boldsymbol{r}}_{ud} := \boldsymbol{U}\boldsymbol{d}^H = \sum_{k=1}^{L_s} \boldsymbol{u}_k d_k^* \\ \hat{\boldsymbol{r}}_{du} &:= \boldsymbol{d}\boldsymbol{U}^H = \sum_{k=1}^{L_s} d_k \boldsymbol{u}_k^H,\ \hat{\boldsymbol{R}}_u := \boldsymbol{U}\boldsymbol{U}^H = \sum_{k=1}^{L_s} \boldsymbol{u}_k \boldsymbol{u}_k^H\end{aligned} \tag{3.28}$$

式 (3.28) は，式 (3.7) の期待値をサンプル平均に置き換えて近似したものである†。これらを式 (3.25) に代入して，次式を得る。

$$J = \hat{\sigma}_d^2 - \boldsymbol{w}^H \hat{\boldsymbol{r}}_{ud} - \hat{\boldsymbol{r}}_{du}\boldsymbol{w} + \boldsymbol{w}^H \hat{\boldsymbol{R}}_u \boldsymbol{w} \tag{3.29}$$

コスト関数 J を $\boldsymbol{w}^*$ について偏微分し（A.2.2 項参照），$\boldsymbol{0}_{K\times 1}$ とおくことにより，次式の正規方程式が導かれる。

$$\hat{\boldsymbol{R}}_u \boldsymbol{w} = \hat{\boldsymbol{r}}_{ud} \tag{3.30}$$

これより，LS 法における最適解は，次式のようになる。

$$\hat{\boldsymbol{w}}_{\mathrm{LS}} = \hat{\boldsymbol{R}}_u^{-1} \hat{\boldsymbol{r}}_{ud} \tag{3.31}$$

3.3 最 急 降 下 法

3.1 節で述べたウィナーフィルタでは，二乗平均誤差を最小とするフィルタ $\boldsymbol{w}$ を，正規方程式の解として求めた。ここでは，この解を反復法を用いて逐次的に求める。

A.3.1 項で述べるように，反復法では，フィルタ係数の初期値を適当に定め，コスト関数 $J(\boldsymbol{w})$ の最小点を目指して，フィルタ係数を少しずつ変化させていく。式

† 正確には，サンプル平均はこれらの値を L_s で割ったものとなる。

(3.8) で示したコスト関数の場合，$J(\boldsymbol{w})$ は $\boldsymbol{w}$ についての 2 次関数となり，付録の図 A.1 に示すような下に凸の曲面となる。この曲面は，**誤差特性曲面**（error performance surface）と呼ばれる。**最急降下**（steepest descent）**法**では，$k-1$ 回目の反復におけるフィルタ係数を $\boldsymbol{w}_{k-1}$ とした場合，$\boldsymbol{w} = \boldsymbol{w}_{k-1}$ での誤差特性曲面の勾配を推定し，この勾配と逆の方向にフィルタ係数を変化させる。$\boldsymbol{w} = \boldsymbol{w}_{k-1}$ における勾配ベクトルは，式 (3.9) から，次式のように求まる。

$$\nabla J(\boldsymbol{w}_{k-1}) \;:=\; \left.\frac{\partial J(\boldsymbol{w})}{\partial \boldsymbol{w}^*}\right|_{\boldsymbol{w}=\boldsymbol{w}_{k-1}} = -\boldsymbol{r}_{ud} + \boldsymbol{R}_u \boldsymbol{w}_{k-1} \tag{3.32}$$

次回の反復で勾配とは逆方向に係数を変化させるため，フィルタ係数ベクトルの変化分は次式のようになる。

$$\Delta \boldsymbol{w} = -\mu \nabla J(\boldsymbol{w}_{k-1}) \tag{3.33}$$

μ は 1 回の更新量を決定する正の定数であり，**ステップサイズパラメータ**（step-size parameter）と呼ばれる。これを用いて，フィルタの更新式は，次式のようになる。

$$\begin{aligned}\boldsymbol{w}_k &= \boldsymbol{w}_{k-1} + \Delta \boldsymbol{w}\\ &= \boldsymbol{w}_{k-1} + \mu(\boldsymbol{r}_{ud} - \boldsymbol{R}_u \boldsymbol{w}_{k-1})\end{aligned} \tag{3.34}$$

また，式 (3.34) は次式のように書き直すことができる。

$$\begin{aligned}\boldsymbol{w}_k &= \boldsymbol{w}_{k-1} + \mu(E[\boldsymbol{u}_k d_k^*] - E[\boldsymbol{u}_k \boldsymbol{u}_k^H]\boldsymbol{w}_{k-1})\\ &= \boldsymbol{w}_{k-1} + \mu E[\boldsymbol{u}_k(d_k^* - \boldsymbol{u}_k^H \boldsymbol{w}_{k-1})]\end{aligned} \tag{3.35}$$

ここで，次式の**事前推定誤差**（prior estimation error）を定義する。

$$\xi_k \;:=\; d_k - \boldsymbol{w}_{k-1}^H \boldsymbol{u}_k \tag{3.36}$$

式 (3.35) に式 (3.36) を代入して，次式を得る。

$$\boldsymbol{w}_k \;=\; \boldsymbol{w}_{k-1} + \mu E[\boldsymbol{u}_k \xi_k^*] \tag{3.37}$$

3.4 ニュートン法

最急降下法は，$\boldsymbol{w} = \boldsymbol{w}_{k-1}$ 近傍の誤差特性曲面を直線（勾配）により近似しているため，反復に時間がかかるという欠点がある。この点を改善したのが，**ニュートン法**（Newton's method）である。$\boldsymbol{w} = \boldsymbol{w}_{k-1}$ の近傍において，コスト関数を 2 次までのテイラー級数（式 (A.110) 参照）により展開すると次式のようになる1)。

$$J(\boldsymbol{w}) \simeq J(\boldsymbol{w}_{k-1}) + (\boldsymbol{w} - \boldsymbol{w}_{k-1})^H \nabla J(\boldsymbol{w}_{k-1}) + \frac{1}{2}(\boldsymbol{w} - \boldsymbol{w}_{k-1})^H \nabla^2 J(\boldsymbol{w}_{k-1})(\boldsymbol{w} - \boldsymbol{w}_{k-1}) \tag{3.38}$$

ここで，$\nabla^2 J(\boldsymbol{w}_{k-1})$ は，ヘシアン行列（A.2.3 項参照）を $\boldsymbol{w} = \boldsymbol{w}_{k-1}$ において評価したものである。

$$\nabla^2 J(\boldsymbol{w}_{k-1}) \ := \ \left.\frac{\partial^2 J}{\partial \boldsymbol{w}^T \partial \boldsymbol{w}^*}\right|_{\boldsymbol{w}=\boldsymbol{w}_{k-1}} \tag{3.39}$$

式 (3.38) を $\boldsymbol{w}^*$ で偏微分し，$\mathbf{0}_{K\times 1}$ とおくと

$$\frac{\partial J}{\partial \boldsymbol{w}^*} \ = \ \nabla J(\boldsymbol{w}_{k-1}) + \frac{1}{2}\nabla^2 J(\boldsymbol{w}_{k-1})(\boldsymbol{w} - \boldsymbol{w}_{k-1}) \ = \ \mathbf{0}_{K\times 1} \tag{3.40}$$

これから，フィルタベクトルの変化分 $\Delta\boldsymbol{w}$ は，次式のようになる。

$$\Delta\boldsymbol{w} \ = \ \boldsymbol{w} - \boldsymbol{w}_{k-1} \ = \ -2(\nabla^2 J(\boldsymbol{w}_{k-1}))^{-1} \nabla J(\boldsymbol{w}_{k-1}) \tag{3.41}$$

コスト関数が式 (3.8) に示されている 2 次形式の場合，式 (A.92) から，ヘシアン行列は次式のようになる。

$$\nabla^2 J(\boldsymbol{w}_{k-1}) \ = \ \boldsymbol{R}_u \tag{3.42}$$

以上から，フィルタの更新式は，次式のようになる。

$$\boldsymbol{w}_k \ = \ \boldsymbol{w}_{k-1} + 2\mu \boldsymbol{R}_u^{-1}(\boldsymbol{r}_{ud} - \boldsymbol{R}_u \boldsymbol{w}_{k-1}) \tag{3.43}$$

ここで，特に $\mu = 1/2$ の場合は

$$\boldsymbol{w}_k = \boldsymbol{R}_u^{-1}\boldsymbol{r}_{ud} \tag{3.44}$$

となり，ウィナーフィルタの最適解（正規方程式の解）に1回の反復で収束することになる。これは，コスト関数が2次形式の場合，テイラー級数展開（式(3.38)）の3次以上の項が0となり，誤差特性曲面を式(3.38)で完全に記述することができるためである。逆にいえば，コスト関数が2次形式の場合は，正規方程式を直接解いて最適解をみつければよく，反復の意味はない。一方，コスト関数が $\boldsymbol{w}$ に関して高次の項を持つ場合は，1次の微係数のみを用いた最急降下法に比べ，ニュートン法は速く収束することが期待される。本書では，8.4節で，高次のコスト関数に対するニュートン法の応用例が登場する。

3.5 最小二乗平均法（LMS法）

リアルタイムシステムを構築する場合などは，メモリや演算量に制約があることがある。最急降下法の更新式(3.37)はシンプルだが，期待値演算 $E[\cdot]$ をサンプル平均で実装することになり，メモリや演算量を必要とする。この点を改良したのが**最小二乗平均**（least-mean-square, LMS）**法**である。LMS法では，式(3.37)における期待値演算を用いた勾配の推定を，次式のように，瞬時の推定値に置き換える。

$$\boldsymbol{w}_k = \boldsymbol{w}_{k-1} + \mu \boldsymbol{u}_k \xi_k^* \tag{3.45}$$

また，式(3.45)を入力のパワーで正規化したものは，**NLMS**（normalized least-mean-square）**法**と呼ばれる。NLMS法は，次式の拘束付き最適化問題から導くことができる[1)]。

$$\min_{\boldsymbol{w}_k} \|\boldsymbol{w}_k - \boldsymbol{w}_{k-1}\|^2 \tag{3.46}$$

$$\text{subject to} \quad \boldsymbol{w}_k^H \boldsymbol{u}_k = d_k \tag{3.47}$$

この最適化問題は，ラグランジュの未定乗数法（A.3.2項参照）を用いて解くことができる。ラグランジュの未定乗数法では，次式のコスト関数を最小化する。

$$
\begin{aligned}
J &= \|\boldsymbol{w}_k - \boldsymbol{w}_{k-1}\|^2 + 2\mathrm{Re}(\lambda(d_k - \boldsymbol{w}_k^H \boldsymbol{u}_k)) \\
&= (\boldsymbol{w}_k - \boldsymbol{w}_{k-1})^H (\boldsymbol{w}_k - \boldsymbol{w}_{k-1}) \\
&\quad + \lambda(d_k - \boldsymbol{w}_k^H \boldsymbol{u}_k) + (d_k - \boldsymbol{w}_k^H \boldsymbol{u}_k)^H \lambda^H
\end{aligned} \tag{3.48}
$$

コスト関数 J を $\boldsymbol{w}_k^*$ について偏微分すると（A.2.2 項参照）

$$
\frac{\partial J}{\partial \boldsymbol{w}_k^*} = \boldsymbol{w}_k - \boldsymbol{w}_{k-1} - \lambda \boldsymbol{u}_k \tag{3.49}
$$

これを $\mathbf{0}_{K\times 1}$ とすることにより，次式を得る。

$$
\boldsymbol{w}_k - \boldsymbol{w}_{k-1} = \lambda \boldsymbol{u}_k \tag{3.50}
$$

式 (3.50) の左から $\boldsymbol{u}_k^H$ を乗じ，λ について解くと

$$
\lambda = \frac{1}{\boldsymbol{u}_k^H \boldsymbol{u}_k} \boldsymbol{u}_k^H (\boldsymbol{w}_k - \boldsymbol{w}_{k-1}) \tag{3.51}
$$

これに拘束条件（式 (3.47)），および事前推定誤差（式 (3.36)）を代入して，次式を得る。

$$
\lambda = \frac{1}{\|\boldsymbol{u}_k\|^2} (d_k^* - \boldsymbol{u}_k^H \boldsymbol{w}_{k-1}) = \frac{1}{\|\boldsymbol{u}_k\|^2} \xi_k^* \tag{3.52}
$$

式 (3.52) を再び式 (3.50) に代入することにより，フィルタの変化量 $\Delta \boldsymbol{w}$ は次式のように求まる。

$$
\Delta \boldsymbol{w} = \frac{1}{\|\boldsymbol{u}_k\|^2} \boldsymbol{u}_k \xi_k^* \tag{3.53}
$$

以上から，NLMS 法のフィルタベクトル更新式は，次式のようになる。

$$
\boldsymbol{w}_k = \boldsymbol{w}_{k-1} + \mu \frac{1}{\|\boldsymbol{u}_k\|^2} \boldsymbol{u}_k \xi_k^* \tag{3.54}
$$

実際の運用では，入力信号のパワー $\|\boldsymbol{u}_k\|^2$ が非常に小さいときに更新式が不安定になるのを防ぐため，$1/\|\boldsymbol{u}_k\|^2$ の分母に小さい正の定数 α を加えた，次式が用いられることが多い。

$$
\boldsymbol{w}_k = \boldsymbol{w}_{k-1} + \mu \frac{1}{\alpha + \|\boldsymbol{u}_k\|^2} \boldsymbol{u}_k \xi_k^* \tag{3.55}
$$

この小さい定数を加える操作は，**正則化**（regularization）と呼ばれる。

3.6 アフィン射影法（APA法）

3.6.1 APA法の導出

アフィン射影法（affine projection algorithm, APA）[4] は，NLMS 法における拘束付き最適化問題の拘束条件（式 (3.47)）を，次式のように複数に拡張することにより導くことができる。

$$\min_{\boldsymbol{w}_k} \|\boldsymbol{w}_k - \boldsymbol{w}_{k-1}\|^2 \tag{3.56}$$

$$\text{subject to} \quad \boldsymbol{w}_k^H \boldsymbol{U}_k = \boldsymbol{d}_k \tag{3.57}$$

ここで，$\boldsymbol{U}_k$（$K \times L_s$ の行列）および $\boldsymbol{d}_k$（$1 \times L_s$ の行ベクトル）は次式で定義される。

$$\boldsymbol{d}_k := [d_{k-L_s+1}, \cdots, d_k] \tag{3.58}$$

$$\boldsymbol{U}_k := [\boldsymbol{u}_{k-L_s+1}, \cdots, \boldsymbol{u}_k] \tag{3.59}$$

$$\boldsymbol{u}_k := [u_k, \cdots, u_{k-K+1}]^T \tag{3.60}$$

拘束条件（式 (3.57)）は，次式の L_s 個の拘束条件を行列・ベクトル形式で表したものである。

$$\boldsymbol{w}_k^H \boldsymbol{u}_i = d_i, \quad i = k - L_s + 1, \cdots, k \tag{3.61}$$

L_s が大きくなると，蓄積しなければならないデータ $\boldsymbol{U}_k$ および $\boldsymbol{d}_k$ が増加することから，通常 $L_s < K$ となる程度の L_s が用いられる。

NLMS 法と同様にラグランジュの未定乗数法を用いて，最適解を導出する。コスト関数は，次式のようになる。

$$\begin{aligned} J &= (\boldsymbol{w}_k - \boldsymbol{w}_{k-1})^H (\boldsymbol{w}_k - \boldsymbol{w}_{k-1}) \\ &\quad + \boldsymbol{\lambda}^H (\boldsymbol{d}_k - \boldsymbol{w}_k^H \boldsymbol{U}_k)^H + (\boldsymbol{d}_k - \boldsymbol{w}_k^H \boldsymbol{U}_k) \boldsymbol{\lambda} \end{aligned} \tag{3.62}$$

ここで，ラグランジュ乗数 $\boldsymbol{\lambda}$ は $L_s \times 1$ の複素ベクトルである。J を $\boldsymbol{w}_k^*$ について偏微分し（A.2.2 項参照），$\mathbf{0}_{K\times 1}$ とおくと

$$\boldsymbol{w}_k - \boldsymbol{w}_{k-1} = \boldsymbol{U}_k \boldsymbol{\lambda} \tag{3.63}$$

これを $\boldsymbol{\lambda}$ について解くと

$$\begin{aligned}\boldsymbol{\lambda} &= \left(\boldsymbol{U}_k^H \boldsymbol{U}_k\right)^{-1} \boldsymbol{U}_k^H (\boldsymbol{w}_k - \boldsymbol{w}_{k-1}) \\ &= \left(\boldsymbol{U}_k^H \boldsymbol{U}_k\right)^{-1} (\boldsymbol{d}_k - \boldsymbol{w}_{k-1}^H \boldsymbol{U}_k)^H \end{aligned} \tag{3.64}$$

これを式 (3.63) に代入して

$$\Delta \boldsymbol{w} \ = \ \boldsymbol{U}_k \left(\boldsymbol{U}_k^H \boldsymbol{U}_k\right)^{-1} (\boldsymbol{d}_k - \boldsymbol{w}_{k-1}^H \boldsymbol{U}_k)^H \tag{3.65}$$

ここで，次式の $1 \times L_s$ の事前誤差ベクトルを定義する。

$$\boldsymbol{\xi}_k \ := \ \boldsymbol{d}_k - \boldsymbol{w}_{k-1}^H \boldsymbol{U}_k \tag{3.66}$$

これより最終的なフィルタ更新式は，次式のようになる。

$$\boldsymbol{w}_k \ = \ \boldsymbol{w}_{k-1} + \mu \boldsymbol{U}_k \left(\boldsymbol{U}_k^H \boldsymbol{U}_k\right)^{-1} \boldsymbol{\xi}_k^H \tag{3.67}$$

また，NLMS 法同様，逆行列の部分の安定性を確保するために，次式のように $\boldsymbol{U}_k^H \boldsymbol{U}_k$ の対角成分に小さい正の定数 α を加える正則化が用いられる。

$$\boldsymbol{w}_k = \boldsymbol{w}_{k-1} + \mu \boldsymbol{U}_k \left(\alpha \boldsymbol{I} + \boldsymbol{U}_k^H \boldsymbol{U}_k\right)^{-1} \boldsymbol{\xi}_k^H \tag{3.68}$$

3.6.2 APA 法の幾何学的解釈

NLMS 法における拘束条件

$$\boldsymbol{w}_k^H \boldsymbol{u}_k \ = \ d_k \tag{3.69}$$

は，フィルタベクトル $\boldsymbol{w}_k$ が解空間 $\mathbb{C}^K$ のうち，式 (3.69) を満たす部分空間 $\mathcal{M}_k$ に拘束されることを意味する。これを次式のように表す。

$$\boldsymbol{w}_k \in \mathcal{M}_k = \{\boldsymbol{w} \in \mathbb{C}^K | \boldsymbol{w}^H \boldsymbol{u}_k = d_k\} \tag{3.70}$$

図 3.2 に，$\boldsymbol{w}$ が実数で，$K = 3$ の場合の例を模式的に示す。この場合，$\mathcal{M}_k$ は，原点を通り $\boldsymbol{u}_k$ に垂直な平面 $\boldsymbol{w}^H \boldsymbol{u}_k = 0$ を，原点から $|d_k|/\|\boldsymbol{u}_k\|$ の距離

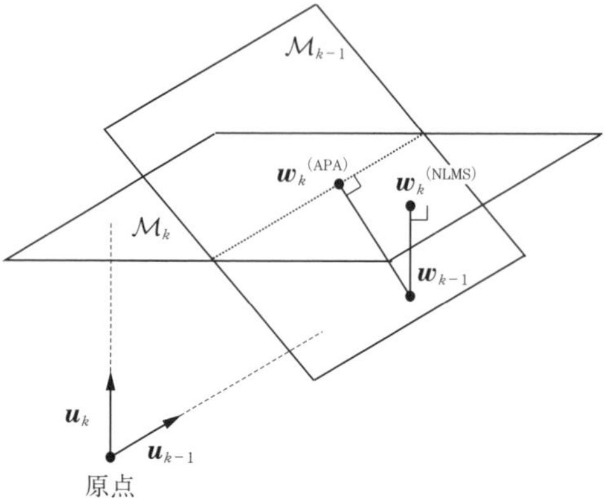

図 **3.2**　NLMS 法と APA 法におけるフィルタ係数ベクトルのアフィン射影[1),2)]

だけ平行移動したものとなる。$\mathcal{M}_k$ が原点を通らないことから，この部分空間 $\mathcal{M}_k$ は，**アフィン部分空間**（affine subspace）と呼ばれる。

NLMS 法において，式 (3.69) の拘束のもとに，$\|\boldsymbol{w}_k - \boldsymbol{w}_{k-1}\|^2$ を最小化することは，図 3.2 に示すように，NLMS 法の更新値 $\boldsymbol{w}_k^{(\mathrm{NLMS})}$ を，$\boldsymbol{w}_{k-1}$ の $\mathcal{M}_k$ への射影として求めることにほかならない。

一方，APA 法では，拘束条件が L_s 個に拡張されている。したがって，解 $\boldsymbol{w}_k$ は，L_s 個のアフィン部分空間 $\{\mathcal{M}_{k-L_s+1}, \cdots, \mathcal{M}_k\}$ の交差する部分に拘束される。すなわち

$$\boldsymbol{w}_k \in (\mathcal{M}_{k-L_s+1} \cap \cdots \cap \mathcal{M}_k) \tag{3.71}$$

したがって，APA 法では，$\boldsymbol{w}_{k-1}$ をこの交差する部分に射影することになる。$L_s = 2$ の場合について，これを模式的に示したのが，図 3.2 における APA 法の更新値 $\boldsymbol{w}_k^{(\mathrm{APA})}$ である。

射影については，フィルタの更新式 (3.67) を次式のように書き直すことにより，式の上からも理解される[1),5)]。

$$\boldsymbol{w}_k \ = \ (\boldsymbol{I} - \boldsymbol{P})\boldsymbol{w}_{k-1} + \boldsymbol{f} \tag{3.72}$$

ここで

$$\boldsymbol{P} = \boldsymbol{U}_k \left(\boldsymbol{U}_k^H \boldsymbol{U}_k\right)^{-1} \boldsymbol{U}_k^H \tag{3.73}$$

$$\boldsymbol{f} = \boldsymbol{U}_k \left(\boldsymbol{U}_k^H \boldsymbol{U}_k\right)^{-1} \boldsymbol{d}_k^H \tag{3.74}$$

ただし μ は省略してある。$\boldsymbol{P}$ は，観測行列 $\boldsymbol{U}_k$ の列空間 $\mathrm{span}(\boldsymbol{u}_{k-L_s+1}, \cdots, \boldsymbol{u}_k)$ への射影行列であり（A.1.2 項参照），$\boldsymbol{I} - \boldsymbol{P}$ はその直交補空間，すなわち $\mathcal{M}_{k-L_s+1} \cap \cdots \cap \mathcal{M}_k$ への射影行列となる[6)]。ベクトル $\boldsymbol{f}$ は定数項であり，この項があるため，式 (3.72) は**アフィン射影**（affine projection）と呼ばれる。

3.7 再帰最小二乗法（RLS 法）

再帰最小二乗（recursive least squares，RLS）**法**は，3.2 節で述べた LS 法の解を再帰的に求める手法である。本節では，式 (3.28) に示したサンプル平均による自己相関行列および相互相関ベクトルの推定値 $\hat{\boldsymbol{R}}_u$ および $\hat{\boldsymbol{r}}_{ud}$ を，サンプル数を明示するため，次式のように書くものとする。

$$\hat{\boldsymbol{R}}_k := \sum_{i=1}^{k} \boldsymbol{u}_i \boldsymbol{u}_i^H = \boldsymbol{U}_{1:k} \boldsymbol{U}_{1:k}^H \tag{3.75}$$

$$\hat{\boldsymbol{r}}_k := \sum_{i=1}^{k} \boldsymbol{u}_i d_i^* = \boldsymbol{U}_{1:k} \boldsymbol{d}_{1:k}^H \tag{3.76}$$

ここで，$\boldsymbol{d}_{1:k}$ および $\boldsymbol{U}_{1:k}$ は，次式で定義するブロックデータである。

$$\boldsymbol{d}_{1:k} := [d_1, \cdots, d_k] \tag{3.77}$$

$$\boldsymbol{U}_{1:k} := [\boldsymbol{u}_1, \cdots, \boldsymbol{u}_k] \tag{3.78}$$

$$\boldsymbol{u}_k := [u_k, \cdots, u_{k-K+1}]^T \tag{3.79}$$

時刻 k における $\hat{\boldsymbol{R}}_k$ および $\hat{\boldsymbol{r}}_k$ は，一時刻前 $(k-1)$ の値を用いて，次式のように再帰的に表すことができる。

$$\hat{\boldsymbol{R}}_k = \hat{\boldsymbol{R}}_{k-1} + \boldsymbol{u}_k \boldsymbol{u}_k^H \tag{3.80}$$

$$\hat{\boldsymbol{r}}_k = \hat{\boldsymbol{r}}_{k-1} + \boldsymbol{u}_k d_k^* \tag{3.81}$$

逆行列の補助定理（式(A.27)）を用いると，自己相関行列の逆行列 $\boldsymbol{P}_k := \hat{\boldsymbol{R}}_k^{-1}$ も，次式のように再帰的に求めることができる。

$$\boldsymbol{P}_k = \boldsymbol{P}_{k-1} - \frac{\boldsymbol{P}_{k-1}\boldsymbol{u}_k\boldsymbol{u}_k^H\boldsymbol{P}_{k-1}}{1+\boldsymbol{u}_k^H\boldsymbol{P}_{k-1}\boldsymbol{u}_k} \tag{3.82}$$

式(3.81)および式(3.82)を用いて，求めるべきフィルタ係数は，次式のようになる。

$$\boldsymbol{w}_k = \boldsymbol{P}_k\hat{\boldsymbol{r}}_k \tag{3.83}$$

続いて，更新式における演算を簡略化するため，次式のゲインベクトルを定義する[7)]。

$$\boldsymbol{g}_k := \frac{\boldsymbol{P}_{k-1}\boldsymbol{u}_k}{1+\boldsymbol{u}_k^H\boldsymbol{P}_{k-1}\boldsymbol{u}_k} \tag{3.84}$$

これを用いて式(3.82)を書き直すと

$$\boldsymbol{P}_k = \boldsymbol{P}_{k-1} - \boldsymbol{g}_k\boldsymbol{u}_k^H\boldsymbol{P}_{k-1} = (\boldsymbol{I} - \boldsymbol{g}_k\boldsymbol{u}_k^H)\boldsymbol{P}_{k-1} \tag{3.85}$$

一方，式(3.84)から，次式を得る。

$$\boldsymbol{g}_k = (\boldsymbol{I} - \boldsymbol{g}_k\boldsymbol{u}_k^H)\boldsymbol{P}_{k-1}\boldsymbol{u}_k \tag{3.86}$$

これと，式(3.85)から，ゲインベクトルは，次式のように書くこともできる。

$$\boldsymbol{g}_k = \boldsymbol{P}_k\boldsymbol{u}_k \tag{3.87}$$

式(3.85)および式(3.87)を式(3.83)に代入することにより，フィルタ係数ベクトル $\boldsymbol{w}_k$ の更新式は，次式のように求まる。

$$\begin{aligned}\boldsymbol{w}_k &= \boldsymbol{P}_k(\hat{\boldsymbol{r}}_{k-1} + \boldsymbol{u}_k d_k^*)\\ &= (\boldsymbol{I} - \boldsymbol{g}_k\boldsymbol{u}_k^H)\boldsymbol{P}_{k-1}\hat{\boldsymbol{r}}_{k-1} + \boldsymbol{P}_k\boldsymbol{u}_k d_k^*\\ &= (\boldsymbol{I} - \boldsymbol{g}_k\boldsymbol{u}_k^H)\boldsymbol{w}_{k-1} + \boldsymbol{g}_k d_k^*\\ &= \boldsymbol{w}_{k-1} + \boldsymbol{g}_k(d_k^* - \boldsymbol{u}_k^H\boldsymbol{w}_{k-1})\end{aligned} \tag{3.88}$$

ここで，1時刻前のフィルタ係数ベクトルの定義式 $\boldsymbol{w}_{k-1} = \boldsymbol{P}_{k-1}\hat{\boldsymbol{r}}_{k-1}$ が用いられている。最後に，式 (3.88) に事前推定誤差（式 (3.36)）を代入して，次式の更新式を得る。

$$\boldsymbol{w}_k = \boldsymbol{w}_{k-1} + \boldsymbol{g}_k \xi_k^* \tag{3.89}$$

表 3.2 に，RLS アルゴリズムをまとめておく。自己相関行列の逆行列 $\boldsymbol{P}_k$ の初期値 $\boldsymbol{P}_0$ で用いられている α は，小さい正の定数であり，自己相関行列 $\hat{\boldsymbol{R}}_k$ の正定値性を保証するためのものである。

表 3.2 RLS アルゴリズム[7)]

初期化:

$\boldsymbol{P}_0 = \alpha^{-1}\boldsymbol{I}$

$\boldsymbol{w}_0 = \boldsymbol{0}$

反復:

For $k = 1, 2, \cdots$

ゲインベクトル:

$$\boldsymbol{g}_k = \boldsymbol{P}_{k-1}\boldsymbol{u}_k(1 + \boldsymbol{u}_k^H \boldsymbol{P}_{k-1}\boldsymbol{u}_k)^{-1}$$

事前推定誤差:

$$\xi_k = d_k - \boldsymbol{w}_{k-1}^H \boldsymbol{u}_k$$

係数ベクトルの更新:

$$\boldsymbol{w}_k = \boldsymbol{w}_{k-1} + \boldsymbol{g}_k \xi_k^*$$

自己相関行列の逆行列の更新:

$$\boldsymbol{P}_k = (\boldsymbol{I} - \boldsymbol{g}_k \boldsymbol{u}_k^H)\boldsymbol{P}_{k-1}$$

フィルタリング：

$$y_k = \boldsymbol{w}_k^H \boldsymbol{u}_k$$

End

非定常な環境に RLS 法を拡張するため，ゲインベクトルの算出（式 (3.84)）および逆行列の更新式 (3.85) において，次式のように忘却係数 φ を導入した更新式を用いることがある[1)]。他の部分は，表 3.2 と同じである。忘却係数により，新しい観測値により大きな重みがつく。

$$\boldsymbol{g}_k = \frac{\varphi^{-1}\boldsymbol{P}_{k-1}\boldsymbol{u}_k}{1 + \varphi^{-1}\boldsymbol{u}_k^H \boldsymbol{P}_{k-1}\boldsymbol{u}_k} \tag{3.90}$$

$$\boldsymbol{P}_k = \varphi^{-1}(\boldsymbol{I} - \boldsymbol{g}_k \boldsymbol{u}_k^H)\boldsymbol{P}_{k-1} \tag{3.91}$$

忘却係数は，$0 < \varphi \leqq 1$ の値をとり，現在時刻 k に近いほど大きい指数重みが付く。

3.8 適応アルゴリズムの関係

これまでは，代表的な適応アルゴリズムを個別に述べてきた。Sayed (2008)[2)] は，これらのアルゴリズムをニュートン法から導出しており，アルゴリズムを比較する上でわかりやすい。ここでは，Sayed の議論を基に，NLMS 法，APA 法，RLS 法の比較を行う。ニュートン法の更新式 (3.43) を再び書くと

$$\boldsymbol{w}_k = \boldsymbol{w}_{k-1} + \mu(\alpha \boldsymbol{I} + \boldsymbol{R}_u)^{-1}(\boldsymbol{r}_{ud} - \boldsymbol{R}_u \boldsymbol{w}_{k-1}) \tag{3.92}$$

ここで，係数の 2 は省略し，相関行列の逆行列に，正則化のための項 $\alpha \boldsymbol{I}$ が導入されている。

まず，NLMS 法および APA 法とニュートン法の関係をみてみよう。NLMS 法は，APA 法の特殊な場合（$L_s = 1$）であるので，APA 法について考える。ニュートン法において，$\boldsymbol{R}_u$ および $\boldsymbol{r}_{ud}$ を，次式のように L_s 個のサンプルによる推定値へ置き換える。

$$\boldsymbol{R}_u \to \boldsymbol{U}_k \boldsymbol{U}_k^H, \quad \boldsymbol{r}_{ud} \to \boldsymbol{U}_k \boldsymbol{d}_k^H \tag{3.93}$$

ここで，$\boldsymbol{d}_k$ および $\boldsymbol{U}_k$ は式 (3.58) および式 (3.59) で定義されている。これにより，式 (3.92) は，次式のように書き直される。

$$\boldsymbol{w}_k = \boldsymbol{w}_{k-1} + \mu(\alpha \boldsymbol{I} + \boldsymbol{U}_k \boldsymbol{U}_k^H)^{-1} \boldsymbol{U}_k (\boldsymbol{d}_k^H - \boldsymbol{U}_k^H \boldsymbol{w}_{k-1}) \tag{3.94}$$

ここで，逆行列の補助定理（式 (A.28)）を用いることにより，次式を得る。

$$(\alpha \boldsymbol{I} + \boldsymbol{U}_k \boldsymbol{U}_k^H)^{-1} \boldsymbol{U}_k = \boldsymbol{U}_k (\alpha \boldsymbol{I} + \boldsymbol{U}_k^H \boldsymbol{U}_k)^{-1} \tag{3.95}$$

これにより，式 (3.94) は，APA 法の更新式 (3.68) と等価であることがわかる。

一方，RLS 法の更新式 (3.88) は，式 (3.87) を代入することにより，次式のように書き直せる。

$$\boldsymbol{w}_k = \boldsymbol{w}_{k-1} + \boldsymbol{P}_k \boldsymbol{u}_k (d_k^* - \boldsymbol{u}_k^H \boldsymbol{w}_{k-1}) \tag{3.96}$$

これと，ニュートン法における更新式 (3.92) を比較することにより，次式のような置き換えがなされていることがわかる。

$$(\alpha \boldsymbol{I} + \boldsymbol{R}_u)^{-1} \rightarrow \boldsymbol{P}_k \tag{3.97}$$

$$\boldsymbol{R}_u \rightarrow \boldsymbol{u}_k \boldsymbol{u}_k^H, \quad \boldsymbol{r}_{ud} \rightarrow \boldsymbol{u}_k d_k^* \tag{3.98}$$

式 (3.97) は，$\boldsymbol{P}_k$ が，$\boldsymbol{R}_u$ を有限のサンプルから推定した $\hat{\boldsymbol{R}}_k$ の逆行列であることから理解される。すなわち

$$\boldsymbol{P}_k = \left(\alpha \boldsymbol{I} + \boldsymbol{U}_{1:k} \boldsymbol{U}_{1:k}^H\right)^{-1} \tag{3.99}$$

ここで，$\boldsymbol{U}_{1:k}$ は式 (3.78) で定義されている。一方，$\boldsymbol{R}_u$ および $\boldsymbol{r}_{ud}$ については，NLMS 法と同様に，その瞬時推定値が近似値として用いられている。

以上から，ニュートン法と，三つの適応アルゴリズムの関係を整理したのが，**表 3.3** である。特に，適応アルゴリズムの収束速度と密接な関係にある相関行列の逆行列 $(\alpha \boldsymbol{I} + \boldsymbol{R}_u)^{-1}$ について，3 者の差が明確に現れている。三つのアルゴリズムは，右に行くほど（すなわち，NLMS 法 →APA 法 →RLS 法），逆行列の推定に用いるサンプル数が増加する†。これに伴い，一般に収束速度も速くなる。この代償として，計算量が増大する。また，RLS 法では，サンプル数の増加に伴い，正則化の効果が薄れるため，相関行列の正定値性が崩れ，不安定となる場合があることも報告されている[7)]。これらのアルゴリズムを実際の応

表 3.3 適応アルゴリズムの比較

NLMS 法	APA 法	RLS 法	ニュートン法
$(\alpha \boldsymbol{I} + \boldsymbol{u}_k \boldsymbol{u}_k^H)^{-1}$	$(\alpha \boldsymbol{I} + \boldsymbol{U}_k \boldsymbol{U}_k^H)^{-1}$	$(\alpha \boldsymbol{I} + \boldsymbol{U}_{1:k} \boldsymbol{U}_{1:k}^H)^{-1}$	$(\alpha \boldsymbol{I} + \boldsymbol{R}_u)^{-1}$
$\boldsymbol{u}_k \boldsymbol{u}_k^H$	$\boldsymbol{U}_k \boldsymbol{U}_k^H$	$\boldsymbol{u}_k \boldsymbol{u}_k^H$	$\boldsymbol{R}_u$
$\boldsymbol{u}_k d_k^*$	$\boldsymbol{U}_k \boldsymbol{d}_k^H$	$\boldsymbol{u}_k d_k^*$	$\boldsymbol{r}_{ud}$

† 厳密には，RLS 法はサンプル数が反復回数に比例するので，反復回数が $k < L_s$ であるうちは，APA 法と同じである。

用で用いる場合は，実装するハードウェアの規模や，求められる収束速度などを考慮して，アルゴリズムを選択する必要がある。

引用・参考文献

1) S. Haykin：*Adaptive filter theory*, Prentice Hall, fourth edition (2002)
2) A. H. Sayed：*Adaptive filters*, Wiely (2008)
3) 金井浩：音・振動のスペクトル解析，コロナ社 (1999)
4) K. Ozeki and T. Umeda：“An adaptive filtering algorithm using an orthogonal projection to an affine subspace and its properties,” *Electronics and Communication in Japan*, vol. 67-A, pp. 126～132 (1984)
5) S. Haykin and B. Widrow (Eds.)：*Least-mean-square adaptive filters*, Wiley (2003)
6) G. Strang：*Linear Algebra and Its Application*, Harcourt Brace Jovanovich Inc., Orlando (1988)
7) S. ヘイキン：適応フィルタ入門，現代工学社 (1987)

4 ビームフォーマ

ビームフォーマ（beamformer）は，アレイ信号処理の基礎であり，音源定位，音源分離のいずれにも応用することができる。特に 4.2 節で述べる DS 法は，センサアレイの物理的な基本特性を理解する上で重要である。一方，4.3 節から 4.7 節までで述べる手法は，ウィナーフィルタをベースとした適応信号処理によるものであり，観測信号に対する学習によってその特性が決定される。4.2 節から 4.7 節までは，各手法の原理と，これらを用いた音源分離フィルタについて述べる。**表 4.1** に，本章で扱うビームフォーマの特徴を簡単にまとめておく。最後に，4.8 節では，ビームフォーマを用いた空間スペクトル推定による音源定位の手法について述べる。

表 4.1　ビームフォーマの比較

方法	フィルタベクトル	特徴と制約条件
DS	$\boldsymbol{w} = \dfrac{\boldsymbol{a}}{\boldsymbol{a}^H\boldsymbol{a}}$　式 (4.14)	• 固定フィルタによりビームを形成 • $\boldsymbol{a}$ が既知
SWF	$\boldsymbol{w} = \boldsymbol{R}_z^{-1}\boldsymbol{r}_{zd}$　式 (4.31)	• 適応フィルタによりビーム・死角を形成 • 望みの応答 d が既知
ML	$\boldsymbol{w} = \dfrac{\boldsymbol{K}^{-1}\boldsymbol{a}}{\boldsymbol{a}^H\boldsymbol{K}^{-1}\boldsymbol{a}}$　式 (4.40)	• 適応フィルタによりビーム・死角を形成 • $\boldsymbol{a}$ および $\boldsymbol{K}$ が既知
MV	$\boldsymbol{w} = \dfrac{\boldsymbol{R}^{-1}\boldsymbol{a}}{\boldsymbol{a}^H\boldsymbol{R}^{-1}\boldsymbol{a}}$　式 (4.46)	• 適応フィルタによりビーム・死角を形成 • $\boldsymbol{a}$ が既知
GSC	$\boldsymbol{w}_a = (\boldsymbol{B}^H\boldsymbol{R}\boldsymbol{B})^{-1}\boldsymbol{B}^H\boldsymbol{R}\boldsymbol{w}_c$ 式 (4.59)	• 固定フィルタによりビーム，適応フィルタにより死角を形成 • $\boldsymbol{a}$ が既知
GEVD	$\boldsymbol{W} = \boldsymbol{E}\boldsymbol{G}\boldsymbol{E}^{-1}$　式 (4.98)	• 適応フィルタによりビーム・死角を形成 • $\boldsymbol{K}$ が既知

4.1 ビームフォーマの一般型

時間領域におけるビームフォーマの一般型は，図 **4.1**(a) に示すように，多チャネルフィルタの出力を足し合わせる構造となっている。これを式で表すと次式のようになる。

$$y(t) = \sum_{m=1}^{M} w_m(t) * z_m(t) \tag{4.1}$$

ここで，$z_m(t)$ は m 番目のセンサにおける観測信号，$w_m(t)$ は m 番目のフィルタ，$y(t)$ はビームフォーマの出力である。記号 $*$ は畳み込み演算を表す。式 (4.1) をフーリエ変換した，周波数領域でのビームフォーマの一般型は，次式のようになる。

$$Y(\omega) = \sum_{m=1}^{M} W_m^*(\omega) Z_m(\omega) \tag{4.2}$$

ここで，$Z_m(\omega)$，$W_m^*(\omega)$，$Y(\omega)$ は，それぞれ，$z_m(t)$，$w_m(t)$，$y(t)$ のフーリエ変換を表す。$W_m^*(\omega)$ に複素共役の記号「*」がついているのは，ベクトル表記へ拡張するための便宜上である。図 (b) は，式 (4.2) をブロック図で表したものである。式 (4.2) をベクトル形式で表すと，次式のようになる。

$$Y(\omega) = \boldsymbol{w}^H(\omega) \boldsymbol{z}(\omega) \tag{4.3}$$

ここで

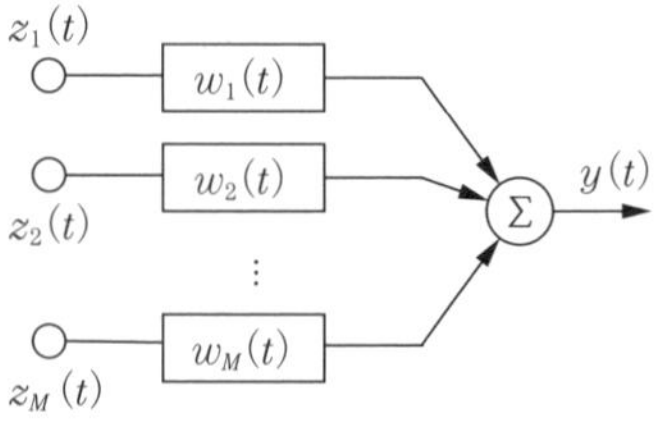

(a)　時間領域

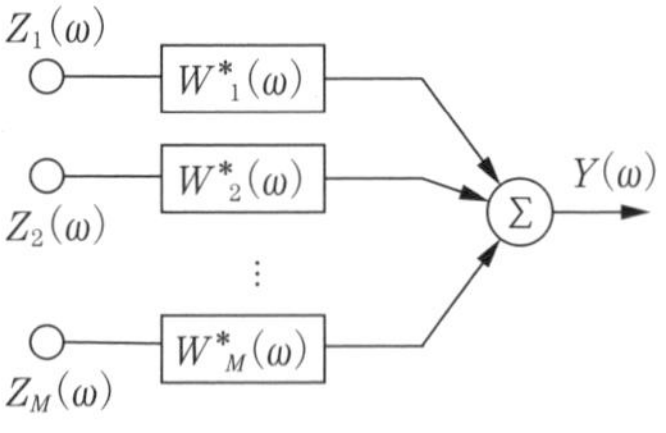

(b)　周波数領域

図 **4.1**　ビームフォーマの一般型

$$\boldsymbol{z}(\omega) = [Z_1(\omega), \cdots, Z_M(\omega)]^T \tag{4.4}$$

$$\boldsymbol{w}(\omega) = [W_1(\omega), \cdots, W_M(\omega)]^T \tag{4.5}$$

4.2 遅延和法（DS法）

4.2.1 時 間 領 域

遅延和（delay-and-sum，DS）**ビームフォーマ**は，時間領域で考えるとわかりやすい。いま，単一の平面波だけが存在すると仮定し，m 番目のセンサで観測される入射波に，次式で示す遅延 τ_m が生じているものとする。

$$z_m(t) = s(t - \tau_m) \tag{4.6}$$

ここで，$s(t)$ は音源信号である。

この入射波に対し，**図 4.2** に示すように，時間遅れを補償する（すなわち $+\tau_m$ だけ時間を進める）ことにより，入射波における時間遅れ $-\tau_m$ とフィルタにおける時間進み $+\tau_m$ が相殺し合い，時間遅れがなくなる。この結果，すべてのチャネルで信号 $s(t)$ の位相がそろい，図 4.2 に示す入射波の方向から到来する信号は強調される。一方，他の方向から到来する信号は，位相がずれて足し合わされるため，減衰する。

時間遅れを補償する時間領域のフィルタは，次式のように表される[1)]。

$$w_m(t) = \frac{1}{M}\delta(t + \tau_m) \tag{4.7}$$

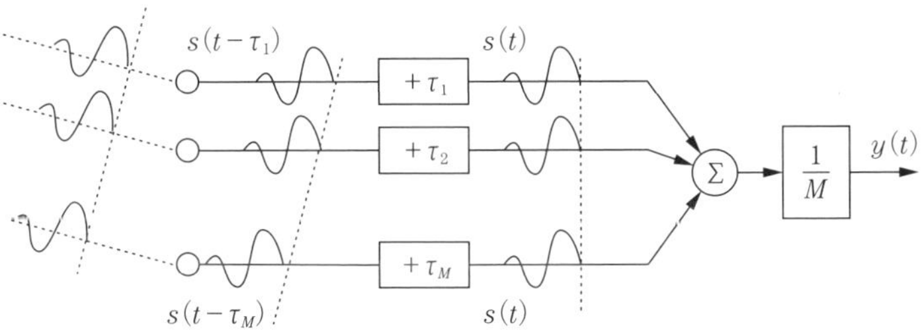

図 4.2 時間領域における DS ビームフォーマ

ここで，$\delta(\cdot)$ はディラックのデルタ関数である。実際には，式 (4.7) は因果律を満たさないため，時間領域のフィルタとして実現する場合は，全チャネルに共通な遅延 τ_0（$> \tau_m$）を挿入した次式を用いる。

$$w_m(t) = \frac{1}{M}\delta(t - \tau_0 + \tau_m) \tag{4.8}$$

ビームフォーマでは，絶対的な遅延時間 τ_m ではなく，各チャネルの相対的な遅延時間差のみが重要であることから，共通な遅延 τ_0 を挿入しても問題ない。

4.2.2 周波数領域

フィルタの周波数領域の表現を得るため，式 (4.7) をフーリエ変換し，ベクトル形式で表すと，次式のようになる。

$$\boldsymbol{w}^H = \frac{1}{M}[e^{j\omega\tau_1}, \cdots, e^{j\omega\tau_M}] \tag{4.9}$$

一方，観測される入射波は，式 (1.8) から，次式のように表される。

$$\boldsymbol{z}(\omega) = \boldsymbol{a}S(\omega) \tag{4.10}$$

ここで，$\boldsymbol{a}$ は，式 (1.7) に示すアレイ・マニフォールド・ベクトルである。これを再び書くと

$$\boldsymbol{a} = \left[e^{-j\omega\tau_1}, \cdots, e^{-j\omega\tau_M}\right]^T \tag{4.11}$$

式 (4.9) および式 (4.11) から

$$\boldsymbol{w} = \frac{1}{M}\boldsymbol{a} \tag{4.12}$$

となっていることがわかる。式 (4.9) および式 (4.10) を式 (4.3) に代入して，フィルタリングを行ってみると

$$Y(\omega) = \boldsymbol{w}^H\boldsymbol{a}S(\omega) = S(\omega) \tag{4.13}$$

となり，信号 $S(\omega)$ が回復される。

式 (4.9) で定義される $\boldsymbol{w}^H$ は，入射波の観測値 $\boldsymbol{z}(\omega)$ の時間遅れ（周波数領

域の位相シフト）を相殺し，次節で述べるビーム方向を決定することから，**ステアリングベクトル**（steering vector）[2] と呼ばれる。また，$\boldsymbol{w}^H$ に含まれる遅延時間 τ_m は，式 (1.17) からわかるように，入射波の到来方向 (θ_s, ϕ_s) の関数となっている。フィルタ $\boldsymbol{w}^H$ が仮定している入射方向を**ステアリング方向**（steering direction）[1] または**視方向**（look direction）[3] と呼び，(θ_T, ϕ_T) で表すものとする。

最後に，アレイ・マニフォールド・ベクトルが，位相項だけではなく，振幅項を持つ一般型に対応するため，正規化の項 $1/(\boldsymbol{a}^H\boldsymbol{a})$ を用いて，式 (4.12) を次式のように一般型に拡張しておく。

$$\boldsymbol{w}_{\mathrm{DS}} = \frac{\boldsymbol{a}}{\boldsymbol{a}^H\boldsymbol{a}} \tag{4.14}$$

4.2.3 DS ビームフォーマの応答

前節では，実際の音源方向 (θ_s, ϕ_s) と，フィルタの仮定しているステアリング方向 (θ_T, ϕ_T) が一致している場合を考えたが，ここでは，ステアリング方向と異なる入射波に対する応答を調べることにより，ビームフォーマの特性をみていく。

式 (4.13) から，ビームフォーマの出力は次式のように書くことができる。

$$Y(\omega) = \Psi(\boldsymbol{k}, \omega) S(\omega) \tag{4.15}$$

ここで

$$\Psi(\boldsymbol{k}, \omega) := \boldsymbol{w}^H \boldsymbol{a} \tag{4.16}$$

式 (4.16) に，式 (4.9) および式 (1.16) を代入すると，次式を得る。

$$\Psi(\boldsymbol{k}, \omega) = \frac{1}{M} \sum_{m=1}^{M} \exp(j\omega\tau_m^{(T)}) \exp(-j\boldsymbol{k}^T \boldsymbol{p}_m) \tag{4.17}$$

ここで，$\tau_m^{(T)}$ はステアリング方向 (θ_T, ϕ_T) に対応した遅延を表す。$\Psi(\boldsymbol{k}, \omega)$ は，**波数–周波数応答**（wavenumber-frequency response）と呼ばれる[1),2)]。ま

た，式 (4.17) において，ステアリング方向 (θ_T, ϕ_T) を固定し，実際の音源方向 (θ_s, ϕ_s) を変数としたものは，**ビームパターン**（beam pattern）と呼ばれ，ビームフォーマの解析によく用いられる[2)]。

つぎに，解析の簡単な直線状アレイに対して，実際の波数–周波数応答の性質をみてみよう。直線状アレイに対するアレイ・マニフォールド・ベクトルの要素は，式 (1.21) から，次式のようになる。

$$a_m = \exp\left(-j\left\{(m-1) - \frac{M-1}{2}\right\}k_x d_x\right) \tag{4.18}$$

ここで，k_x は次式で示される波数である（式 (1.13) 参照）。

$$k_x = -\frac{2\pi}{\lambda}\sin\theta_s \tag{4.19}$$

続いて，ステアリング方向を $\theta_T = 0°$ とした場合のビームパターンを求めてみよう。$\theta_T = 0°$ の場合のステアリングベクトル $\boldsymbol{w}^H$ は，式 (4.9) から，次式のようになる。

$$\boldsymbol{w}^H = \frac{1}{M}[1, \cdots, 1] \tag{4.20}$$

式 (4.20) と式 (4.18) を式 (4.16) に代入して，ビームパターンは次式のように求まる†。

$$\begin{aligned}\Psi(k_x) &= \frac{1}{M}\sum_{m=1}^{M}\exp\left(-j\left\{(m-1) - \frac{M-1}{2}\right\}k_x d_x\right)\\ &= \frac{1}{M}\frac{\sin\left(\dfrac{Mk_x d_x}{2}\right)}{\sin\left(\dfrac{k_x d_x}{2}\right)}\end{aligned} \tag{4.21}$$

式 (4.21) では，$-\infty < k_x < +\infty$ に対して $\Psi(k_x)$ の値を計算することができるが，式 (4.19) からもわかるように，波動方程式による拘束（式 (1.15)）のため，k_x には次式の制限がある。

† 等比数列 $\displaystyle\sum_{m=1}^{M} x^{m-1} = \frac{x^M - 1}{x - 1}$ および $\sin(z) = \dfrac{1}{2j}(e^{jz} - e^{-jz})$ の関係を用いる。

$$-\frac{2\pi}{\lambda} \leqq k_x \leqq \frac{2\pi}{\lambda} \tag{4.22}$$

式 (4.22) に示す範囲は，物理的に伝搬波が存在し得る領域を表す。この領域は**可視領域**（visible region）と呼ばれる[2)]。

図 4.3 は，DS ビームフォーマ（直線状等間隔アレイ，$M = 9$）のビームパターン $20 \log_{10} |\Psi(k_x)|$ の一例である。$k_x = 0$ 付近のゲインの高い部分は，**メインローブ**（mainlobe）と呼ばれる。メインローブの左右にある小さなゲインの盛り上がりは，**サイドローブ**（sidelobe）と呼ばれる，いわば不要なゲインである。また，$\Psi(k_x)$ は，k_x 軸上で，$2\pi/d_x$ の周期で繰り返す。中央のメインローブ以外に周期的に現れる高いゲインは，**グレーティングローブ**（grating lobe）と呼ばれ，音源定位において虚音源を生じさせるなどの悪影響をもたらす。図の点線で挟まれた領域は，式 (4.22) で表される可視領域である。この図のように，グレーティングローブが可視領域の外側にある場合は，問題ない。

図 4.4 は，センサ間隔 d_x を変えて，ビームパターンを示したものである。こ

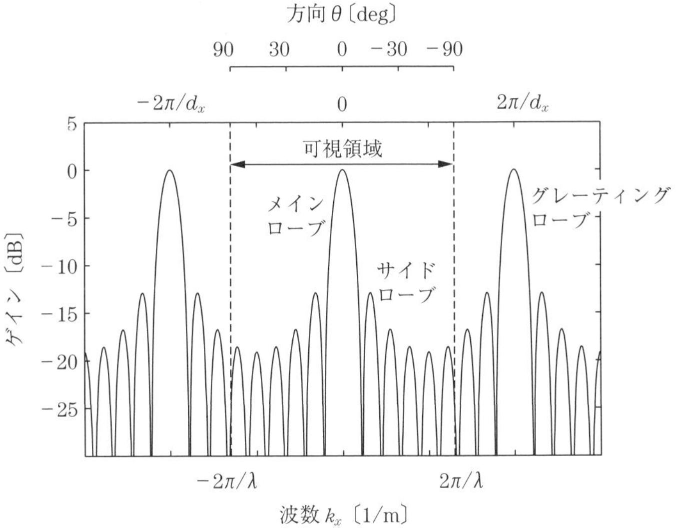

図 4.3　DS ビームフォーマのビームパターン $20 \log_{10} |\Psi(k_x)|$ の例[2)]

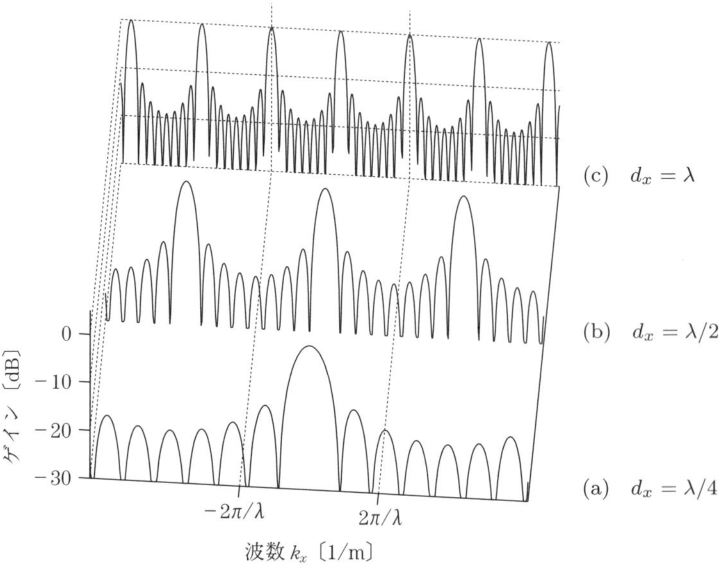

図 4.4 異なるセンサ間隔 d_x に対するビームパターン[1)]。$M = 9$

の図から，グレーティングローブの位置は，センサ間隔に依存することがわかる。特に，センサ間隔が広がり，可視領域中にビームパターンの 1 周期以上が含まれる場合，**空間折り返しひずみ**（spatial aliasing）が発生する。空間折り返しひずみが起きると，可視領域の中にグレーティングローブが入る可能性がある。式 (4.22) から可視領域の範囲は $4\pi/\lambda$ であり，ビームパターンの周期は，先に述べたように $2\pi/d_x$ であるから，空間折り返しひずみを避けるためには，$\dfrac{2\pi}{d_x} \geqq \dfrac{4\pi}{\lambda}$ となる必要がある。これから，センサ間隔の満たすべき条件は，次式のようになる。

$$d_x \leqq \frac{\lambda}{2} \tag{4.23}$$

信号が広帯域の場合は，式 (4.23) における波長 λ を広帯域信号の最小波長と考える。式 (4.23) は，周波数 $f = c/\lambda$（広帯域の場合は最大周波数）を用いて，次式のように表すこともできる。

$$d_x \leqq \frac{c}{2f} \tag{4.24}$$

ここで，c は波の伝搬速度である。式 (4.23) および式 (4.24) は，空間領域の**サンプリング定理**（sampling theorem）から導かれる関係として知られ，時間領域のサンプリング定理から導かれる関係

$$T_s \leqq \frac{1}{2f} \tag{4.25}$$

と対比させて考えるとわかりやすい。ここで，T_s〔s〕は時間領域におけるサンプリング間隔である。最後に，センサ間隔の具体的な数値を求めておこう。本書の例では，$f_s = 16\,000$ Hz のサンプリング周波数を用いており，$f_c = 6\,400$ Hz のローパスフィルタにより帯域制限をしている。この場合，空間折り返しひずみを避けるセンサ間隔は $d_x \leqq 340/(2 \times 6\,400) \simeq 0.027$ m となる。

図 4.5 は，センサ間隔 d_x は変えずに，センサ数 M を変化させた場合である。直線状アレイの場合，センサ数を増やすと，アレイの全長 Md_x も増大する。信

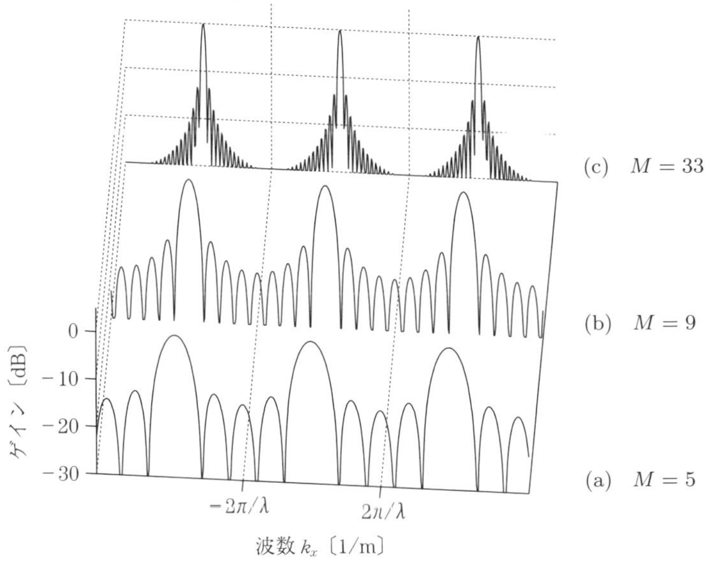

図 4.5　異なる開口長 Md_x に対するビームパターン。$d_x = \lambda/2$

号を空間的にサンプリングする，この全長 Md_x の領域は，**開口**（aperture）と呼ばれる[†1]。図 4.5 をみると，開口長 Md_x が長いほど，メインローブの幅が狭く，空間分解能が高くなっているのがわかる。本来は，ステアリング方向が $k_x = 0$ の場合，ビームパターンは

$$\Psi(k_x) = \begin{cases} 1, & k_x = 0 \\ 0, & k_x \neq 0 \end{cases} \tag{4.26}$$

となるのが理想的であるが，有限の開口長を持つアレイで観測したために，図 4.5 に示すようなビームパターンが生じている。

最後に，ビームフォーマの方向–周波数応答をみてみよう。式 (4.21) に式 (4.19) および式 (1.14) を代入すると，次式を得る[†2]。

$$\Psi(\theta, \omega) = \frac{1}{M} \frac{\sin\left(\dfrac{Md_x}{2}\dfrac{\omega}{c}\sin\theta\right)}{\sin\left(\dfrac{d_x}{2}\dfrac{\omega}{c}\sin\theta\right)} \tag{4.27}$$

図 4.6 は，センサ間隔 d_x を変えて，方向–周波数応答 $20\log_{10}|\Psi(\theta, \omega)|$ を示したものである。センサ間隔の狭い図 (a) では，センサ間の位相差が小さいため，ビーム幅が太く，特に 2 000 Hz 以下では，ビームがまったく形成されていない。一方，間隔を広げた図 (c) では，ビームが鋭くなり，低域の特性も改善されているが，高域でサンプリング定理（式 (4.23)）を満たしていないため，折り返しひずみが生じている。図 (d) は，ハーモニック型の配置と呼ばれ，センサ間隔を均一ではなく，2 倍づつ広げた配置となっている。この場合は，間隔の狭い配置と広い配置の特性を併せ持ったような応答となり，低域まで比較的鋭いビームが形成され，折り返しひずみも少ない。この代償として，サイドローブが他の配置より高くなっている。このように，広帯域な信号に対して，全帯域において良好な応答を得るようセンサを配置することは難しく，それぞれの応用で最適な配置を考える必要がある。

[†1] 図 1.3 からもわかるように，直線状アレイにおける#1 から#M までのセンサの距離は，$(M-1)d_x$ であるが，連続の場合の開口長と互換性を保つため，$(M-1)d_x$ の領域の左右に $d_x/2$ を加えた Md_x の領域を開口と呼ぶ[1]。

[†2] 音源方向 θ_s が任意の角度であるため，ここでは θ_s を θ と記述してある。

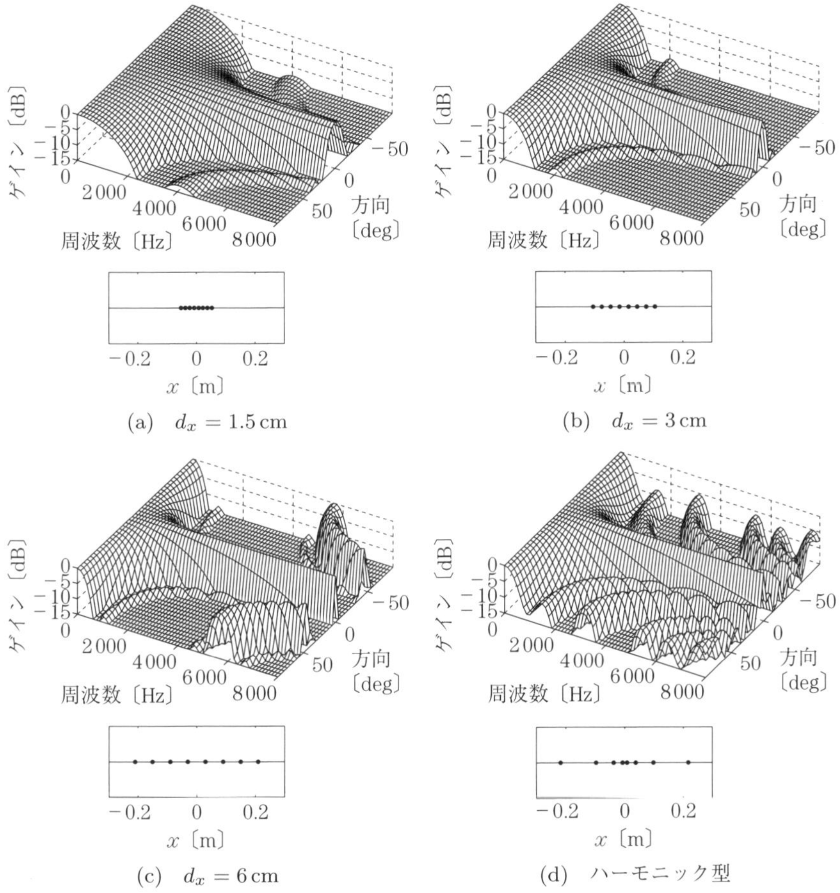

図 4.6 DS ビームフォーマの方向–周波数応答 $20\log_{10}|\Psi(\theta,\omega)|$（上段）とセンサ配置（下段）

4.3 空間ウィナーフィルタ（SWF）

3.1 節では，時間領域での単一チャネルウィナーフィルタについて述べたが，ここでは，空間領域の**多チャネルウィナーフィルタ**（multichannel Wiener filter）である**空間ウィナーフィルタ**（spatial Wiener filter，SWF）について述べる。時間領域のウィナーフィルタでは，観測値が式 (3.3) に示すような単一チャネ

ルの時系列 $\boldsymbol{u}_k$ であったが，空間領域のウィナーフィルタでは，これを式 (1.47) に示したセンサアレイの観測ベクトル $\boldsymbol{z}_k$ に変更すればよい。すなわち

$$\boldsymbol{u}_k = \begin{bmatrix} u_k \\ \vdots \\ u_{k-K+1} \end{bmatrix} \rightarrow \boldsymbol{z}_k = \begin{bmatrix} Z_1(\omega,k) \\ \vdots \\ Z_M(\omega,k) \end{bmatrix} \tag{4.28}$$

ここで，$Z_m(\omega,k)$ は，1.4.1 項で述べた，m チャネル目の信号の k フレームにおける STFT である。記号の簡略化のため，以降，フレームのインデックス k および周波数のインデックス ω は省略する。

ウィナーフィルタにおける望みの応答を d と表すことにする。また，ビームフォーマの出力（式 (4.3)）を簡略化して，$y = \boldsymbol{w}^H\boldsymbol{z}$ と表すものとする†。最小化すべきコスト関数（式 (3.6)）は，次式のようになる。

$$\begin{aligned} J = E[|d-y|^2] &= E[(d-\boldsymbol{w}^H\boldsymbol{z})(d-\boldsymbol{w}^H\boldsymbol{z})^H] \\ &= \sigma_d^2 - \boldsymbol{w}^H\boldsymbol{r}_{zd} - \boldsymbol{r}_{dz}\boldsymbol{w} + \boldsymbol{w}^H\boldsymbol{R}_z\boldsymbol{w} \end{aligned} \tag{4.29}$$

ここで

$$\begin{aligned} \sigma_d^2 &:= E[dd^H], \quad \boldsymbol{r}_{zd} := E[\boldsymbol{z}d^H] \\ \boldsymbol{r}_{dz} &:= E[d\boldsymbol{z}^H], \quad \boldsymbol{R}_z := E[\boldsymbol{z}\boldsymbol{z}^H] \end{aligned} \tag{4.30}$$

コスト関数（式 (4.29)）を最小化する最適フィルタは，式 (3.11) と同様にして，次式のように求まる。

$$\hat{\boldsymbol{w}}_{\mathrm{SWF}} = \boldsymbol{R}_z^{-1}\boldsymbol{r}_{zd} \tag{4.31}$$

例 4.1　仮想目的信号源を利用した AMNOR

ここでは，空間ウィナーフィルタの応用例として，Kaneda *et al.* (1986)[4)]

† 本書では，信号処理における一般的なスカラー変数は小文字の y，フーリエ係数は大文字 Y（周波数のインデックス ω などを省略した形）のように表記する。この場合は，$y = Y(\omega,k)$。

が提案した AMNOR（adaptive microphone array for noise reduction）について述べる。図 **4.7** は，AMNOR の基本的な構造のブロック図である。適応フィルタの応用では，望みの応答 d の入手方法が問題となる場合が多い。ビームフォーマの場合は，実際の目的信号（例えば音声信号）を望みの応答として用いることはできない。AMNOR では，仮想的な信号源 s^v を用意し，これに，次式のように，目的信号に対応するアレイ・マニフォールド・ベクトルの推定値 $\hat{\boldsymbol{a}}$ をかけ，s^v に対する観測信号 $\boldsymbol{z}_s^v$ を生成する。

$$\boldsymbol{z}_s^v = \hat{\boldsymbol{a}} s^v \tag{4.32}$$

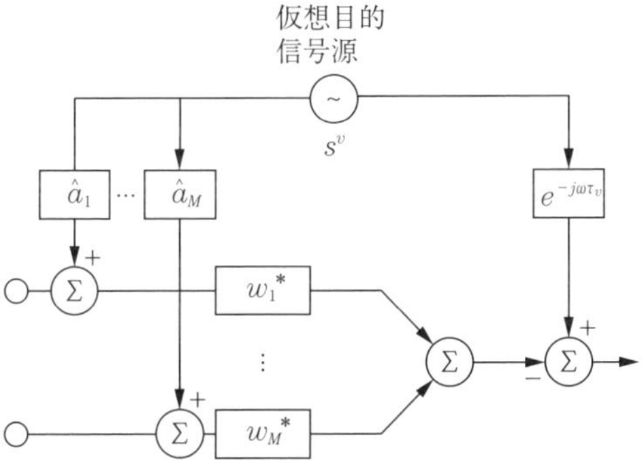

図 4.7　AMNOR の基本的な構造のブロック図

$\hat{\boldsymbol{a}}$ は，後述する音源定位などにより，別途推定する。これと，目的音源が休止している区間で得られた観測値，すなわち雑音の観測値 $\boldsymbol{v}$ を混合して，最終的な観測信号を生成する。

$$\boldsymbol{z} = \boldsymbol{z}_s^v + \boldsymbol{v} \tag{4.33}$$

一方，望みの応答には，仮想目的信号に遅延 τ_v を加えたものを用いる。

$$d = e^{-j\omega\tau_v} s^v \tag{4.34}$$

遅延 τ_v は，システムの因果性を保証するためのものである。

4.4 最尤法（ML法）

4.4.1 ML ビームフォーマの導出

観測ベクトル $\boldsymbol{z} = [z_1, \cdots, z_M]^T$ が，次式のように，単一の目的音源とガウス雑音の和であると仮定する。

$$\boldsymbol{z} = \boldsymbol{a}s + \boldsymbol{v} \tag{4.35}$$

ここで，$\boldsymbol{a}$ は目的音源のアレイ・マニフォールド・ベクトル，s $(= S(\omega))$ は目的音源のスペクトル，$\boldsymbol{v}$ はガウス雑音を表す。尤度関数 $p(\boldsymbol{z}|s)$ は，式 (2.8) から，次式のようになる。

$$p(\boldsymbol{z}|s) = \frac{1}{\det(\pi\boldsymbol{K})} \exp\left(-\left(\boldsymbol{z} - \boldsymbol{a}s\right)^H \boldsymbol{K}^{-1} \left(\boldsymbol{z} - \boldsymbol{a}s\right)\right) \tag{4.36}$$

ここで，$\boldsymbol{K} = E\left[\boldsymbol{v}\boldsymbol{v}^H\right]$ は，雑音の空間相関行列を表す。これから，対数尤度関数は，次式のようになる。

$$LL(s) = -\log\det(\pi\boldsymbol{K}) - \left(\boldsymbol{z} - \boldsymbol{a}s\right)^H \boldsymbol{K}^{-1} \left(\boldsymbol{z} - \boldsymbol{a}s\right) \tag{4.37}$$

式 (4.37) を s^* で偏微分することにより（A.2.2 項参照），次式を得る。

$$\frac{\partial LL}{\partial s^*} = \boldsymbol{a}^H \boldsymbol{K}^{-1}(\boldsymbol{z} - \boldsymbol{a}s) \tag{4.38}$$

これを 0 とおいて s について解くことにより，推定値 $\hat{s}$ を得る。

$$\hat{s} = \frac{\boldsymbol{a}^H \boldsymbol{K}^{-1} \boldsymbol{z}}{\boldsymbol{a}^H \boldsymbol{K}^{-1} \boldsymbol{a}} \tag{4.39}$$

$y = \hat{s}$ とおいてフィルタ形式で表すと，最尤法に基づくビームフォーマは次式のようになる[2)]。

$$y = \hat{\boldsymbol{w}}_{\mathrm{ML}}^H \boldsymbol{z}, \quad \hat{\boldsymbol{w}}_{\mathrm{ML}} = \frac{\boldsymbol{K}^{-1}\boldsymbol{a}}{\boldsymbol{a}^H \boldsymbol{K}^{-1} \boldsymbol{a}} \tag{4.40}$$

式 (4.40) を，DS ビームフォーマのフィルタベクトル（式 (4.14)）と比較すると，適応ビームフォーマと固定ビームフォーマの違いがわかりやすい。式 (4.14) は，次式のように書き直すことができる。

$$\boldsymbol{w}_{\mathrm{DS}} = \frac{\boldsymbol{I}^{-1}\boldsymbol{a}}{\boldsymbol{a}^H\boldsymbol{I}^{-1}\boldsymbol{a}} \tag{4.41}$$

式 (4.41) における $\boldsymbol{I}$ は，雑音が空間的に白色の場合の，雑音の空間相関行列に相当する。すなわち，DS ビームフォーマは，雑音を空間的に白色と仮定した場合の ML ビームフォーマと考えることができる。一方，ML ビームフォーマでは，実際の雑音の空間相関行列 $\boldsymbol{K}$ を用いることにより，フィルタの持つ有限の自由度を，有色雑音の除去に効果的に使うことができる。

例 4.2　目的信号検出器を用いた ML ビームフォーマの応用例

式 (4.40) をみると，フィルタ係数ベクトル $\boldsymbol{w}$ を得るには，目的信号源に対するアレイ・マニフォールド・ベクトル $\boldsymbol{a}$，および雑音源に対する空間相関行列 $\boldsymbol{K}$ が必要であることがわかる。ここでは，ML ビームフォーマの応用事例として，目的信号検出器と ML ビームフォーマを組み合わせたシステム[5)]を簡単に紹介する。**図 4.8** にシステムのブロック図を示す。このシステムでは，目的信号として想定している音声信号が断続的であると仮定し，目的信号の休止区間で，$\boldsymbol{K}$ を推定する。一方，目的信号の発音区間で

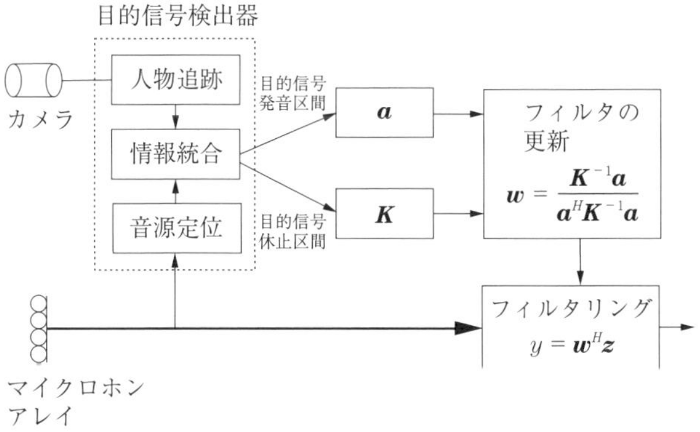

図 4.8　ML ビームフォーマと目的信号検出器を組み合わせたシステム

は，音源定位により $\boldsymbol{a}$ を推定する。目的信号が音声の場合は，目的信号の発音/休止区間の検出に，**音声検出器**（voice activity detector, VAD）[6),7)] を用いることが考えられる。この例では，雑音源も音声を発する（例えばテレビの音）場合を想定し，音響センサ（マイクロホンアレイ）の情報と画像センサ（カメラ）の情報を統合して，音源の位置と人物の位置が一致した区間を目的信号区間としている。目的信号源の検出は，応用に依存する。

4.4.2　ML ビームフォーマの応答

ここでは，ML ビームフォーマを実際の観測値 $\boldsymbol{z}$ から設計し，その応答をみてみよう。マイクロホンアレイは，図 1.11 に示す，ロボット頭部に搭載したものを用いた。音源およびマイクロホンアレイの配置は，**図 4.9** に示すとおりである。$\theta_1 = 0°$ の音源を目的音源，$\theta_2 = 40°$ の音源を雑音源と仮定した。収録に用いた部屋は，例 1.1 に示した残響時間 0.5 s 程度の会議室である。この部屋において，音源からマイクロホンアレイまでのインパルス応答を測定し，これに音源信号である音声を畳み込んで観測信号を生成した。雑音の空間相関行列 $\boldsymbol{K}$ は，**表 4.2** に示す条件で，観測値のサンプルから求めた。

図 4.10(a) は ML ビームフォーマの角度–周波数応答 $20\log_{10}|\Psi(\theta, f)|$ を示したものである。ここで，式 (4.16) から，$\Psi(\theta, f) = \hat{\boldsymbol{w}}_{\mathrm{ML}}^H \boldsymbol{a}(\theta)$ である。また，

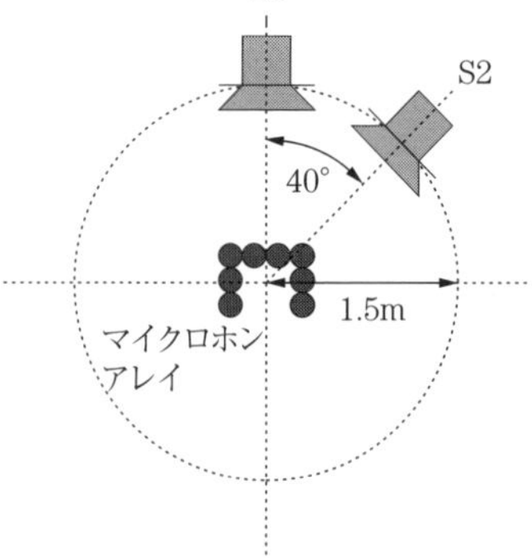

図 4.9　音源とマイクロホンアレイの配置

表 4.2　相関行列の算出に用いた条件

パラメータ	値
STFT 点数	512 ポイント
フレーム長	32 ms（512 ポイント）
フレームシフト	2 ms（32 ポイント）
ブロック長	1.5 s（24 000 ポイント）
平均回数	735 回

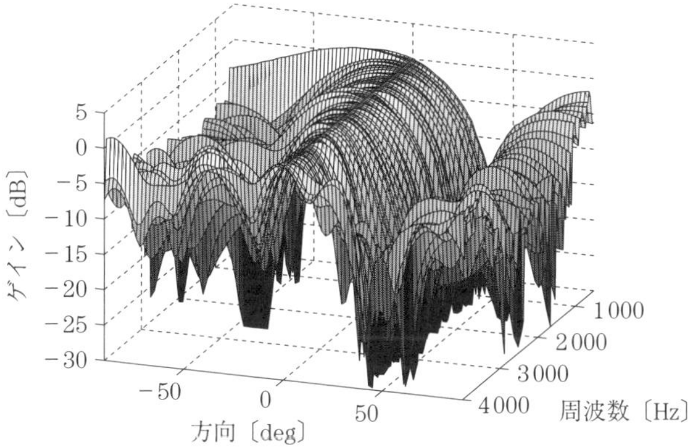

(a) 角度–周波数応答

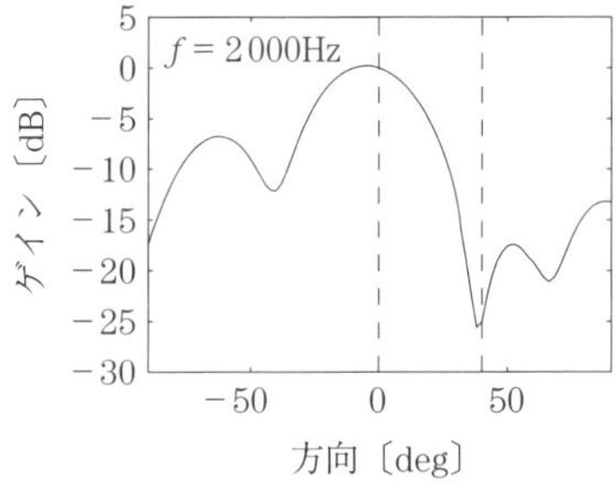

(b) 2 000 Hz におけるビームパターン

図 4.10 ML ビームフォーマの応答。(b) における点線は音源方向を示す

図 (b) は，$f = 2\,000$ Hz におけるビームパターン $20\log_{10}|\Psi(\theta)|$ である。これらをみると，目的音源方向 $0°$ にビームが形成されている一方で，雑音源方向 $40°$ に深い谷が形成されているのがわかる。この谷は，指向性の**死角**（null）と呼ばれる。この死角の形成が，ML ビームフォーマを含めた適応ビームフォーマの特徴である。死角は，雑音の空間相関行列 $\boldsymbol{K}$ に含まれる雑音源の位置（方向）情報を利用することにより形成される。

図 4.11(a) は，ML ビームフォーマの音源方向の周波数応答 $20\log_{10}|\Psi(f)|$ である。この図は，図 4.10(a) の角度–周波数応答を，$\theta = 0°$ および $\theta = 40°$ においてスライスしたものに相当する。この図から，雑音源方向（実線）では，

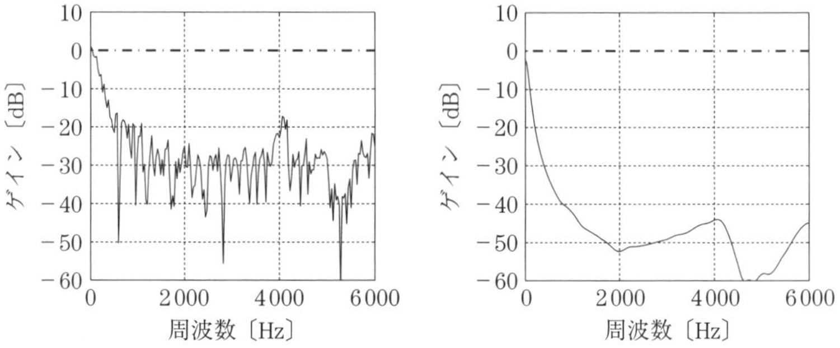

(a)　$\boldsymbol{K}$ に実測値を使用　　(b)　$\boldsymbol{K}$ に理論値を使用

図 4.11　ML ビームフォーマの周波数応答。一点鎖線は目的音源方向（0°），実線は雑音源方向（40°）

低域を除いて -30 dB 程度の減衰が得られている。一方，目的音源方向（一点鎖線）では，全域通過特性が得られている。図 (b) は，雑音の相関行列の理論値 $\boldsymbol{K} = \gamma_2 \boldsymbol{a}(\theta_2)\boldsymbol{a}^H(\theta_2) + \sigma \boldsymbol{I}$ を用いて設計した ML ビームフォーマの周波数応答である。この図は，ML ビームフォーマの性能の上限を示したものと考えることができる。図 (a) との差は，図 (a) は有限サンプルから推定した相関行列を用いている点であり，サンプル数の増加に伴い図 (b) に示す性能に漸近する。その代償として，多くのサンプル数を必要とし，環境が変化する場合に不利となる。

4.5　最小分散法（MV 法）

4.4 節で述べた ML ビームフォーマでは，目的信号の休止区間などを利用して，雑音の空間相関行列 $\boldsymbol{K}$ を推定することが必要となる。このような制約を取り除き，目的信号と雑音の混ざり合った観測値 $\boldsymbol{z} = \boldsymbol{z}_s + \boldsymbol{v}$ を用いて適応フィルタの学習を可能にしたのが，**最小分散**（minimum variance, MV）**法**である[2)]。

4.5.1　最小分散法の導出

最小分散法は，拘束付き最適化により導出される適応ビームフォーマである。

拘束条件により目的音源方向の全域通過特性を保証しながら，ビームフォーマの出力パワー（分散）を最小化することにより，目的信号を除去することなく，雑音のパワーを最小化する。目的音源方向の全域通過特性は，周波数領域では，次式のように表される。

$$\boldsymbol{w}^H\boldsymbol{a} \;=\; 1 \tag{4.42}$$

一方，ビームフォーマの平均出力パワーは次式のように書くことができる。

$$E[|\boldsymbol{w}^H\boldsymbol{z}|^2] \;=\; \boldsymbol{w}^H E[\boldsymbol{z}\boldsymbol{z}^H]\boldsymbol{w} \;=\; \boldsymbol{w}^H\boldsymbol{R}\boldsymbol{w} \tag{4.43}$$

以上から，上述の拘束付き最適化問題は，次式のように表される。

$$\min_{\boldsymbol{w}} \boldsymbol{w}^H\boldsymbol{R}\boldsymbol{w} \quad \text{subject to} \quad \boldsymbol{a}^H\boldsymbol{w} = 1 \tag{4.44}$$

この最適化問題は，A.3.2 項で述べるラグランジュの未定乗数法を用いて解くことができる。式 (A.102) および式 (A.103) において，$\boldsymbol{C} \to \boldsymbol{a}$，$\boldsymbol{f} \to 1$ とすることにより，コスト関数（式 (A.104)）は次式のようになる。

$$J \;=\; \boldsymbol{w}^H\boldsymbol{R}\boldsymbol{w} + 2\mathrm{Re}\left(\lambda^*(\boldsymbol{a}^H\boldsymbol{w} - 1)\right) \tag{4.45}$$

このコスト関数 J を最小化する解は，式 (A.108) から，次式のように求まる。

$$\hat{\boldsymbol{w}}_{\mathrm{MV}} = \frac{\boldsymbol{R}^{-1}\boldsymbol{a}}{\boldsymbol{a}^H\boldsymbol{R}^{-1}\boldsymbol{a}} \tag{4.46}$$

4.5.2 MV ビームフォーマの応答

ここでは，MV ビームフォーマの応答を前節の ML ビームフォーマと対比させながらみていく。**図 4.12** は，図 4.11 と同様の周波数応答を MV ビームフォーマについて描いたものである。図 (a) の空間相関行列 $\boldsymbol{R}$ の推定条件は，ML ビームフォーマの場合と同じである。図 (b) では，相関行列の理論値 $\boldsymbol{R} = \boldsymbol{A}\boldsymbol{\Gamma}\boldsymbol{A}^H + \sigma\boldsymbol{I}$ が用いられている。この図から，理論値（図 (b)）は ML ビームフォーマと変わらないが，実測値（図 (a)）における雑音の減衰量は，MV ビームフォーマのほうが少ない。

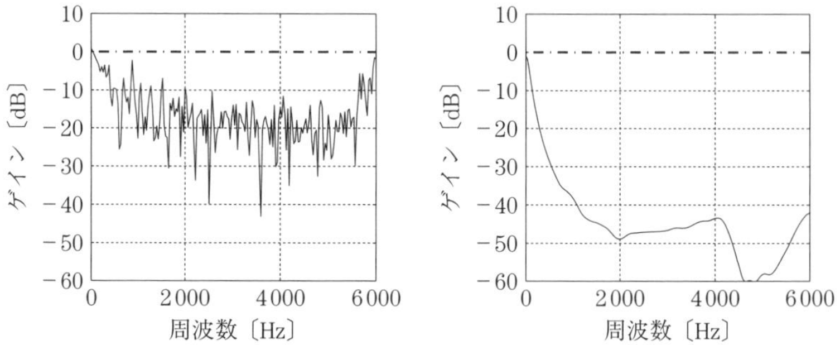

(a)　$\boldsymbol{R}$ に実測値を使用　　(b)　$\boldsymbol{R}$ に理論値を使用

図 **4.12**　MV ビームフォーマの周波数応答。一点鎖線は目的音源方向（0°），実線は雑音源方向（40°）

この原因は，つぎのように考えられる。ML 法と MV 法の導出過程はまったく異なるが，両者のフィルタ係数ベクトルを比較した表 4.1 をみると，ML 法と MV 法の違いは，用いている空間相関行列だけである。空間相関行列の役割は，雑音源の方向情報を与え，雑音源方向に死角を形成することにある。このため，ML 法のように，雑音の空間相関行列 $\boldsymbol{K}$ を用いることが理想であるが，このためには，雑音のみを観測できることが条件となる。応用によっては，この条件が望めない場合もあるので，MV 法では，雑音の空間相関行列 $\boldsymbol{K}$ を，目的信号と雑音の混ざり合った観測値の空間相関行列 $\boldsymbol{R}$ で「代用」している。フィルタの学習にとっては，目的信号は外乱となり，学習を妨げる。外乱の影響は，系が定常であれば，長時間平均をとることで 0 に収束するが，有限のサンプルから相関行列を推定する場合は，この例のように影響が現れる。

4.5.3　複数拘束条件への拡張

ここでは，前節で述べた単一の拘束条件（式 (4.42)）を，次式のような N_c 個の複数拘束条件に拡張し，MV 法を一般化する[2),8)]。

$$\boldsymbol{c}_i^H \boldsymbol{w} \;=\; f_i, \qquad i = 1, \cdots, N_c \tag{4.47}$$

これを行列形式で表すと，次式のようになる。

$$\boldsymbol{C}^H \boldsymbol{w} = \boldsymbol{f} \tag{4.48}$$

ここで，$\boldsymbol{C} = [\boldsymbol{c}_1, \cdots, \boldsymbol{c}_{N_c}]$，および $\boldsymbol{f} = [f_1, \cdots, f_{N_c}]^T$。コスト関数 J は，式 (A.104) から，次式のようになる。

$$J = \boldsymbol{w}^H \boldsymbol{R} \boldsymbol{w} + 2\mathrm{Re}(\boldsymbol{\lambda}^H (\boldsymbol{C}^H \boldsymbol{w} - \boldsymbol{f})) \tag{4.49}$$

コスト関数 J を最小化する最適フィルタは，式 (A.108) から，以下のように求まる。

$$\hat{\boldsymbol{w}}_{\mathrm{MV}} = \boldsymbol{R}^{-1} \boldsymbol{C} \left(\boldsymbol{C}^H \boldsymbol{R}^{-1} \boldsymbol{C} \right)^{-1} \boldsymbol{f} \tag{4.50}$$

例 4.3　複数拘束条件を用いた MV ビームフォーマ

図 4.13 は，目的音源方向に加え，その近傍にも全域通過特性の拘束条件を与えた例である。この例では，目的音源を 0°，雑音源方向を 60° とし，$(-5°, 0°, +5°)$ の 3 方向に，次式のような全域通過の拘束条件を付けている。

$$\boldsymbol{C} \ = \ [\boldsymbol{a}(-5°), \boldsymbol{a}(0°), \boldsymbol{a}(+5°)], \qquad \boldsymbol{f} \ = \ [1, 1, 1]^T$$

ここで，$\boldsymbol{a}(\theta)$ は，θ 方向のアレイ・マニフォールド・ベクトルである。フィルタ設計には，空間相関行列の理論値 $\boldsymbol{R} = \boldsymbol{A\Gamma A}^H + \sigma \boldsymbol{I}$ を用いた。3 方

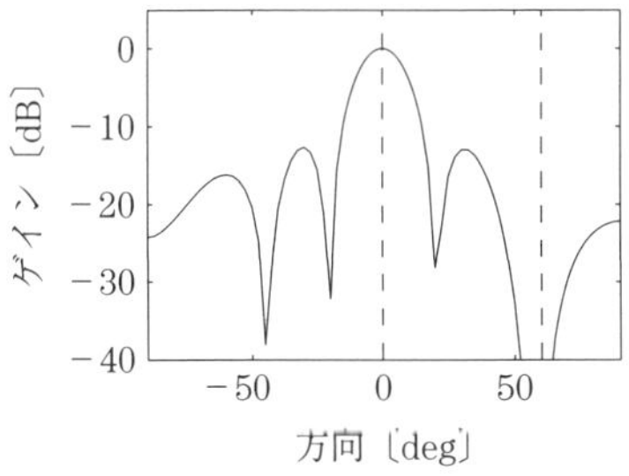

(a)　$N_c = 1$（単数拘束）

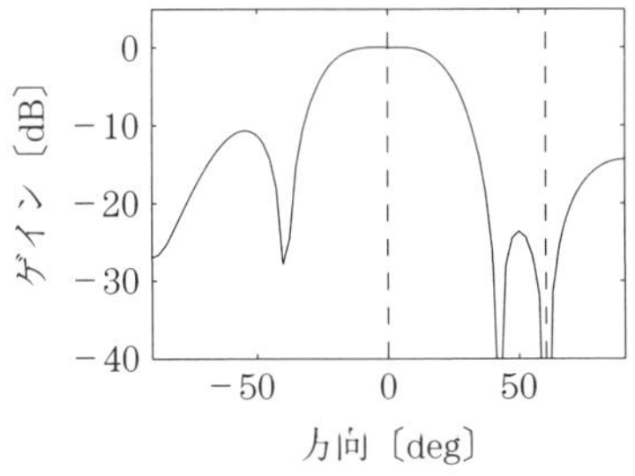

(b)　$N_c = 3$（複数拘束）

図 4.13　複数拘束を用いた MV ビームフォーマのビームパターン

向の拘束を付けた図 (b) と，0° のみに拘束を付けた図 (a) を比較すると，図 (b) のビームが太くなっているのがわかる。こうすることにより，目的音源の微少な位置変化などに対応することができる。これと同様の効果は，**微分拘束**（derivative constraints）を用いても得ることができる[9]。

4.6 一般化サイドローブキャンセラ（GSC）

4.6.1 GSC の 導 出

一般化サイドローブキャンセラ（generalized sidelobe canceller, GSC）[10] は，前節の MV 法の特殊型であるが，多チャネルの適応フィルタと固定フィルタの組合せで構成することにより，拡張性を向上させている。GSC の動作を理解するため，**図 4.14** に，センサ数 $M=3$ の場合の単純な GSC のブロック図を示す。観測信号 $\boldsymbol{z}=[z_1,\cdots,z_M]^T$ は，上段と下段に分けられる。上段は固定型のビームフォーマであり，4.2 節で述べた DS ビームフォーマや，DS 法の空間特性を改善した空間ディジタルフィルタなどが用いられる[11]。一方，下

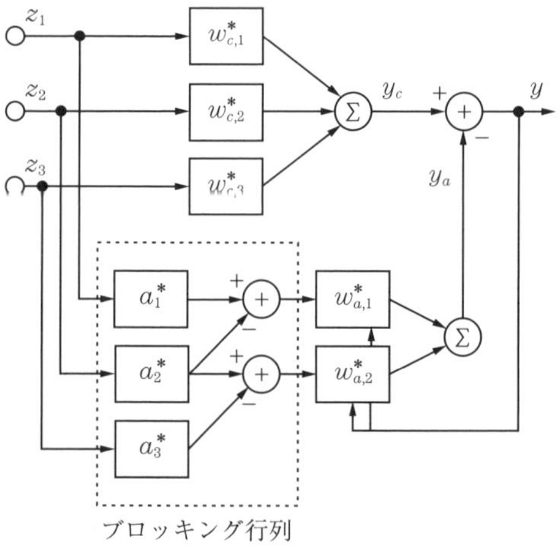

図 4.14　$M=3$ の場合の単純な GSC のブロック図

段では，まず，ステアリングベクトル†$\boldsymbol{a}^H = [a_1^*, \cdots, a_M^*]$ により観測信号における目的信号の位相がそろえられ，その後，隣同士のチャネルの引き算が行われる。この操作により，位相のそろった目的信号が相殺され，下段のフィルタ $\boldsymbol{w}_a^H = [w_{a,1}^*, \cdots, w_{a,M-1}^*]$ の入力には，雑音成分のみが残る。フィルタ $\boldsymbol{w}_a$ は，$M-1$ 入力 1 出力の適応フィルタであり，上段の固定ビームフォーマの出力 y_c から，$\boldsymbol{w}_a$ の入力と相関のある成分を差し引く。

図 4.15 は，図 4.14 を一般化したものである。システムの入出力は，次式のように表される。

$$y = y_c - y_a = \boldsymbol{w}_c^H \boldsymbol{z} - \boldsymbol{w}_a^H \boldsymbol{B}^H \boldsymbol{z} \tag{4.51}$$

$$= (\boldsymbol{w}_c - \boldsymbol{B}\boldsymbol{w}_a)^H \boldsymbol{z} \tag{4.52}$$

ここで，$\boldsymbol{B}^H$ は，$(M - N_c) \times M$ の行列であり，**ブロッキング行列**（blocking matrix）と呼ばれる。図 4.14 では，隣同士のチャネルを引き算し，下段の入力から目的信号を除去（ブロック）する操作がこれにあたる。具体的なブロッキング行列については，4.6.2 項で述べる。

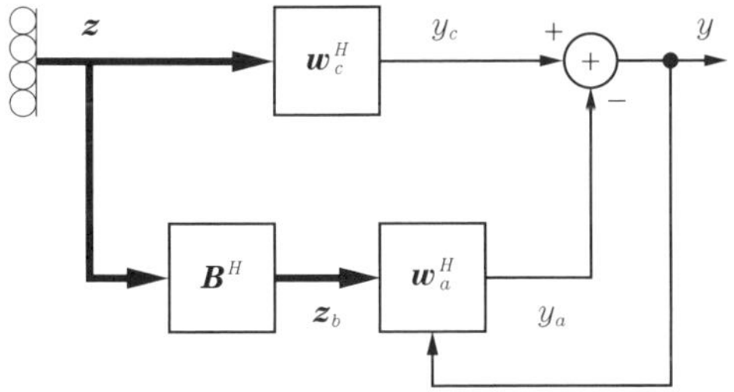

図 4.15 一般化した GSC のブロック図

続いて，適応フィルタ $\boldsymbol{w}_a$ の最適値を求めてみよう[2),12)]。次式のフィルタ係数ベクトルを定義すると

$$\boldsymbol{w} := \boldsymbol{w}_c - \boldsymbol{B}\boldsymbol{w}_a \tag{4.53}$$

式 (4.52) は次式のように書ける。

† 便宜上，式 (4.12) の係数 $1/M$ は省略してある。

$$y = \boldsymbol{w}^H \boldsymbol{z} \tag{4.54}$$

このシステムに対して，4.5 節で述べた MV 法を適用すると

$$\hat{\boldsymbol{w}} = \arg\min_{\boldsymbol{w}} \boldsymbol{w}^H \boldsymbol{R} \boldsymbol{w} \tag{4.55}$$

$$\text{subject to} \;\; \boldsymbol{C}^H \boldsymbol{w} = \boldsymbol{f} \tag{4.56}$$

ここで，$\boldsymbol{C}^H$ は $N_c \times M$ の行列，$\boldsymbol{f}$ は $N_c \times 1$ のベクトルであり，N_c は拘束条件の数を表す。最小化問題式 (4.55) におけるコスト関数は，式 (4.53) を代入することにより，次式のように書き直せる。

$$J = (\boldsymbol{w}_c - \boldsymbol{B}\boldsymbol{w}_a)^H \boldsymbol{R} (\boldsymbol{w}_c - \boldsymbol{B}\boldsymbol{w}_a) \tag{4.57}$$

これを $\boldsymbol{w}_a^*$ について偏微分し（A.2.2 項参照），$\boldsymbol{0}$ とおくと

$$\boldsymbol{B}^H \boldsymbol{R} (\boldsymbol{w}_c - \boldsymbol{B}\boldsymbol{w}_a) \;=\; \boldsymbol{0} \tag{4.58}$$

これから，最適フィルタは次式のようになる。

$$\hat{\boldsymbol{w}}_a = (\boldsymbol{B}^H \boldsymbol{R} \boldsymbol{B})^{-1} \boldsymbol{B}^H \boldsymbol{R} \boldsymbol{w}_c \tag{4.59}$$

一方，通常の複数拘束の MV 法の最適解は，式 (4.50) で与えられる。この解と，式 (4.59) から得られる最適解 $\boldsymbol{w}_c - \boldsymbol{B}\hat{\boldsymbol{w}}_a$ を等しいとおくと，次式を得る。

$$\left(\boldsymbol{I} - \boldsymbol{B}(\boldsymbol{B}^H \boldsymbol{R} \boldsymbol{B})^{-1} \boldsymbol{B}^H \boldsymbol{R}\right) \boldsymbol{w}_c \;=\; \boldsymbol{R}^{-1} \boldsymbol{C} \left(\boldsymbol{C}^H \boldsymbol{R}^{-1} \boldsymbol{C}\right)^{-1} \boldsymbol{f} \tag{4.60}$$

この両辺に左から $\boldsymbol{B}^H \boldsymbol{R}$ をかけることにより，次式を得る。

$$\boldsymbol{B}^H \boldsymbol{C} \left(\boldsymbol{C}^H \boldsymbol{R}^{-1} \boldsymbol{C}\right)^{-1} \boldsymbol{f} \;=\; \boldsymbol{0} \tag{4.61}$$

式 (4.61) が $\boldsymbol{R}$ によらず成立するための条件は，次式となる。

$$\boldsymbol{B}^H \boldsymbol{C} = \boldsymbol{0} \tag{4.62}$$

4.6.2 ブロッキング行列

前節の議論から，ブロッキング行列の具備すべき条件は，以下の 2 点である[2)]。

1) $\boldsymbol{B}^H\boldsymbol{C} = \boldsymbol{0}$

2) $\boldsymbol{B}^H$ の行ベクトルが線形独立　　$(\mathrm{rank}(\boldsymbol{B}) = M - N_c)$

まず，条件 1 についてみてみよう。簡単のため，拘束条件として，単一の目的信号方向に対する全域通過特性（式 (4.42)）を用いる。この場合，式 (4.62) は以下のようになる。

$$\boldsymbol{B}^H\boldsymbol{C} = \boldsymbol{B}^H\boldsymbol{a} = \boldsymbol{0}_{(M-1)\times 1} \tag{4.63}$$

観測信号が次式のように目的信号と雑音の和で表されるとする。

$$\boldsymbol{z} \;=\; \boldsymbol{a}s + \boldsymbol{v} \tag{4.64}$$

式 (4.63) から，ブロッキング行列の出力 $\boldsymbol{z}_b$ は次式のようになる。

$$\boldsymbol{z}_b = \boldsymbol{B}^H\boldsymbol{z} \;=\; \boldsymbol{B}^H(\boldsymbol{a}s + \boldsymbol{v}) \;=\; \boldsymbol{B}^H\boldsymbol{v} \tag{4.65}$$

式 (4.65) から，目的信号 s がブロックされ，雑音 $\boldsymbol{v}$ に関する項だけが残る。

続いて，条件 2 について考える。入力 $\boldsymbol{z}$ は，$\boldsymbol{B}^H$ の各行ベクトルによって，適応フィルタ $\boldsymbol{w}_a$ の入力 $\boldsymbol{z}_b$ へ変換される。$\boldsymbol{B}^H$ の行ベクトルに線形従属なものがあると，適応フィルタ $\boldsymbol{w}_a$ の入力の実効的なチャネル数が減少し，適応フィルタにより制御できる雑音源の数も低下する。

ブロッキング行列には，上述の条件を満たせば，どのようなものを選んでも良い。一例として，図 4.14 に示したブロッキング行列を具体的に書いてみると，次式のようになる。

$$\begin{aligned}\boldsymbol{B}^H &= \boldsymbol{B}_2^H\boldsymbol{B}_1^H \\ &= \begin{bmatrix} 1 & -1 & 0 & \cdots & 0 \\ 0 & 1 & -1 & 0 & \vdots \\ \vdots & \ddots & \ddots & \ddots & \vdots \\ 0 & \cdots & 0 & 1 & -1 \end{bmatrix} \begin{bmatrix} a_1^* & 0 & \cdots & 0 \\ 0 & a_2^* & 0 & \vdots \\ \vdots & \ddots & \ddots & \vdots \\ 0 & \cdots & 0 & a_M^* \end{bmatrix}\end{aligned} \tag{4.66}$$

$$
= \begin{bmatrix} a_1^* & -a_2^* & 0 & \cdots & 0 \\ 0 & a_2^* & -a_3^* & 0 & \vdots \\ \vdots & \ddots & \ddots & \ddots & \vdots \\ 0 & \cdots & 0 & a_{M-1}^* & -a_M^* \end{bmatrix} \tag{4.67}
$$

$\boldsymbol{B}_1^H$ は，ステアリングベクトル $\boldsymbol{a}^H$ の要素を各チャネルに乗算し，目的信号の位相をそろえる。$\boldsymbol{B}_2^H$ は隣同士のチャネルを引き算し，目的信号を消去する。a_m が位相項だけではなく，$a_m = A_m \exp(-j\omega\tau_m)$ のように振幅項 A_m を持つ場合は，DS ビームフォーマの場合（式 (4.14)）と同様に，$\boldsymbol{B}_1^H$ の対角要素を，正規化を施した $a_m^*/(a_m^* a_m)$ で置き換える。

上述のブロッキング行列の設計には，目的音源のアレイ・マニフォールド・ベクトル $\boldsymbol{a}$ が既知でなければならない。$\boldsymbol{a}$ は音源定位などを用いて推定可能であるが，推定誤差などにより実際の $\boldsymbol{a}$ と異なる場合がある。この場合，ブロッキング行列から目的信号が漏れ，次段の適応フィルタ $\boldsymbol{w}_a$ により，上段の目的信号（の一部）が差し引かれ，出力 y における目的信号にひずみが生じる場合がある。このようなひずみを低減するため，ブロッキング行列にも適応フィルタを用いる方法が，Hoshuyama *et al.* (1999)[13] により提案されている。

4.6.3　空間ウィナーフィルタを用いた表現

図 4.15 に示したように，GSC 内部の中間的な信号を次式のように定義する。

$$
\boldsymbol{z}_b := \boldsymbol{B}^H \boldsymbol{z}, \quad y_c := \boldsymbol{w}_c^H \boldsymbol{z} \tag{4.68}
$$

これらにより，最適フィルタ（式 (4.59)）は，次式のように書き直せる。

$$
\begin{aligned}
\hat{\boldsymbol{w}}_a &= (\boldsymbol{B}^H E[\boldsymbol{z}\boldsymbol{z}^H]\boldsymbol{B})^{-1} \boldsymbol{B}^H E[\boldsymbol{z}\boldsymbol{z}^H]\boldsymbol{w}_c \\
&= \left(E[(\boldsymbol{B}^H \boldsymbol{z})(\boldsymbol{B}^H \boldsymbol{z})^H] \right)^{-1} E[(\boldsymbol{B}^H \boldsymbol{z})(\boldsymbol{w}_c^H \boldsymbol{z})^H] \\
&= (E[\boldsymbol{z}_b \boldsymbol{z}_b^H])^{-1} E[\boldsymbol{z}_b y_c^H]
\end{aligned} \tag{4.69}
$$

ここで，次式の相関行列 $\boldsymbol{R}_b$ および相関ベクトル $\boldsymbol{r}_{bc}$ を定義する。

$$\boldsymbol{R}_b := E[\boldsymbol{z}_b\boldsymbol{z}_b^H], \quad \boldsymbol{r}_{bc} := E[\boldsymbol{z}_b y_c^H] \tag{4.70}$$

これらにより，式 (4.69) は，次式のように簡略化される。

$$\hat{\boldsymbol{w}}_a = \boldsymbol{R}_b^{-1}\boldsymbol{r}_{bc} \tag{4.71}$$

式 (4.71) は，望みの応答を y_c，フィルタの入力を $\boldsymbol{z}_b$ とした場合の，空間ウィナーフィルタの最適解（式 (4.31)）となっていることがわかる。

4.6.4 適応アルゴリズムを用いた応用例

GSC を含め，適応ビームフォーマでは，逐次更新式の形の適応アルゴリズムが導出されている場合が多い。ここでは，適応アルゴリズムを用いた適応ビームフォーマの例題として，GSC における適応フィルタの部分に 3 章で述べた適応アルゴリズムを導入し，その効果をみてみよう。4.6.3 項で述べたように，GSC の適応フィルタ $\boldsymbol{w}_a$ の部分をウィナーフィルタの形に書き直すことにより，適応アルゴリズムの導入は至って簡単である。ここでは，3 章で述べた NLMS 法，APA 法および RLS 法を使ってみよう。4.6.3 項で述べたウィナーフィルタの入出力を参考に，3.1.1 項で示した適応アルゴリズムにおける入力ベクトルおよび望みの応答を，次式のように変更する。

$$\boldsymbol{u}_k \to \boldsymbol{z}_{b,k}, \quad d_k \to y_{c,k} \tag{4.72}$$

例として，GSC の適応フィルタ $\boldsymbol{w}_a$ を更新する APA アルゴリズムを書き下してみると，次式のようになる。

$$\boldsymbol{z}_k = [Z_1(\omega,k),\cdots,Z_M(\omega,k)]^T \tag{4.73}$$

$$\boldsymbol{z}_{b,k} = \boldsymbol{B}^H\boldsymbol{z}_k \tag{4.74}$$

$$\boldsymbol{Z}_{b,k} = [\boldsymbol{z}_{b,k-L_s+1},\cdots,\boldsymbol{z}_{b,k}] \tag{4.75}$$

$$y_{c,k} = \boldsymbol{w}_c^H\boldsymbol{z}_k \tag{4.76}$$

$$\boldsymbol{y}_{c,k} = [y_{c,k-L_s+1},\cdots,y_{c,k}] \tag{4.77}$$

$$\boldsymbol{\xi}_k = \boldsymbol{y}_{c,k} - \boldsymbol{w}_{a,k-1}^H\boldsymbol{Z}_{b,k} \tag{4.78}$$

$$\boldsymbol{w}_{a,k} = \boldsymbol{w}_{a,k-1} + \mu \boldsymbol{Z}_{b,k} \left(\alpha \boldsymbol{I} + \boldsymbol{Z}_{b,k}^H \boldsymbol{Z}_{b,k} \right)^{-1} \boldsymbol{\xi}_k^H \tag{4.79}$$

図 4.16 は，反復回数が $k = 256$，512 および 1 024 回の場合のビームパターンを示している。データの収録条件などは，4.4.2 項と同様である。適応アルゴリズムにおけるパラメータは，$\mu = 0.04$（NLMS 法），$\mu = 0.01$，$L = 6$（APA 法）とした。この図から，反復回数が増えるにつれ，雑音源方向 $\theta = 40°$ に指向性の死角が次第に形成されていくのがわかる。

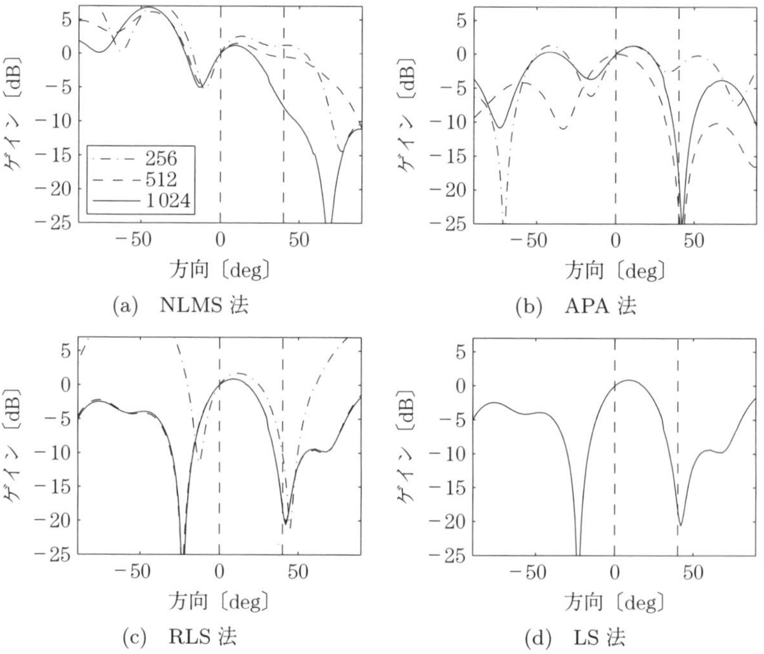

図 4.16　適応アルゴリズムを用いた GSC のビームパターン。反復回数が $k = 256$，512 および 1 024 回の場合を描いてある。LS 法は比較のために示してある

図 4.17 は，GSC の雑音源方向のゲインを，反復回数の関数として描いたものである。この図から，RLS 法は，反復回数が 400 程度でほぼ収束している。また，図 4.16(c) においても，$k = 512$ と $k = 1\,024$ のビームパターンはほとんど同じであり，図 (d) の LS 法のそれと変わらない。LS 法では，$\boldsymbol{R}_b$ および

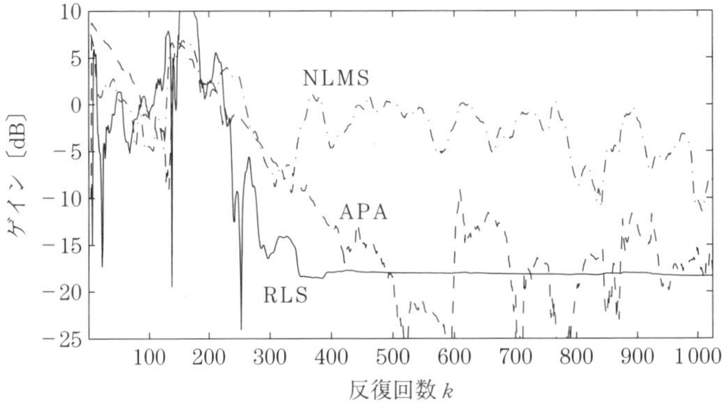

図 **4.17** GSC の雑音源方向ゲインの反復による変化

$\boldsymbol{r}_{bc}$ を 1024 点のサンプルから計算し，フィルタ係数 $\boldsymbol{w}_a$ を，正規方程式の解（式 (4.71)）として求めている。一方，RLS 法は，正規方程式の解を逐次的に求める手法であるから，両者が RLS 法の収束後に一致するのは，当然の結果である。収束速度に関しては，通常の RLS 法は，フィルタタップ数 M $(=8)$ の 2 倍程度の反復で収束することが知られている[14)]。一方，図 4.17 をみると，ゲインが落ち着くまでには，これよりもかなり長い時間がかかっている。これは，4.5 節で述べたように，望みの応答 $y_{c,k}$ に含まれる目的信号が，フィルタの学習にとっては外乱となるためであると考えられる。

一方，図 4.17 における APA 法の曲線をみると，RLS 法に比べ −20 dB 程度の減衰を得るまでに，多少時間がかかっている。また，NLMS 法では，さらに収束速度が遅い。これは，3 章において表 3.3 で示したように，空間相関行列の逆行列の算出に用いるサンプル数が，RLS→APA→NLMS の順に低下していることから理解される。

4.7 一般化固有値分解を用いる方法

Doclo *et al.* (2001,2002)[15),16)] は，4.3 節で述べた空間ウィナーフィルタに**一般化固有値分解**（generalized eigenvalue decomposition，GEVD）を導入

することにより，フィルタ処理を固有空間で行う手法を提案した†。この手法では，3.1.3 項で述べた周波数領域でのウィナーフィルタと同様，望みの応答（すなわち目的信号）を直接フィルタの導出に用いる代わりに，固有空間での SN 比を用いることにより，空間ウィナーフィルタを実現している。

4.7.1　空間ウィナーフィルタの導出

式 (1.39) で示したように，観測ベクトル $\boldsymbol{z}$ が，目的信号の観測値 $\boldsymbol{z}_s = \boldsymbol{A}\boldsymbol{s}$ と雑音 $\boldsymbol{v}$ からなるものとする。

$$\boldsymbol{z} = \boldsymbol{z}_s + \boldsymbol{v} \tag{4.80}$$

前節までに述べた一般的なビームフォーマでは，目的音源の数を $N = 1$ とし，音源信号 s を回復することを考えた。本節では，目的音源の観測値 $\boldsymbol{z}_s$ を，次式のようなフィルタにより回復することを考える。

$$\hat{\boldsymbol{z}}_s = \boldsymbol{y} = \boldsymbol{W}^H \boldsymbol{z} \tag{4.81}$$

ウィナーフィルタにおける望みの応答を $\boldsymbol{d} = \boldsymbol{z}_s$ とし，次式の誤差を定義する。

$$\boldsymbol{\varepsilon} := \boldsymbol{d} - \boldsymbol{y} = \boldsymbol{d} - \boldsymbol{W}^H \boldsymbol{z} \tag{4.82}$$

望みの応答 $\boldsymbol{d}$ および誤差 $\boldsymbol{\varepsilon}$ が $M \times 1$ のベクトルであることに注意する。二乗平均誤差は次式のようになる。

$$\begin{aligned} J &= E[\|\boldsymbol{\varepsilon}\|^2] \\ &= E[(\boldsymbol{d} - \boldsymbol{W}^H\boldsymbol{z})^H(\boldsymbol{d} - \boldsymbol{W}^H\boldsymbol{z})] \\ &= E[\boldsymbol{d}^H\boldsymbol{d}] - E[\boldsymbol{d}^H\boldsymbol{W}^H\boldsymbol{z}] - E[\boldsymbol{z}^H\boldsymbol{W}\boldsymbol{d}] + E[\boldsymbol{z}^H\boldsymbol{W}\boldsymbol{W}^H\boldsymbol{z}] \end{aligned} \tag{4.83}$$

あとは，通常のウィナーフィルタと同様，フィルタ係数で偏微分し $\boldsymbol{0}$ とおくこ

† 文献では一般化固有値分解（GEVD）の代わりに一般化特異値分解（GSVD）が用いられており，定式化の方法に若干の差はあるが，本質的な差はない。本書では，雑音の白色化の効果がわかりやすい GEVD を用いて定式化を行う。

とで，最適解が求まるのだが，3.1 節および 4.3 節と異なり，フィルタ係数がベクトルではなく行列であるので，最適解の導出を一通り述べておく。トレースによる順序の交換（式 (A.7)），および行列についての微分（式 (A.75)）を用いて，式 (4.83) を $\boldsymbol{W}^*$ について偏微分する。

$$\begin{aligned}\frac{\partial J}{\partial \boldsymbol{W}^*} &= \frac{\partial}{\partial \boldsymbol{W}^*}\left\{-E[\mathrm{tr}(\boldsymbol{d}^H\boldsymbol{W}^H\boldsymbol{z})] + E[\mathrm{tr}(\boldsymbol{z}^H\boldsymbol{W}\boldsymbol{W}^H\boldsymbol{z})]\right\}\\ &= \frac{\partial}{\partial \boldsymbol{W}^*}\left\{-E[\mathrm{tr}(\boldsymbol{z}\boldsymbol{d}^H\boldsymbol{W}^H)] + E[\mathrm{tr}(\boldsymbol{z}\boldsymbol{z}^H\boldsymbol{W}\boldsymbol{W}^H)]\right\}\\ &= -E[\boldsymbol{z}\boldsymbol{d}^H] + E[\boldsymbol{z}\boldsymbol{z}^H]\boldsymbol{W} \end{aligned} \tag{4.84}$$

ここで，次式の相関行列 $\boldsymbol{R}_z$ および $\boldsymbol{R}_{zd}$ を定義する。

$$\boldsymbol{R}_z := E[\boldsymbol{z}\boldsymbol{z}^H], \quad \boldsymbol{R}_{zd} := E[\boldsymbol{z}\boldsymbol{d}^H] \tag{4.85}$$

式 (4.85) を式 (4.84) に代入し，$\boldsymbol{0}$ とおくと，次式の正規方程式を得る。

$$\boldsymbol{R}_z\boldsymbol{W} = \boldsymbol{R}_{zd} \tag{4.86}$$

式 (4.86) を解くことにより，最適解は次式のように求まる。

$$\hat{\boldsymbol{W}} = \boldsymbol{R}_z^{-1}\boldsymbol{R}_{zd} \tag{4.87}$$

4.7.2 一般化固有値分解による最適フィルタの導出

まず，本節で用いる一般化固有値分解について簡単に述べておく（詳しくは A.1.3 項参照)。目的音源の観測値 $\boldsymbol{z}_s$ および雑音 $\boldsymbol{v}$ に対する空間相関行列を次式のように定義しておく。

$$\boldsymbol{R}_s := E[\boldsymbol{z}_s\boldsymbol{z}_s^H], \quad \boldsymbol{K} := E[\boldsymbol{v}\boldsymbol{v}^H] \tag{4.88}$$

空間相関行列のペア $(\boldsymbol{R}_z, \boldsymbol{K})$ に対する一般化固有値分解は，次式を満たす。

$$\boldsymbol{R}_z\boldsymbol{e}_i = \lambda_i\boldsymbol{K}\boldsymbol{e}_i \tag{4.89}$$

ここで，λ_i と $\boldsymbol{e}_i$ は，それぞれ固有値および固有ベクトルである。一般化固有値分解における固有ベクトルには，式 (A.59) および式 (A.60) から，次式のような**同時対角化**（joint diagonalization）を行う性質がある。

$$\boldsymbol{E}^H \boldsymbol{K} \boldsymbol{E} = \boldsymbol{\Sigma} \tag{4.90}$$

$$\boldsymbol{E}^H \boldsymbol{R}_z \boldsymbol{E} = \boldsymbol{\Lambda} \tag{4.91}$$

ここで，$\boldsymbol{\Lambda} = \mathrm{diag}(\lambda_1, \ldots, \lambda_M)$ および $\boldsymbol{E} = [\boldsymbol{e}_1, \cdots, \boldsymbol{e}_M]$ は，固有値行列および固有ベクトル行列である。また，対角行列 $\boldsymbol{\Sigma}$ は，次式のような単位行列となる。

$$\boldsymbol{\Sigma} = \mathrm{diag}(\sigma_1, \ldots, \sigma_M) = \boldsymbol{I} \tag{4.92}$$

ここで，あえて，$\boldsymbol{\Sigma}$ を $\boldsymbol{I}$ と書かずにおくのは，後述の SN 比の考え方を説明するための便宜上である。

自己相関行列の逆行列 $\boldsymbol{R}_z^{-1}$ は，式 (4.91) から，次式のようになる。

$$\boldsymbol{R}_z^{-1} = \boldsymbol{E} \boldsymbol{\Lambda}^{-1} \boldsymbol{E}^H \tag{4.93}$$

一方，目的信号 $\boldsymbol{z}_s$ と雑音 $\boldsymbol{v}$ が無相関であると仮定すると

$$\boldsymbol{R}_{zd} = E[(\boldsymbol{z}_s + \boldsymbol{v})\boldsymbol{z}_s^H] = \boldsymbol{R}_s \tag{4.94}$$

$$\boldsymbol{R}_z = E[(\boldsymbol{z}_s + \boldsymbol{v})(\boldsymbol{z}_s + \boldsymbol{v})^H] = \boldsymbol{R}_s + \boldsymbol{K} \tag{4.95}$$

これらから，次式が成り立つ。

$$\boldsymbol{R}_{zd} = \boldsymbol{R}_z - \boldsymbol{K} \tag{4.96}$$

式 (4.96) は，さらに式 (4.90) および式 (4.91) を用いて，次式のように書くことができる。

$$\boldsymbol{R}_{zd} = \boldsymbol{E}^{-H} \boldsymbol{\Lambda} \boldsymbol{E}^{-1} - \boldsymbol{E}^{-H} \boldsymbol{\Sigma} \boldsymbol{E}^{-1} = \boldsymbol{E}^{-H} (\boldsymbol{\Lambda} - \boldsymbol{\Sigma}) \boldsymbol{E}^{-1} \tag{4.97}$$

式 (4.93) と式 (4.97) を式 (4.87) に代入すると

$$\begin{aligned} \boldsymbol{W} &= \boldsymbol{E}\boldsymbol{\Lambda}^{-1}\boldsymbol{E}^H\boldsymbol{E}^{-H}(\boldsymbol{\Lambda}-\boldsymbol{\Sigma})\boldsymbol{E}^{-1} \\ &= \boldsymbol{E}(\boldsymbol{I}-\boldsymbol{\Lambda}^{-1}\boldsymbol{\Sigma})\boldsymbol{E}^{-1} \\ &= \boldsymbol{E}\boldsymbol{G}\boldsymbol{E}^{-1} \end{aligned} \tag{4.98}$$

ここで，$\boldsymbol{G}$ は次式で定義される。

$$\boldsymbol{G} := \boldsymbol{I}-\boldsymbol{\Lambda}^{-1}\boldsymbol{\Sigma} \tag{4.99}$$

$\boldsymbol{G}$ は対角行列であり，その要素は次式のようになる。

$$\boldsymbol{G} = \mathrm{diag}(g_1,\cdots,g_M) = \mathrm{diag}\left(1-\frac{\sigma_1}{\lambda_1},\cdots,1-\frac{\sigma_M}{\lambda_M}\right) \tag{4.100}$$

4.7.3　周波数領域のウィナーフィルタとの比較

ここでは，3.1.3 項で述べた周波数領域のウィナーフィルタ（式 (3.23)）と対比させながら，一般化固有値分解を用いた空間ウィナーフィルタの働きをみてみよう。式 (4.98) を式 (4.81) に代入すると，次式を得る。

$$\boldsymbol{y} = \boldsymbol{E}^{-H}\boldsymbol{G}\boldsymbol{E}^H\boldsymbol{z} \tag{4.101}$$

この中で，フィルタ部分 $\boldsymbol{W}^H = \boldsymbol{E}^{-H}\boldsymbol{G}\boldsymbol{E}^H$ は，図 **4.18**(a) に示すように，**固有空間** (eigenspace) への変換 ($\boldsymbol{E}^H$) → 固有空間でのフィルタリング ($\boldsymbol{G}$) → 観測空間への逆変換 ($\boldsymbol{E}^{-H}$)，と考えるとわかりやすい。

まず，最初の $\boldsymbol{E}^H$ は，固有ベクトル $\{\boldsymbol{e}_1,\cdots,\boldsymbol{e}_M\}$ が張る固有空間への変換を表す。これは，例 A.1 で述べた離散フーリエ変換（DFT）の例から類推するとわか

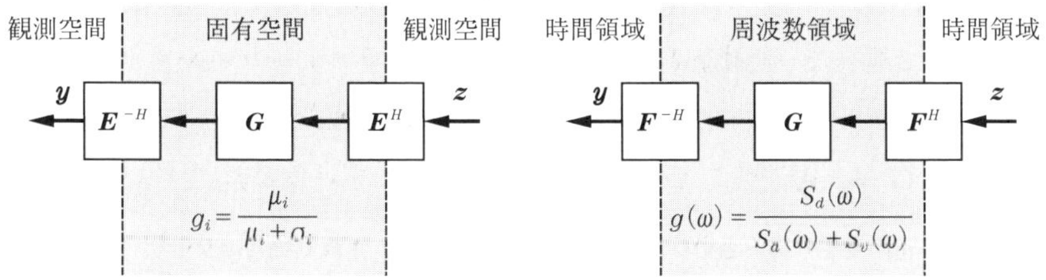

(a)　固有空間ウィナーフィルタ　　(b)　周波数領域ウィナーフィルタ

図 **4.18**　一般化固有値分解を用いる方法（固有空間ウィナーフィルタ）と周波数領域ウィナーフィルタとの比較

りやすい。DFT では，式 (A.45) に示すように，基底ベクトル $\{\boldsymbol{f}_0, \cdots, \boldsymbol{f}_{N-1}\}$ から構成される行列 $\boldsymbol{F}^H$ を用いて，基底ベクトル上に入力データ $\boldsymbol{z}$ を射影することにより，離散フーリエ係数が求まる。式 (4.101) においても，固有空間の基底ベクトルから構成される $\boldsymbol{E}^H$ により，固有空間への変換が行われる[†1]。

続いて，ゲイン $\boldsymbol{G}$ についてみてみよう。$\boldsymbol{G}$ の要素である g_i は，固有ベクトル $\boldsymbol{e}_i$ が張る部分空間におけるゲインである。一方，5.1 節で述べるように，式 (4.90) および式 (4.91) から，σ_i および λ_i は，$\boldsymbol{e}_i$ が張る部分空間における雑音 $\boldsymbol{v}$ および観測値 $\boldsymbol{z}$ の成分の平均パワーと考えることができる。ただし，このパワーは，5.1.4 項で述べるように，雑音を白色化した後のパワーである。雑音白色化の過程で，5.2.4 項で示すように，有色雑音は抑制される。目的信号 $\boldsymbol{z}_s$ と雑音 $\boldsymbol{v}$ が無相関であれば，式 (5.29) で示すように，次式が成り立つ[†2]。

$$\lambda_i = \mu_i + \sigma_i \tag{4.102}$$

ここで，μ_i は $\boldsymbol{e}_i$ が張る部分空間における目的信号 $\boldsymbol{z}_s$ の成分のパワーである。式 (4.102) を用いて，g_i は次式のように書ける。

$$g_i = \frac{\lambda_i - \sigma_i}{\lambda_i} = \frac{\mu_i}{\mu_i + \sigma_i} \tag{4.103}$$

これは，周波数領域のウィナーフィルタのゲイン（式 (3.23)）の形式と一致する。信号のパワー μ_i が雑音のパワー σ_i に比べて大きい（高 SNR）場合は，$\mu_i/(\mu_i + \sigma_i) \to 1$ となり，フィルタは通過となる。一方，信号のパワーが雑音に比べて小さい（低 SNR）場合は，$\mu_i/(\mu_i + \sigma_i) \to 0$ となり，フィルタは遮断となる。

最後に，$\boldsymbol{E}^{-H}$ により固有空間から観測空間への逆変換が行われる。図 4.18 に，本節で述べた一般化固有値分解を用いた空間ウィナーフィルタと，周波数領域のウィナーフィルタを対比して示す。周波数領域のウィナーフィルタのゲイン行列 $\boldsymbol{G}$ は，周波数ごとのゲイン（式 (3.23)）を対角要素に持つ。

[†1] 一般化固有値分解の場合は，固有ベクトルが必ずしも正規直交とはならないので，$\boldsymbol{E}^H$ は，厳密には基底ベクトルへの射影の係数を求める演算子ではなく，射影の係数を求めるには，$(\boldsymbol{E}^H\boldsymbol{E})^{-1}\boldsymbol{E}^H$ を用いる必要がある。本節の説明は，DFT との類推として理解してほしい。

[†2] 式 (5.29) において，$\breve{\mu} \to \mu$，$1 \to \sigma_i$ と置き換える。

4.8 ビームフォーマによる空間スペクトルの推定

4.8.1 空間スペクトル

本章では，これまで，ビームフォーマを用いて，目的信号の波形を回復するための手法を述べてきた。本節では，このビームフォーマを用いて，空間スペクトルを推定する手法について述べる。空間スペクトルのピークを探すことにより，音源の位置を推定することが可能となる。

ビームフォーマの一般型を再度記述すると，次式のようになる。

$$y(\theta_T) = \boldsymbol{w}^H(\theta_T)\boldsymbol{z} \tag{4.104}$$

ただし，ここでは，ステアリング方向 θ_T を変化させて，ビームをスキャンするため，$\boldsymbol{w}$ および y が θ_T の関数となっている。これから，ビームフォーマの平均出力パワーは，次式のようになる。

$$\begin{aligned} P(\theta_T) &:= E[|y(\theta_T)|^2] = \boldsymbol{w}^H(\theta_T)E[\boldsymbol{z}\boldsymbol{z}^H]\boldsymbol{w}(\theta_T) \\ &= \boldsymbol{w}^H(\theta_T)\boldsymbol{R}\boldsymbol{w}(\theta_T) \end{aligned} \tag{4.105}$$

式 (4.105) における $P(\theta_T)$ は**空間スペクトル**（spatial spectrum）と呼ばれ，θ_T 方向から到来する信号のパワーを表す。以降は，簡略化のため，θ_T を単に θ と表すことにする。

ビームフォーマに DS 法を用いた場合は，式 (4.105) に式 (4.14) を代入し，空間スペクトル $P(\theta)$ は次式のようになる。

$$P_{\mathrm{DS}}(\theta) = \frac{\boldsymbol{a}^H(\theta)}{\boldsymbol{a}^H(\theta)\boldsymbol{a}(\theta)}\boldsymbol{R}\frac{\boldsymbol{a}(\theta)}{\boldsymbol{a}^H(\theta)\boldsymbol{a}(\theta)} = \frac{\boldsymbol{a}^H(\theta)\boldsymbol{R}\boldsymbol{a}(\theta)}{|\boldsymbol{a}^H(\theta)\boldsymbol{a}(\theta)|^2} \tag{4.106}$$

同様に，MV 法の場合は，式 (4.46) を代入して，次式のようになる。

$$\begin{aligned} P_{\mathrm{MV}}(\theta) &= \frac{\boldsymbol{a}^H(\theta)\boldsymbol{R}^{-1}}{\boldsymbol{a}^H(\theta)\boldsymbol{R}^{-1}\boldsymbol{a}(\theta)}\boldsymbol{R}\frac{\boldsymbol{R}^{-1}\boldsymbol{a}(\theta)}{\boldsymbol{a}^H(\theta)\boldsymbol{R}^{-1}\boldsymbol{a}(\theta)} \\ &= \frac{1}{\boldsymbol{a}^H(\theta)\boldsymbol{R}^{-1}\boldsymbol{a}(\theta)} \end{aligned} \tag{4.107}$$

4.8.2 最小分散法と部分空間法の関係

MV 法の場合は，次章で述べる MUSIC 法などの部分空間法と密接な関係がある。式 (4.107) は，式 (A.51) から，空間相関行列 $\boldsymbol{R}$ の固有値 $\{\lambda_i\}$ および固有ベクトル $\{\boldsymbol{e}_i\}$ を用いて次式のように書き換えられる。

$$P_{\mathrm{MV}}(\theta) = \frac{1}{\boldsymbol{a}^H(\theta)\left(\displaystyle\sum_{i=1}^{M}\lambda_i^{-1}\boldsymbol{e}_i\boldsymbol{e}_i^H\right)\boldsymbol{a}(\theta)} = \frac{1}{\displaystyle\sum_{i=1}^{M}\lambda_i^{-1}|\boldsymbol{a}^H(\theta)\boldsymbol{e}_i|^2} \tag{4.108}$$

式 (4.108) を MUSIC 法（式 (5.32)）と比較すると，分母に固有値の逆数による重み λ_i^{-1} がついている点と，和をとる範囲 $i = 1, \cdots, M$ が異なる†。和をとる範囲については，MUSIC 法は雑音部分空間の固有ベクトルと，MV 法はすべての固有ベクトルと内積をとることになる。ただし，MV 法は，固有値の逆数による重みがついているので，小さい固有値に対応する固有ベクトルを基底に持つ雑音部分空間に対して，より大きな重みがつく。この結果，MUSIC 法と類似した性質を持つことになる。

4.8.3 応　　用　　例

図 4.19 は，DS 法および MV 法による空間スペクトルの例である。データの収録条件などは，4.4.2 項と同様である。まず，DS 法による空間スペクトルをみると，周波数の高い 3 000 Hz では，二つの音源方向にピークがみられるが，周波数の低い 1 500 Hz では，二つのピークがまとまって一つになってしまっている。これは，1 500 Hz の波長に対して，この例で用いたセンサアレイの開口長が十分大きくなく，空間分解能が不足しているためである。これは，図 4.5 の例からも理解される。一方，MV 法のスペクトルをみると，1 500 Hz の場合

† 式 (5.32) の分子の $\|\boldsymbol{a}(\theta)\|^2$ の部分も異なるが，これは，正規化の項であるので本質的な違いではない。

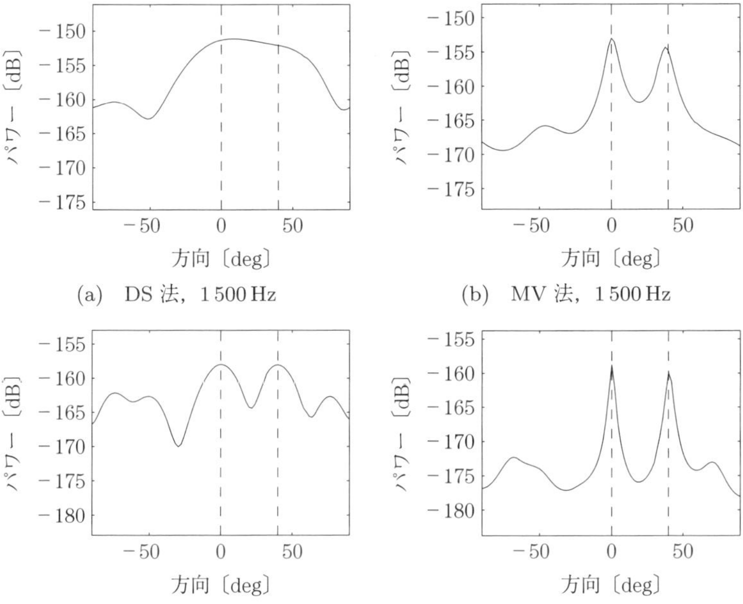

(a)　DS 法，1 500 Hz　(b)　MV 法，1 500 Hz

(c)　DS 法，3 000 Hz　(d)　MV 法，3 000 Hz

図 4.19　DS 法および MV 法による空間スペクトル $P(\theta)$。点線は音源方向を示す

でも，比較的鋭いピークが二つの音源方向についてみられる。これは，4.8.2 項で述べた，部分空間法と類似した性質のためである。

引用・参考文献

1)　H. L. Van Trees : *Optimum Array Processing*, Wiley (2002)

2)　D. H. Johnson and D. E. Dudgeon : *Array signal processing*, Prentice Hall, Englewood Cliffs NJ (1993)

3)　B. Widrow and S. D. Stearns : *Adaptive Signal Processing*, Prentice Hall, Englewood Cliffs, NJ (1985)

4)　Y. Kaneda and J. Ohga : “Adaptive microphone-array system for noise reduction,” *IEEE Trans. Acoust. Speech, Signal Processing*, vol. ASSP-34, pp. 1391〜1400, Dec. (1986)

5)　F. Asano, K. Yamamoto, I. Hara, J. Ogata, T. Yoshimura, Y. Motomura, N. Ichimura, and H. Asoh : “Detection and separation of speech event using

audio and video information fusion and its application to robust speech interface," *EURASIP Journal on Applied Signal Processing*, vol. 2004, no. 11, pp. 1727〜1738 (2004)

6) 中谷智広，石塚健太郎，藤本雅清："音声区間検出技術の最近の動向，" 日本音響学会誌，vol. 65，no. 10，pp. 537〜543 (2009)

7) V. Gilg, C. Beaugeant, M. Schoenle, and B. Andrassy："Methodology for the design of a robust voice activity detectory for speech enhancement," in *Proc. IWAENC 2003*, pp. 131〜134, September (2003)

8) O. L. Frost III："An algorithm for linearly constrained adaptive array processing," *Proc. IEEE*, vol. 60, pp. 926〜935, Aug. (1972)

9) M. H. Er and A. Cantoni："Derivative constraints for broad-band element space antenna array processors," *IEEE Trans. Acoust. Speech, Signal Processing*, vol. ASSP-31, pp. 1378〜1393, Dec. (1983)

10) L. J. Griffiths and C. W. Jim："An alternative approach to linearly constrained adaptive beamforming," *IEEE Trans. Antennas Propagation*, vol. AP-30, pp. 27〜34, Jan. (1982)

11) L. J. Griffiths and K. M. Buckley："Quiescent pattern control in linearly constrained adaptive arrays," *IEEE Trans. Acoust. Speech, Signal Processing*, vol. ASSP-35, pp. 917〜926, July (1987)

12) K. M. Buckley："Broad-band beamforming and the generalized sidelobe canceller," *IEEE Trans. Acoust. Speech, Signal Processing*, vol. ASSP-34, no. 5, pp. 1322〜1323 (1986)

13) O. Hoshuyama, A. Sugiyama, and A. Hirano："A robust adaptive beamformer for microphone arrays with a blocking matrix using constrained adaptive filters," *IEEE Trans. Signal Process*, vol. 47, no. 10, pp. 2677〜2684 (1999)

14) S. ヘイキン：適応フィルタ入門，現代工学社 (1987)

15) S. Doclo and M. Moonen：*Microphone arrays*, chapter GSVD-based optimal filtering for multi-microphone speech enhancement, pp. 111〜132, Springer (2001)

16) S. Doclo and M. Moonen："GSVD-based optimul filtering for single and multimicrophone speech enhancement," *IEEE Trans. Signal Processing*, vol. 50, no. 9, pp. 2230〜2245, Sep. (2002)

5 部分空間法

本章で述べる部分空間法は，観測信号 $\boldsymbol{z}$ を空間相関行列 $\boldsymbol{R}$ の固有ベクトルが張る固有空間に変換し，解析・処理する方法である。固有空間に変換することにより，音源の数 N がセンサの数 M より少ない場合は，信号を低次の部分空間の基底ベクトルを用いて表すことができる。さらに，部分空間の直交性などの性質を利用して，4 章で述べたビームフォーマよりも高い空間分解能の音源定位を実現することができる。本章では，まず，5.1 節で，部分空間の直交性など，部分空間法の基本原理を述べる。続いて，5.2 節～5.4 節では，部分空間法に基づく音源定位の手法について述べる。5.5 節では，部分空間法に基づく音源定位の手法を広帯域信号に拡張する。最後に，5.6 節では，部分空間の次元を決定するのに必要な，音源数を推定する手法について述べる。

5.1 部分空間法の基本原理

本節では，部分空間法を理解するための基礎として，観測信号の固有空間への変換，および固有空間の性質などを述べる。

5.1.1 固有空間への変換

観測値の属する**観測空間**（observation space）を，なんらかの線形または非線形変換により，扱いやすい別の空間に変換してから，解析や処理をする手法がしばしば用いられる。その代表的な例はフーリエ変換であり，本書でも，センサアレイにより得られた時間領域の多チャネル信号 $\boldsymbol{z}(t) \in \mathbb{R}^M$ に STFT を施すことにより，周波数領域に変換して観測ベクトル $\boldsymbol{z} \in \mathbb{C}^M$ を生成し，解析を行っている。ここでは，観測ベクトル $\boldsymbol{z}$ を，さらに相関行列の固有ベクトルにより**固有空間**（eigenspace）† に変換して解析を行う。

空間相関行列 $\boldsymbol{R} = E[\boldsymbol{z}\boldsymbol{z}^H]$ の固有値を $\{\lambda_1, \cdots, \lambda_M\}$，固有ベクトルを $\{\boldsymbol{e}_1, \cdots, \boldsymbol{e}_M\}$ と表すものとすると，固有値および固有ベクトルは，次式を満足する。

$$\boldsymbol{R}\boldsymbol{e}_i = \lambda_i \boldsymbol{e}_i \tag{5.1}$$

固有値を対角に持つ固有値行列，固有ベクトルを列ベクトルに持つ固有ベクトル行列を次式のように表すものとする。

$$\boldsymbol{\Lambda} = \mathrm{diag}(\lambda_1, \cdots, \lambda_M) \tag{5.2}$$

$$\boldsymbol{E} = [\boldsymbol{e}_1, \cdots, \boldsymbol{e}_M] \tag{5.3}$$

固有ベクトル行列を用いて，観測信号は，次式のように固有空間に変換される。

$$\boldsymbol{y} = \boldsymbol{E}^H \boldsymbol{z} = [\boldsymbol{e}_1^H \boldsymbol{z}, \cdots, \boldsymbol{e}_M^H \boldsymbol{z}]^T \tag{5.4}$$

式 (5.4) は，**カルーネン・レーベ変換**（Karhunen-Loève transform，KLT）と呼ばれる[1)]。また，$\boldsymbol{y}$ の成分 $y_i = \boldsymbol{e}_i^H \boldsymbol{z}$ は，8.2.1 項で述べるように，主成分分析における第 i 主成分である。y_i の二乗平均値（平均パワー）は，式 (5.1) から，次式に示すように固有値となる。

$$E[|y_i|^2] = E[\boldsymbol{e}_i^H \boldsymbol{z}\boldsymbol{z}^H \boldsymbol{e}_i] = \boldsymbol{e}_i^H \boldsymbol{R}\boldsymbol{e}_i = \lambda_i \tag{5.5}$$

A.1.2 項で述べるように，式 (5.4) において，$\{y_i; i = 1, \cdots, M\}$ を射影における係数と考えれば，観測ベクトル $\boldsymbol{z}$ は次式のように展開することができる。

$$\boldsymbol{z} = \boldsymbol{E}\boldsymbol{y} = \sum_{i=1}^{M} y_i \boldsymbol{e}_i \tag{5.6}$$

式 (5.6) は，**カルーネン・レーベ展開**（Karhunen-Loève expansion）と呼ばれる[1)]。

† 固有空間は，線形代数では，通常単一の固有値 λ_i に対応する固有ベクトルが張る部分空間を指すが，アレイ信号処理などの応用分野では，複数の固有値 $\{\lambda_1, \cdots, \lambda_m\}$ に対応する固有ベクトルの集合によって張られる部分空間を指す場合がある[2)]。次節で述べる信号/雑音部分空間はその例である。

5.1.2 部分空間の直交性—雑音がない場合

続いて, 部分空間法を用いた音源定位の手法を理解する上で重要となる, 部分空間の直交性について述べる。簡単のため, まず, 観測値のモデル (式 (1.39)) において, 雑音 $\boldsymbol{v}$ がなく, N 個の方向性信号のみが存在する場合を考える。この場合, 観測信号およびその空間相関行列は, 1.3.3 項の議論から, 次式のようになる。

$$\boldsymbol{z} = \boldsymbol{z}_s = \boldsymbol{A}\boldsymbol{s} = \sum_{i=1}^{N} \boldsymbol{a}_i s_i \tag{5.7}$$

$$\boldsymbol{R} = \boldsymbol{R}_s = \boldsymbol{A}\boldsymbol{\Gamma}\boldsymbol{A}^H \tag{5.8}$$

ここで, $\boldsymbol{A}$ は $M \times N$ の行列, $\boldsymbol{\Gamma}$ は $N \times N$ の対角行列である。ただし, $M > N$ であるとする。音源がたがいに無相関であり, また, アレイ・マニフォールド・ベクトルがたがいに線形独立であるとすると, $\mathrm{rank}(\boldsymbol{A}) = \mathrm{rank}(\boldsymbol{\Gamma}) = N$。式 (A.10) から, 一般には $\mathrm{rank}(\boldsymbol{R}_s) \leqq \min[\mathrm{rank}(\boldsymbol{A}), \mathrm{rank}(\boldsymbol{\Gamma})]$ となるが, $\boldsymbol{R}_s$ が式 (5.8) に示すような構造を持つ場合は

$$\mathrm{rank}(\boldsymbol{R}_s) = N \tag{5.9}$$

となることが示されている[3)]。このことから, $\boldsymbol{R}_s$ の固有値と対応する固有ベクトルを $\{\mu_1, \cdots, \mu_M\}$ および $\{\boldsymbol{e}_1, \cdots, \boldsymbol{e}_M\}$ と表すものとすると

$$\mu_{N+1} = \cdots = \mu_M = 0 \tag{5.10}$$

ただし, $\{\mu_1, \cdots, \mu_M\}$ は大きい順にソートされているものとする。

$\boldsymbol{R}_s$ はエルミート行列であるので, 式 (A.49) から, 次式が成り立つ。

$$\boldsymbol{e}_i^H \boldsymbol{R}_s \boldsymbol{e}_i = \mu_i \tag{5.11}$$

これに式 (5.8) を代入して, $i = N+1, \cdots, M$ の場合に着目すると, 式 (5.10) から

$$\boldsymbol{e}_i^H \boldsymbol{A}\boldsymbol{\Gamma}\boldsymbol{A}^H \boldsymbol{e}_i = \left(\boldsymbol{A}^H \boldsymbol{e}_i\right)^H \boldsymbol{\Gamma} \left(\boldsymbol{A}^H \boldsymbol{e}_i\right) = 0, \quad i = N+1, \cdots, M \tag{5.12}$$

式 (5.12) は, A.1.1 項〔10〕で述べる 2 次形式となっており, $\boldsymbol{\Gamma}$ が正定値であれ

ば，次式が成立する。

$$\boldsymbol{A}^H \boldsymbol{e}_i \ = \ \boldsymbol{0}_{N\times 1}, \quad i = N+1, \cdots, M \tag{5.13}$$

式 (5.13) を各要素ごとに書くと

$$\boldsymbol{a}_j^H \boldsymbol{e}_i \ = \ 0, \quad i = N+1, \cdots, M, \quad j = 1, \cdots, N \tag{5.14}$$

式 (5.13) および式 (5.14) は，部分空間の直交関係を示している[4)]。$\{\boldsymbol{a}_1, \cdots, \boldsymbol{a}_N\}$ が張る部分空間は $\boldsymbol{A}$ の列空間であり，これを

$$\mathcal{R}(\boldsymbol{A}) \ = \ \mathrm{span}(\boldsymbol{a}_1, \cdots, \boldsymbol{a}_N) \tag{5.15}$$

と表すものとする。この部分空間を**信号部分空間**（signal subspace）と呼ぶ。一方，$\{\boldsymbol{e}_{N+1}, \cdots, \boldsymbol{e}_M\}$ が張る部分空間は，式 (5.13) からわかるように，$\boldsymbol{A}$ の左零空間となっている（A.1.1 項〔9〕参照）。これを次式のように表す。

$$\mathcal{N}(\boldsymbol{A}^H) \ = \ \mathrm{span}(\boldsymbol{e}_{N+1}, \cdots, \boldsymbol{e}_M) \tag{5.16}$$

$\boldsymbol{A}$ の列空間 $\mathcal{R}(\boldsymbol{A})$ と左零空間 $\mathcal{N}(\boldsymbol{A}^H)$ は，式 (A.32) に示すように，たがいに**直交補空間**（orthogonal complement）の関係にある。

$$\mathrm{span}(\boldsymbol{a}_1, \cdots, \boldsymbol{a}_N) \ = \ \mathrm{span}(\boldsymbol{e}_{N+1}, \cdots, \boldsymbol{e}_M)^{\perp} \tag{5.17}$$

一方，エルミート行列 $\boldsymbol{R}_s$ の固有ベクトルはたがいに直交することから

$$\mathrm{span}(\boldsymbol{e}_1, \cdots, \boldsymbol{e}_N) \ = \ \mathrm{span}(\boldsymbol{e}_{N+1}, \cdots, \boldsymbol{e}_M)^{\perp} \tag{5.18}$$

式 (5.17) と式 (5.18) から

$$\mathrm{span}(\boldsymbol{a}_1, \cdots, \boldsymbol{a}_N) \ = \ \mathrm{span}(\boldsymbol{e}_1, \cdots, \boldsymbol{e}_N) \tag{5.19}$$

以上をまとめると，非零の固有値 $\{\mu_1, \cdots, \mu_N\}$ に対応した固有ベクトル $\{\boldsymbol{e}_1, \cdots, \boldsymbol{e}_N\}$ は，信号部分空間 $\mathcal{R}(\boldsymbol{A})$ の**正規直交基底**（orthonormal basis）となっている。一方，信号部分空間の直交補空間である $\mathrm{span}(\boldsymbol{e}_{N+1}, \cdots, \boldsymbol{e}_M)$ は，**雑音部分空間**（noise subspace）と呼ばれ，固有ベクトル $\{\boldsymbol{e}_{N+1}, \cdots, \boldsymbol{e}_M\}$

はその正規直交基底である。

続いて，固有空間における信号のパワーの分布について考えてみよう。式 (5.5) から，固有値 μ_i は，固有ベクトル $\boldsymbol{e}_i$ を基底とする部分空間における信号 $\boldsymbol{z}_s$ の成分の平均パワーと考えることができる。雑音部分空間に対応する固有値が 0 であることから，固有空間における信号 $\boldsymbol{z}_s$ のパワーは，信号部分空間に偏在していることがわかる。

5.1.3　部分空間の直交性—雑音が白色の場合

続いて，観測信号のモデル（式 (1.39)）において，雑音がある場合を考える。本節では，簡単のため，雑音は空間的に白色であるとする。観測信号およびその空間相関行列は，1.3.3 項の議論から，次式のようになる。

$$\boldsymbol{z} = \boldsymbol{A}\boldsymbol{s} + \boldsymbol{v}_w \tag{5.20}$$

$$\boldsymbol{R} = \boldsymbol{A}\boldsymbol{\Gamma}\boldsymbol{A}^H + \sigma\boldsymbol{I} \tag{5.21}$$

この場合，空間相関行列 $\boldsymbol{R}$ の固有値 λ_i は，A.1.3 項に示す固有値・固有ベクトルの性質 5) から，次式のようになる。

$$\lambda_i = \begin{cases} \mu_i + \sigma, & i = 1, \cdots, N \\ \sigma, & i = N+1, \cdots, M \end{cases} \tag{5.22}$$

μ_i は，前節で登場した $\boldsymbol{R}_s = \boldsymbol{A}\boldsymbol{\Gamma}\boldsymbol{A}^H$ の固有値である。図 **5.1** は，$M = 8$,

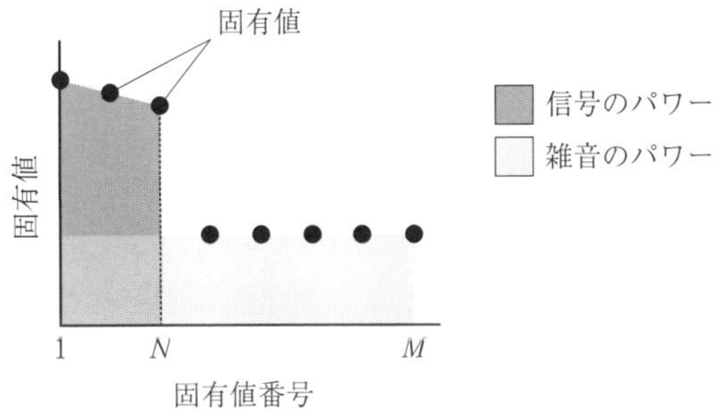

図 5.1　固有値分布（式 (5.22)）を模式的に描いたもの。$M = 8, N = 3$ の場合

$N=3$ の場合について，固有値の分布を模式的に示したものである。固有値の分布は，前節で述べたように，固有空間における信号/雑音のパワー分布と考えることができる。信号 $\boldsymbol{s}$ のパワーは，信号部分空間（$i=1,\cdots,3$）に偏在する。一方，雑音 $\boldsymbol{v}_w$ のパワーは，固有空間全体（$i=1,\cdots,M$）に均一に分布する。特に，$i=N+1,\cdots,M$ に対応する部分空間は，雑音のパワーのみが存在することから，雑音部分空間と呼ばれる。一方，固有ベクトルについてみてみると，同じく固有値・固有ベクトルの性質 5) から，$\boldsymbol{R}$ の固有ベクトルは，雑音がない場合の相関行列 $\boldsymbol{R}_s$ の固有ベクトル $\{\boldsymbol{e}_i\}$ に等しい。以上から，式 (5.12) と同様にして，次式が成り立つ。

$$\begin{aligned}&\boldsymbol{e}_i^H\left(\boldsymbol{A\Gamma A}^H+\sigma\boldsymbol{I}\right)\boldsymbol{e}_i\\&=\ \boldsymbol{e}_i^H\boldsymbol{A\Gamma A}^H\boldsymbol{e}_i+\sigma\ =\ \sigma,\qquad i=N+1,\cdots,M\end{aligned}\tag{5.23}$$

これから，雑音がない場合と同様に，直交関係（式 (5.13)）が成り立つ。

雑音が白色の場合の空間相関行列の固有値と固有ベクトルの性質を以下にまとめる。

1) 大きいほうから N 個の固有値 $\{\lambda_i; i=1,\cdots,N\}$ は，i 番目の部分空間における信号のパワー μ_i と雑音のパワー σ の和となる。

$$\lambda_i=\mu_i+\sigma,\qquad i=1,\cdots,N$$

2) 固有値 $\{\lambda_i; i=1,\cdots,N\}$ に対応する固有ベクトル $\{\boldsymbol{e}_i; i=1,\cdots,N\}$ は，信号部分空間の正規直交基底となる。

$$\mathrm{span}(\boldsymbol{a}_1,\cdots,\boldsymbol{a}_N)\ =\ \mathrm{span}(\boldsymbol{e}_1,\cdots,\boldsymbol{e}_N)$$

3) 残りの固有値 $\{\lambda_i; i=N+1,\cdots,M\}$ は，i 番目の部分空間における雑音のパワーを表し，その分布は平坦である

$$\lambda_i=\sigma,\qquad i=N+1,\cdots,M$$

4) 固有値 $\{\lambda_i; i=N+1,\cdots,M\}$ に対応する固有ベクトル $\{\boldsymbol{e}_i; i=N+1,\cdots,M\}$ は，雑音部分空間の正規直交基底となり，信号部分空間と直交する。

$$\mathrm{span}(\boldsymbol{a}_1,\cdots,\boldsymbol{a}_N)\ =\ \mathrm{span}(\boldsymbol{e}_{N+1},\cdots,\boldsymbol{e}_M)^{\perp}$$

図 5.2 は，$M = 3$，$N = 2$ の場合について，アレイ・マニフォールド・ベクトルと固有ベクトルの幾何学的関係を示している。この図では，信号部分空間は，$\boldsymbol{a}_1$ と $\boldsymbol{a}_2$ によって張られる平面である。固有ベクトル $\boldsymbol{e}_1$ と $\boldsymbol{e}_2$ は，信号部分空間の正規直交基底となっている。一方，雑音部分空間は，$\boldsymbol{e}_3$ により張られる直線であり，信号部分空間と直交する。

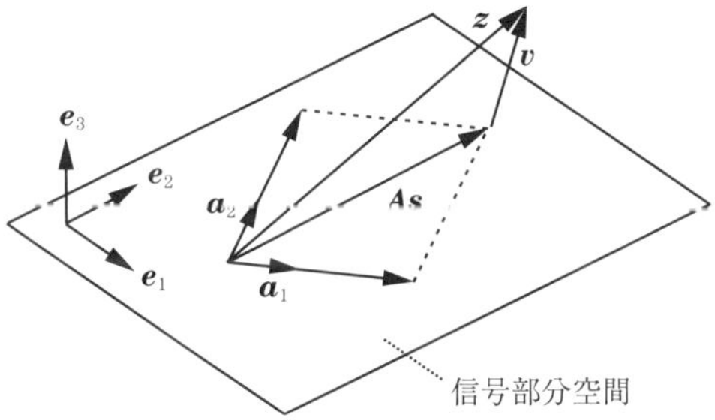

図 5.2　アレイ・マニフォールド・ベクトルと固有ベクトルの幾何学的関係

5.1.4　部分空間の直交性—雑音が有色の場合

ここでは，観測信号のモデル（式 (1.39)）において，雑音 $\boldsymbol{v}$ が空間的に有色である場合（$\boldsymbol{v} = \boldsymbol{v}_c$）について考える。観測信号およびその空間相関行列は次式のようになる。

$$\boldsymbol{z} = \boldsymbol{A}\boldsymbol{s} + \boldsymbol{v}_c \tag{5.24}$$

$$\boldsymbol{R} = \boldsymbol{A}\boldsymbol{\Gamma}\boldsymbol{A}^H + \boldsymbol{K} \tag{5.25}$$

雑音の相関行列 $\boldsymbol{K} = E[\boldsymbol{v}_c\boldsymbol{v}_c^H]$ は，対角行列とはならない。このような場合，一般化固有値分解を用いて雑音を**白色化**（whitening）することにより，5.1.3 項と同様の固有空間の性質が得られる[5)]。

一般化固有値分解における固有値と固有ベクトルは，次式を満たす。

$$\boldsymbol{R}\boldsymbol{e}_i = \lambda_i \boldsymbol{K}\boldsymbol{e}_i, \qquad i - 1, \cdots, M \tag{5.26}$$

A.1.3 項〔2〕で述べるように，一般化固有値問題（式 (5.26)）は，新たな行列 $\boldsymbol{\Phi}^{-H}\boldsymbol{R}\boldsymbol{\Phi}^{-1}$ に対する次式の標準固有値問題と等価である。

$$\left(\boldsymbol{\Phi}^{-H}\boldsymbol{R}\boldsymbol{\Phi}^{-1}\right)\boldsymbol{f}_i = \lambda_i \boldsymbol{f}_i \tag{5.27}$$

ここで，$\boldsymbol{\Phi}$ は，$\boldsymbol{\Phi}^H\boldsymbol{\Phi} = \boldsymbol{K}$ を満たす行列である。新たな固有ベクトル $\boldsymbol{f}_i$ は，一般化固有値問題の固有ベクトル $\boldsymbol{e}_i$ と，$\boldsymbol{f}_i = \boldsymbol{\Phi}\boldsymbol{e}_i$ の関係にある。固有値 λ_i は共通である。式 (5.27) に式 (5.25) を代入すると

$$\begin{aligned}&\boldsymbol{\Phi}^{-H}\left(\boldsymbol{A}\boldsymbol{\Gamma}\boldsymbol{A}^H + \boldsymbol{K}\right)\boldsymbol{\Phi}^{-1}\boldsymbol{f}_i\\ &= \left(\boldsymbol{\Phi}^{-H}\boldsymbol{A}\boldsymbol{\Gamma}\boldsymbol{A}^H\boldsymbol{\Phi}^{-1} + \boldsymbol{I}\right)\boldsymbol{f}_i = \lambda_i \boldsymbol{f}_i\end{aligned} \tag{5.28}$$

$\mathrm{rank}(\boldsymbol{A}\boldsymbol{\Gamma}\boldsymbol{A}^H) = N$ であることから，$\mathrm{rank}(\boldsymbol{\Phi}^{-H}\boldsymbol{A}\boldsymbol{\Gamma}\boldsymbol{A}^H\boldsymbol{\Phi}^{-1}) = N$ となり，固有値 λ_i は，雑音が白色の場合である式 (5.22) と同様にして次式のようになる。

$$\lambda_i = \begin{cases} \breve{\mu}_i + 1, & i = 1, \cdots, N \\ 1, & i = N+1, \cdots, M \end{cases} \tag{5.29}$$

ここで，$\breve{\mu}_i$ は，$\boldsymbol{\Phi}^{-H}\boldsymbol{A}\boldsymbol{\Gamma}\boldsymbol{A}^H\boldsymbol{\Phi}^{-1}$ の非零の固有値である。また，式 (5.29) の右辺における “1” は，白色化（正規化）されたあとの雑音のパワーを表しており，式 (5.22) における σ に相当する。式 (5.28) に左から $\boldsymbol{f}_i^H$ をかけ，$i = N+1, \cdots, M$ に注目すると

$$\boldsymbol{f}_i^H\boldsymbol{\Phi}^{-H}\boldsymbol{A}\boldsymbol{\Gamma}\boldsymbol{A}^H\boldsymbol{\Phi}^{-1}\boldsymbol{f}_i = 0, \quad i = N+1, \cdots, M \tag{5.30}$$

ここで，$\boldsymbol{f}_i$ は標準固有値問題の固有ベクトルであるので，$\boldsymbol{f}_i^H\boldsymbol{f}_j = \delta_{ij}$ であることを用いている。式 (5.30) は，$\boldsymbol{e}_i = \boldsymbol{\Phi}^{-1}\boldsymbol{f}_i$ の関係を用いて，次式のように書き直せる。

$$\boldsymbol{e}_i^H\boldsymbol{A}\boldsymbol{\Gamma}\boldsymbol{A}^H\boldsymbol{e}_i = 0, \quad i = N+1, \cdots, M \tag{5.31}$$

これから，雑音が白色の場合と同様に，直交関係（式 (5.13)）が成り立つ。ただし，一般化固有値分解の場合は，固有ベクトル $\{\boldsymbol{e}_i\}$ が必ずしも直交しないため，式 (5.19) は必ずしも成立しない。

5.2 MUSIC 法

本節および5.3節では，前節で述べたアレイ・マニフォールド・ベクトルと雑音部分空間の固有ベクトルとの直交性（式(5.13)）に基づいた音源定位の手法のうち，代表的なものについて述べる。これらの方法は，**表 5.1** に示すように，空間スペクトルの推定に基づくものと，音源位置を数値的に求めるものに分けられる。

表 5.1 部分空間法に基づいた音源定位の手法の分類

方 法	音源位置の推定	制約条件
MUSIC	空間スペクトル	——
最小ノルム	空間スペクトル	——
root-MUSIC	数値的解法	直線状等間隔アレイ
ESPRIT	数値的解法	合同な 2 組のサブアレイ

5.2.1 MUSIC 法

Schmidt (1986)[6] により提案された**MUSIC** (multiple signal classification) **法**の空間スペクトルは，次式で与えられる。

$$P_{\mathrm{MU}}(\theta) = \frac{\|\boldsymbol{a}(\theta)\|^2}{\displaystyle\sum_{i=N+1}^{M} |\boldsymbol{a}^H(\theta)\boldsymbol{e}_i|^2} = \frac{\boldsymbol{a}^H(\theta)\boldsymbol{a}(\theta)}{\boldsymbol{a}^H(\theta)\boldsymbol{E}_n\boldsymbol{E}_n^H\boldsymbol{a}(\theta)} \tag{5.32}$$

ここで

$$\boldsymbol{E}_n := [\boldsymbol{e}_{N+1}, \cdots, \boldsymbol{e}_M] \tag{5.33}$$

$\{\boldsymbol{e}_i; i = N+1, \cdots, M\}$ は，前節で述べた雑音部分空間に対応する固有ベクトルである。分子の $\|\boldsymbol{a}(\theta)\|^2$ は，アレイ・マニフォールド・ベクトルの正規化のための項である。$\boldsymbol{a}(\theta)$ は，任意の方向 θ に音源があると仮定した場合の仮想的なアレイ・マニフォールド・ベクトルである。雑音部分空間とアレイ・マニフォールド・ベクトルの直交性（式(5.14)）から，$\boldsymbol{a}(\theta) = \boldsymbol{a}_i$ となった場合に，

式 (5.32) の分母は 0 となり，空間スペクトル $P_{\mathrm{MU}}(\theta)$ はピークを持つ。ここで，$\boldsymbol{a}_i$ は，実際の音源のアレイ・マニフォールド・ベクトルである。この方法は，後述の root-MUSIC 法と区別するため，spectral MUSIC 法とも呼ばれる2)。

4.8 節で述べたビームフォーマによる空間スペクトル推定と比較すると，ビームフォーマでは，ステアリング方向に対する入射波の位相をそろえることにより形成したビームを，空間的にスキャンすることにより空間スペクトルを求めている。一方，本章で述べる，MUSIC 法を始めとした部分空間法では，ベクトルの直交性（式 (5.14)）を用いて形成される死角を空間的にスキャンして空間スペクトルを求めている。一般的に，ビームの幅と死角の幅を比較すると，死角のほうが幅が狭く鋭いため，死角をスキャンするほうが，空間分解能が高い。これは，5.2.4 項で述べる実例をみれば，明らかである。

5.2.2　root-MUSIC 法

root-MUSIC 法は，空間スペクトルのピークから音源位置を推定するのではなく，多項式の解として，直接音源位置を推定するものである。この手法は，直線状等間隔素子のアレイについてのみ，定式化される。

直線状アレイのアレイ・マニフォールド・ベクトルの要素は，式 (1.21) で表される。ここで，次式を定義する。

$$z := \exp(j\psi) = \exp\left(j\frac{2\pi d_x}{\lambda}\sin\theta\right) \tag{5.34}$$

d_x はセンサ間隔，λ は波長を表す。式 (5.34) を用いて，直線状アレイのマニフォールド・ベクトル（式 (1.22)）を書き直すと

$$\boldsymbol{a} = z^{-(M-1)/2}[1,\ z,\ \cdots,\ z^{M-1}]^T \tag{5.35}$$

式 (5.35) の右辺の共通の位相シフトの項 $z^{-(M-1)/2}$ を除いた部分を新たに次式として定義する。

$$\boldsymbol{a}(z) := [1,\ z,\ \cdots,\ z^{M-1}]^T \tag{5.36}$$

これを用いて MUSIC スペクトル（式 (5.32)）は，次式のように書き直せる。

ただし，式 (5.32) の分子の正規化項 $\boldsymbol{a}^H(\theta)\boldsymbol{a}(\theta)$ は，root-MUSIC 法では関係ないので省略してある。

$$P(z) := \frac{1}{Q(z)} \tag{5.37}$$

$$Q(z) := \boldsymbol{a}^T(z^{-1})\boldsymbol{E}_n\boldsymbol{E}_n^H\boldsymbol{a}(z) \tag{5.38}$$

ここで，$\boldsymbol{a}^H(z) = \boldsymbol{a}^T(z^*) = \boldsymbol{a}^T(z^{-1})$ の関係を用いている。式 (5.37) は，式 (5.32) を z 変換の形式で表したものと考えるとわかりやすい。逆にいえば，MUSIC スペクトル $P_{\mathrm{MU}}(\theta)$ は，式 (5.37) を z 平面の単位円上 ($z = \exp(j\psi)$) において評価したものである。MUSIC スペクトルのピークを求める問題は，z に関する多項式 $Q(z) = 0$ の根を求めることに帰着する。

実際の計算では，次式のように z についての多項式を構成し，その根を求める[7)]。

$$z^{M-1}Q(z) = [\ z^{M-1},\ \cdots,\ z,\ 1\ ](\boldsymbol{E}_n\boldsymbol{E}_n^H)\begin{bmatrix} 1 \\ z \\ \vdots \\ z^{M-1} \end{bmatrix} = 0 \tag{5.39}$$

式 (5.39) は単位円を挟んで対になった $2(M-1)$ 個の根を持つ。このうち，式 (5.34) を満たす，すなわち，単位円上にある N 個の重根が，求める解となる。この多項式の N 個の重根を $\{\hat{z}_i; i = 1, \cdots, N\}$ と表すものとすると，音源の方向は，次式のように推定される。

$$\hat{\theta}_i = \sin^{-1}\left(\frac{\lambda}{2\pi d_x}\arg\hat{z}_i\right), \quad i = 1, \cdots, N \tag{5.40}$$

実際の応用では，空間相関行列を有限のサンプルから推定することなどにより，根の z-平面上の位置に誤差が生じる。このため，単位円内にある根のうち，単位円に近い順に N 個の根を選択するなどの操作が必要となる[2)]。

5.2.3 最小ノルム法

MUSIC 法では，雑音部分空間に属するすべての固有ベクトル $\boldsymbol{E}_n = [\boldsymbol{e}_{N+1}, \cdots, \boldsymbol{e}_M]$ を用いて空間スペクトルを算出したが，**最小ノルム**（minimum-norm）**法**では，雑音部分空間に属する単一のベクトル $\boldsymbol{b} = [b_1, \cdots, b_M]^T$ を使って，空間スペクトルを算出する。

$$P_{\mathrm{MN}}(\theta) = \frac{\|\boldsymbol{a}(\theta)\|^2}{|\boldsymbol{a}^H(\theta)\boldsymbol{b}|^2} \tag{5.41}$$

ベクトル $\boldsymbol{b}$ の求め方については，Reddi（1979）[8] が，最小固有値に対する固有ベクトルを用いる方法 ($\boldsymbol{b} = \boldsymbol{e}_M$) を提案し，そののち，Kumaresan *et al.* (1983)[9] が新たな導出法を示した。ここでは，Kumaresan *et al.* の方法を簡単に紹介する。

この方法では，信号部分空間に直交するベクトルのうち，ノルムが最小のものを $\boldsymbol{b}$ として用いる。これは，次式の拘束付き最適化問題として定式化される。

$$\min_{\boldsymbol{b}} \boldsymbol{b}^H \boldsymbol{b} \tag{5.42}$$

$$\text{subject to} \quad \boldsymbol{E}_s^H \boldsymbol{b} = \boldsymbol{0}_{N\times 1}, \quad b_1 = 1 \tag{5.43}$$

ここで

$$\boldsymbol{E}_s \ := \ [\boldsymbol{e}_1, \cdots, \boldsymbol{e}_N] \tag{5.44}$$

拘束条件のうち，2 番目の $b_1 = 1$ は，自明の解 $\boldsymbol{b} = \boldsymbol{0}_{M\times 1}$ を防ぐためのものである。

まず，解を導出する準備として，ベクトル $\boldsymbol{b}$ および固有ベクトル行列 $\boldsymbol{E}_s$ を次式のように区切っておく。

$$\boldsymbol{b} = \left[\begin{array}{c} 1 \\ \hline \bar{\boldsymbol{b}} \end{array}\right], \quad \boldsymbol{E}_s = \left[\begin{array}{c} \boldsymbol{g} \\ \hline \bar{\boldsymbol{E}}_s \end{array}\right] \tag{5.45}$$

ここで，$\bar{\boldsymbol{b}}$ は $(M-1)\times 1$ の列ベクトル，$\boldsymbol{g}$ は $1 \times N$ の行ベクトル，$\bar{\boldsymbol{E}}_s$ は $(M-1)\times N$ の行列である。式 (5.45) により，式 (5.42) および式 (5.43) は次式のように書き直すことができる。

$$\min_{\bar{\boldsymbol{b}}} \bar{\boldsymbol{b}}^H \bar{\boldsymbol{b}} \tag{5.46}$$

$$\text{subject to} \quad \bar{\boldsymbol{E}}_s^H \bar{\boldsymbol{b}} = -\boldsymbol{g}^H \tag{5.47}$$

式 (5.47) は，未知数が方程式の数よりも多い劣決定系 $\bar{\boldsymbol{E}}_s^H \bar{\boldsymbol{b}} = -\boldsymbol{g}^H$ に対して，最小ノルム解を得る問題と等価である。表 A.1 で示すように，この最小ノルム解は，次式で与えられる。

$$\bar{\boldsymbol{b}} = -\bar{\boldsymbol{E}}_s \left(\bar{\boldsymbol{E}}_s^H \bar{\boldsymbol{E}}_s \right)^{-1} \boldsymbol{g}^H \tag{5.48}$$

式 (5.48) を用いて $\boldsymbol{b}$ を構成しても良いが，逆行列演算があるので，簡略化しておく[2]。式 (5.45) および固有ベクトルの性質 $\boldsymbol{E}_s^H \boldsymbol{E}_s = \boldsymbol{I}$ から，次式が成り立つ。

$$\bar{\boldsymbol{E}}_s^H \bar{\boldsymbol{E}}_s = \boldsymbol{I} - \boldsymbol{g}^H \boldsymbol{g} \tag{5.49}$$

式 (5.49) に逆行列の補助定理（式 (A.27)）を用いると次式を得る。

$$\left[\bar{\boldsymbol{E}}_s^H \bar{\boldsymbol{E}}_s \right]^{-1} = \boldsymbol{I} + \frac{\boldsymbol{g}^H \boldsymbol{g}}{1 - \boldsymbol{g}\boldsymbol{g}^H} \tag{5.50}$$

式 (5.50) を式 (5.48) に代入して，次式を得る。

$$\bar{\boldsymbol{b}} = -\frac{\bar{\boldsymbol{E}}_s \boldsymbol{g}^H}{1 - \boldsymbol{g}\boldsymbol{g}^H} = -\frac{\bar{\boldsymbol{E}}_s \boldsymbol{g}^H}{1 - \|\boldsymbol{g}\|^2} \tag{5.51}$$

式 (5.51) を式 (5.45) の第 1 式に代入することにより，最終的な $\boldsymbol{b}$ を得る。

本節のはじめに述べたように，MUSIC 法では，雑音部分空間の $M - N$ 個の基底ベクトルすべて $\{\boldsymbol{e}_i; i = N+1, \cdots, M\}$ と $\boldsymbol{a}(\theta)$ が直交したときにはじめて空間スペクトルがピークを持つ。一方，最小ノルム法では，雑音部分空間を代表する 1 個のベクトル $\boldsymbol{b}$ と直交するように条件が緩和されている。このため，実際の音源のアレイ・マニフォールド・ベクトル以外にも直交関係が成立するベクトルが存在し，誤ったピークが発生する確率が増加する[7]。

5.2.4 応　用　例

ここでは，本節で述べた手法の効果を，シミュレーションおよび実測したデータを用いてみていく。

〔1〕 MUSIC 法および最小ノルム法

図 5.3 に，シミュレーションにより求めた MUSIC 法と最小ノルム法の空間スペクトルを示す。空間相関行列は，式 (5.21) のモデルにより生成した。音源数は $N = 2$ とした。信号および雑音のパワーは，$\boldsymbol{\Gamma} = \boldsymbol{I}$，$\sigma = 0.01$ とした。周波数は 1 500 Hz とした。アレイ・マニフォールド・ベクトルは，ロボット頭部に搭載したマイクロホンアレイ (図 1.11 参照) を用いて実測したものである。音源方向は，$(\theta_1, \theta_2) = (0°, 40°)$ とした。この図から，MUSIC 法，最小ノルム法とも音源方向（図中の点線）に鋭いピークがみられる。

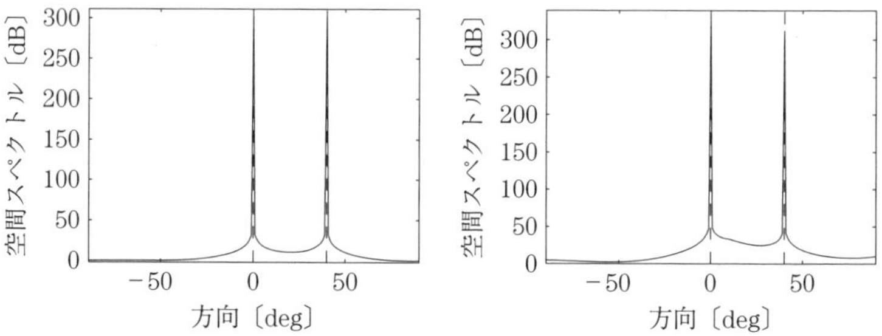

(a)　MUSIC 法　　(b)　最小ノルム法

図 5.3　シミュレーションにより求めた空間スペクトル。部屋の反射・残響なし

図 5.4 は，実測したデータを用いて，図 5.3 と同様の空間スペクトルを求めたものである。データの収録環境（部屋および音源配置など）は，4.4.2 項と同じである。測定には，ロボット頭部に搭載したマイクロホンアレイ（図 1.11 参照）を用い，測定したインパルス応答（例 1.1 に示した残響時間 0.5 s 程度の会議室

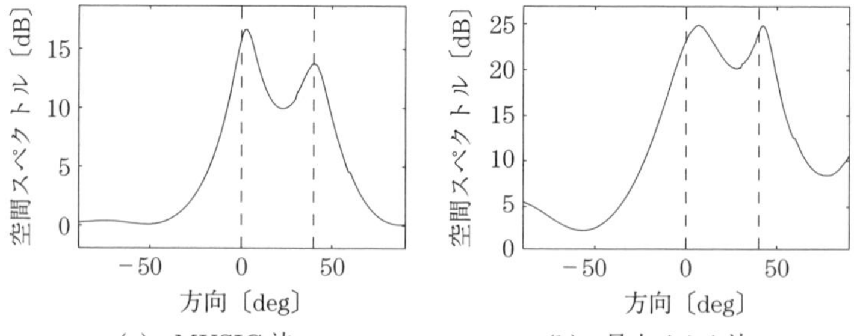

(a)　MUSIC 法　　(b)　最小ノルム法

図 5.4　実測データに対する空間スペクトル。部屋の反射・残響あり

のもの）に音声信号を畳み込んで，マイクロホン入力を生成した。アレイ・マニフォールド・ベクトルも測定したインパルス応答から生成した。分析条件を**表 5.2** に示す。図 5.4 (a)，(b) をみると，二つの音源方向（点線）にピークが生じている。これを，同じ環境に対して DS ビームフォーマを適用した図 4.19 (a) と比較すると，部分空間法のほうが空間分解能が大きく向上しているのがわかる。この分解能の差は，5.2.1 項で述べた，死角をスキャンするか，ビームをスキャンするかの差に由来する。しかしながら，シミュレーションの場合の図 5.3 に比べると，その鋭さはかなり減少している。両者の差は，おもに部屋の反射・残響の有無である。1.3.2 項で述べたように，遅延時間の長い残響は，付加雑音として働き，完全に空間的に白色ではない。有色の付加雑音がある場合の対処法として，5.1.4 項で一般化固有値分解を用いた手法を述べたが，残響の場合は，単独に観測することが難しく，白色化を行うことができない。このため，信号部分空間と雑音部分空間との区別が曖昧（あいまい）になり，直交関係（式 (5.13)）が完全には成立しなくなったためと考えられる。これは，**図 5.5** に示す固有値分布の

表 5.2 実データの分析に用いた条件

分析パラメータ	値
STFT 点数	512 ポイント
フレーム長	32 ms（512 ポイント）
フレームシフト	8 ms（128 ポイント）
ブロック長	1.0 s（16 000 ポイント）
使用周波数	1 500 Hz

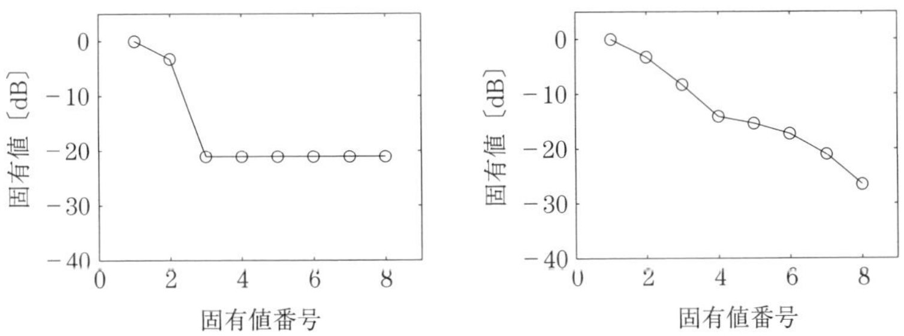

(a) シミュレーション（反射・残響なし） (b) 実測値（反射・残響あり）

図 5.5 空間相関行列の固有値分布

比較にも現れている。シミュレーションの場合（図 (a)）と比較すると，実測値（図 (b)）では，信号部分空間と雑音部分空間とのギャップがほとんどなく，固有値がなだらかに減衰している。

〔2〕 root-MUSIC 法

図 1.8 に示す直線状アレイを用いて，root-MUSIC 法の効果をみてみよう。残響時間 0.5 s 程度の会議室において，上述のアレイを用いてインパルス応答を測定し，これに音声信号を畳み込んで，観測値を生成した。音源方向は，$(\theta_1, \theta_2) = (0°, 40°)$ である。分析パラメータは，前節同様，表 5.2 に示すとおりである。**図 5.6** は，多項式 (5.39) の根を，z 平面上にプロットしたものである。この図から，二つの音源に対応した，単位円に近い根のペアが認められる。図には，式 (5.40) を用いて，この根に対応した音源の推定角度も示してある。これから，アレイの校正の誤差のため，1〜2° 程度の誤差は生じているが，音源方向が求まっているのがわかる。

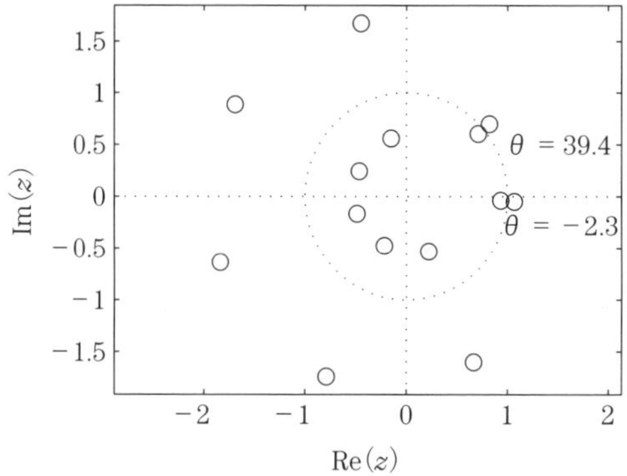

図 5.6　root-MUSIC 法における z 平面上の根の分布

〔3〕 有色雑音に対する一般化固有値分解の効果

ここでは，雑音が空間的に有色の場合について，5.1.4 項で述べた一般化固有値分解の効果をみていく。有色の雑音には，目的信号と同様，音声を音源とする方向性の信号を用いた。信号源と有色の雑音源の数は，ともに 1 である。式 (1.32) に示した観測信号のモデルは，この場合，次式のようになる。

$$\boldsymbol{z} = \boldsymbol{z}_s + \boldsymbol{v}_c + \boldsymbol{v}_w = \boldsymbol{a}_1 s_1 + \boldsymbol{a}_{c,1} q_1 + \boldsymbol{v}_w \tag{5.52}$$

ここで，$\boldsymbol{z}_s = \boldsymbol{a}_1 s_1$ が信号，$\boldsymbol{v}_c = \boldsymbol{a}_{c,1} q_1$ が有色性雑音，$\boldsymbol{v}_w$ が白色性雑音を表す。信号源の角度は 0°，有色雑音源の角度は 60° とした。

図 5.7 は，シミュレーションにより生成した観測値の相関行列 $\boldsymbol{R}$ および雑音の相関行列 $\boldsymbol{K}$ に対して，標準固有値分解（SEVD）および一般化固有値分解（GEVD）を行い，固有値分布および MUSIC スペクトルを求めたものである。相関行列の生成には，観測値のモデル（式 (5.52)）を用いた。まず，標準固有値分解を用いた場合をみると，図 (a) に示す固有値分布（点線）では，音源数 2（信号源 s_1 および雑音源 q_1）に対応した 2 個の大きな固有値がみられる。また，図 (b) に示す MUSIC スペクトルでは，信号源および雑音源に対応した二つのピークがみられる。一方，一般化固有値分解の場合をみると，図 (a) の固有値分布（実線）では，大きな固有値の数が一つに減っている。これに対応し

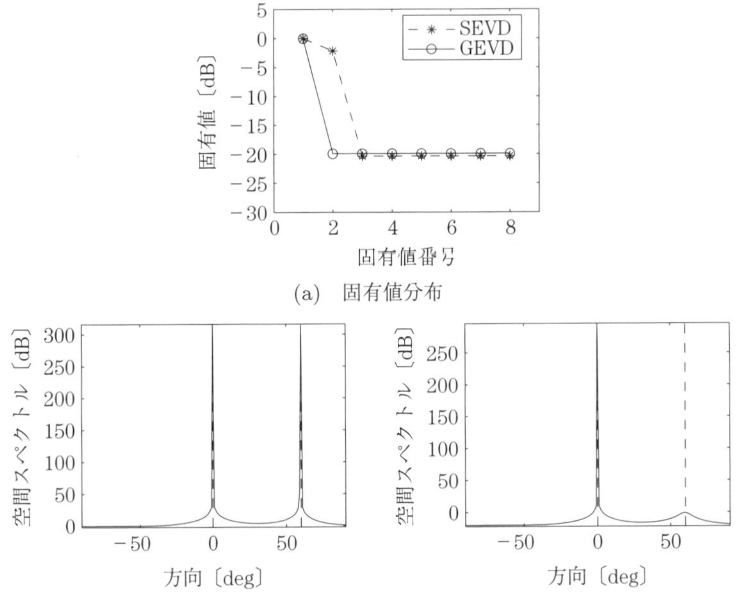

(a)　固有値分布

(b)　標準固有値分解（SEVD）を用いた MUSIC スペクトル

(c)　一般化固有値分解（GEVD）を用いた MUSIC スペクトル

図 5.7　一般化固有値分解の効果。観測信号はシミュレーションにより生成した。部屋の反射・残響なし

て，図 (c) に示す MUSIC スペクトルでは，信号源のピークはそのままだが，雑音源に対応するピークが低減されているのがわかる。

例えば，定常的な雑音源があり，音声のように断続的に目的信号が発生する場合は，目的信号の休止区間で雑音の相関行列 $\boldsymbol{K}$ を求め，一般化固有値分解を行うことにより，雑音の影響を低減して，目的信号の音源定位を行うことができる[10)]。

図 5.8 は，残響を含む実測データに対して，図 5.7 と同様の固有値分布および空間スペクトルを求めたものである。用いたマイクロホンアレイおよび測定環境は，図 5.4 の場合と同じである。図 5.8 から，図 5.7 と同様の効果が得られているが，雑音のピークの低減効果は，シミュレーションのそれより小さい。これも，図 5.4 の所で述べたように，部屋の残響のため，固有空間の構造が想定したモデルと異なるためと考えられる。

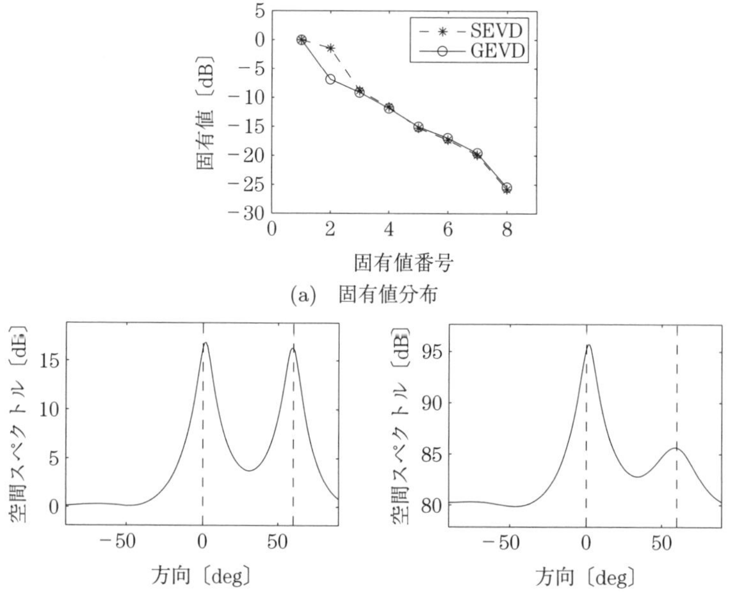

(a)　固有値分布

(b)　標準固有値分解（SEVD）を用いた MUSIC スペクトル

(c)　一般化固有値分解（GEVD）を用いた MUSIC スペクトル

図 5.8　一般化固有値分解の効果。観測信号は実測データを用いた。部屋の反射・残響あり

5.3 ESPRIT 法

ESPRIT (estimation of signal parameter via rotation invariance techniques) **法**は，Roy *et al.* (1989)[5] により提案された。この方法では，センサ配置が完全に等しく，相対的位置関係の明確な 2 組のセンサアレイを用い，これらのセンサアレイ間に生じる，音源位置に固有な位相差を求めることにより，音源位置を推定する。本節では，Ottersten *et al.* (1991)[11]，Van Trees (2002)[2] の議論をもとに，ESPRIT アルゴリズムをまとめておく。

5.3.1 サブアレイ間位相差

上述のように，ESPRIT 法では，2 組のセンサアレイ間の位相差を利用するが，一般に，2 組の等しいアレイを用意するのは高コストなので，M 素子のアレイを，M_s 素子の二つのサブアレイに分割して代用することがしばしば行われる。本節では，直線状等間隔のアレイを，**図 5.9** のような二つのサブアレイに分割する[2),11)]。

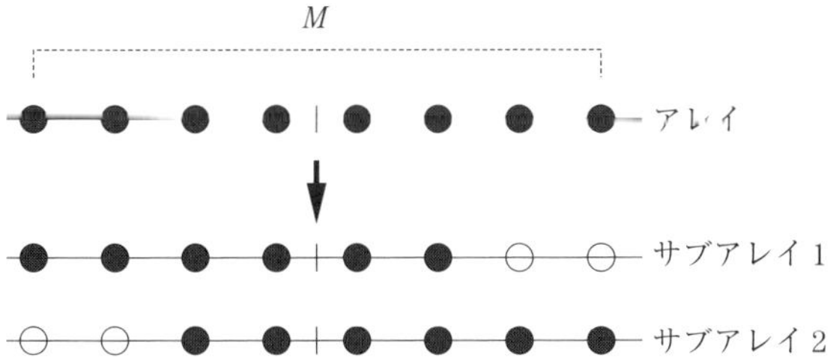

図 5.9 ESPRIT 法で用いるサブアレイ

元の M 素子のアレイのアレイ・マニフォールド行列を $\boldsymbol{A}$，分割された二つのサブアレイのアレイ・マニフォールド行列をそれぞれ $\boldsymbol{A}_1, \boldsymbol{A}_2$ と表すものとする。$\boldsymbol{A}$ と $\boldsymbol{A}_1, \boldsymbol{A}_2$ の間には，次式の関係がある。

$$\boldsymbol{A}_1 = \boldsymbol{J}_1\boldsymbol{A}, \quad \boldsymbol{A}_2 = \boldsymbol{J}_2\boldsymbol{A} \tag{5.53}$$

ここで，$\boldsymbol{J}_1$ および $\boldsymbol{J}_2$ は，サブアレイ選択行列であり，次式で定義される。

$$\begin{aligned}\boldsymbol{J}_1 &:= [\boldsymbol{I}_{M_s\times M_s}|\boldsymbol{0}_{M_s\times M_r}]\\ \boldsymbol{J}_2 &:= [\boldsymbol{0}_{M_s\times M_r}|\boldsymbol{I}_{M_s\times M_s}]\end{aligned} \tag{5.54}$$

M_r は, 図 5.9 に示されるサブアレイ選択時におけるシフトであり, $M_r = M - M_s$ である。

式 (1.21) を参考に，$\boldsymbol{A}_1$ および $\boldsymbol{A}_2$ における n 番目の列ベクトル（n 番目の音源に対するアレイ・マニフォールド・ベクトル）の要素を書き出してみよう。

$$[\boldsymbol{A}_1]_{m,n} = \exp\left(j\left\{(m-1) - \frac{M-1}{2}\right\}\psi_n\right) \tag{5.55}$$

$$[\boldsymbol{A}_2]_{m,n} = \exp\left(j\left\{(M_r+m-1) - \frac{M-1}{2}\right\}\psi_n\right), \quad m = 1,\cdots,M_s \tag{5.56}$$

ここで

$$\psi_n = \frac{2\pi d_x}{\lambda}\sin\theta_n \tag{5.57}$$

θ_n は n 番目の音源の方向である。これから

$$[\boldsymbol{A}_2]_{m,n} = [\boldsymbol{A}_1]_{m,n}\exp\left(jM_r\psi_n\right), \quad m = 1,\cdots,M_s \tag{5.58}$$

これをベクトル形式で書くと

$$\boldsymbol{a}_{2,n} = \boldsymbol{a}_{1,n}\exp\left(jM_r\psi_n\right) \tag{5.59}$$

ここで，$\boldsymbol{a}_{1,n}$ および $\boldsymbol{a}_{2,n}$ は，それぞれ，$\boldsymbol{A}_1$ および $\boldsymbol{A}_2$ の n 番目の列ベクトルを表す。以上から，サブアレイのアレイ・マニフォールド・ベクトル $\boldsymbol{a}_{1,n}$ および $\boldsymbol{a}_{2,n}$ の間には，位相差 $M_r\psi_n$ が生じているのがわかる。この位相差は，式 (5.57) から，音源の方向 θ_n の関数となっている。ESPRIT 法では，この位相差を求めることにより，音源方向を推定する。

最後に, 次節で用いるために, 式 (5.59) を行列形式で書くと, 次式のようになる。

$$\boldsymbol{A}_2 = \boldsymbol{A}_1\boldsymbol{\Phi} \tag{5.60}$$

ここで

$$\boldsymbol{\Phi} \ := \ \mathrm{diag}\left(e^{jM_r\psi_1}, \cdots, e^{jM_r\psi_N}\right) \tag{5.61}$$

5.3.2 最小二乗法による解法

5.1 節で述べたように，$\boldsymbol{A}$ の列ベクトルは信号部分空間を張り，固有ベクトル $\boldsymbol{E}_s = [\boldsymbol{e}_1, \cdots, \boldsymbol{e}_N]$ はその正規直交基底となっている。このことから，$\boldsymbol{A}$ と $\boldsymbol{E}_s$ の間には，次式のような変換を行う $N \times N$ の正則行列 $\boldsymbol{T}$ が存在する。

$$\boldsymbol{E}_s = \boldsymbol{A}\boldsymbol{T} \tag{5.62}$$

続いて固有ベクトル行列 $\boldsymbol{E}_s$ に，サブアレイ選択行列 $\boldsymbol{J}_1$ および $\boldsymbol{J}_2$ をかけ，次式の行列を定義する。

$$\boldsymbol{E}_{s1} \ := \boldsymbol{J}_1\boldsymbol{E}_s, \quad \boldsymbol{E}_{s2} \ := \boldsymbol{J}_2\boldsymbol{E}_s \tag{5.63}$$

式 (5.63) に式 (5.62) を代入することにより，次式を得る。

$$\boldsymbol{E}_{s1} \ = \ \boldsymbol{A}_1\boldsymbol{T}, \quad \boldsymbol{E}_{s2} \ = \ \boldsymbol{A}_2\boldsymbol{T} \tag{5.64}$$

式 (5.64) および式 (5.60) から

$$\boldsymbol{E}_{s2} \ = \ \boldsymbol{A}_2\boldsymbol{T} \ = \ \boldsymbol{A}_1\boldsymbol{\Phi}\boldsymbol{T} \ = \ \boldsymbol{E}_{s1}\boldsymbol{T}^{-1}\boldsymbol{\Phi}\boldsymbol{T} \tag{5.65}$$

ここで

$$\boldsymbol{\Upsilon} \ := \ \boldsymbol{T}^{-1}\boldsymbol{\Phi}\boldsymbol{T} \tag{5.66}$$

とおくと，式 (5.65) は，次式のようになる。

$$\boldsymbol{E}_{s1}\boldsymbol{\Upsilon} \ = \ \boldsymbol{E}_{s2} \tag{5.67}$$

$\boldsymbol{\Upsilon}$ を未知数と考えると，式 (5.67) は，未知数が $N \times N$, 方程式数が $M_s \times N$

の優決定系の連立方程式となる。この連立方程式を，最小二乗法により解くと

$$\hat{\boldsymbol{\Upsilon}}_{LS} = \arg\min_{\boldsymbol{\Upsilon}} \|\boldsymbol{E}_{s1}\boldsymbol{\Upsilon} - \boldsymbol{E}_{s2}\|_F = \left(\boldsymbol{E}_{s1}^H\boldsymbol{E}_{s1}\right)^{-1}\boldsymbol{E}_{s1}^H\boldsymbol{E}_{s2} \tag{5.68}$$

ここで $\|\cdot\|_F$ は，式 (A.12) で定義されるフロベニウスノルムである。

一方，$\boldsymbol{\Phi}$ が対角行列であることから，式 (5.66) は $\boldsymbol{\Upsilon}$ の固有値問題と考えることができる。したがって，$\boldsymbol{\Phi}$ の対角成分を求めることは，$\boldsymbol{\Upsilon}$ の固有値を求めることに帰着する。式 (5.68) により推定した $\hat{\boldsymbol{\Upsilon}}_{LS}$ の固有値を $\{\hat{\xi}_1,\cdots,\hat{\xi}_N\}$ と表すものとする。式 (5.61) から，次式が成り立つ。

$$\hat{\xi}_n = \exp(jM_r\psi_n), \qquad n = 1,\cdots,N \tag{5.69}$$

これに，式 (5.57) を代入して

$$\arg\hat{\xi}_n = M_r\psi_n = \frac{2\pi M_r d_x}{\lambda}\sin\theta_n \tag{5.70}$$

これを θ_n について解くと

$$\theta_n = \sin^{-1}\left(\frac{\lambda}{2\pi M_r d_x}\arg\hat{\xi}_n\right) \tag{5.71}$$

5.3.3 総合最小二乗法による解法

式 (5.67) を通常の最小二乗法（式 (5.68)）で解く場合は，次式のように，右辺にのみ誤差があると考えていることになる。

$$\boldsymbol{E}_{s1}\boldsymbol{\Upsilon} = \boldsymbol{E}_{s2} + \Delta\boldsymbol{E}_{s2} \tag{5.72}$$

ここで，$\Delta\boldsymbol{E}_{s2}$ は誤差を表す。一方，ESPRIT 法を実際に応用する場合，$\boldsymbol{E}_{s1}$ および $\boldsymbol{E}_{s2}$ は，サンプル相関行列から推定することになり，いずれも誤差を含んでいると考えられる。次式のように，誤差を両辺に拡張したものを，**総合最小二乗**（total least squares）**問題**と呼ぶ[12)]。

$$(\boldsymbol{E}_{s1} + \Delta\boldsymbol{E}_{s1})\boldsymbol{\Upsilon} = \boldsymbol{E}_{s2} + \Delta\boldsymbol{E}_{s2} \tag{5.73}$$

ESPRIT における総合最小二乗法の解は次式で与えられる[2),5),7)]。

$$\hat{\boldsymbol{\Upsilon}}_{TLS} = -\boldsymbol{V}_{12}\boldsymbol{V}_{22}^{-1} \tag{5.74}$$

ここで，$\boldsymbol{V}_{12}$ および $\boldsymbol{V}_{22}$ は，次式で定義される $2N \times 2N$ の行列

$$\boldsymbol{F} := \begin{bmatrix} \boldsymbol{E}_{s1}^H \\ \boldsymbol{E}_{s2}^H \end{bmatrix} \begin{bmatrix} \boldsymbol{E}_{s1} & \boldsymbol{E}_{s2} \end{bmatrix} \tag{5.75}$$

を次式のように固有値分解し

$$\boldsymbol{F} = \boldsymbol{V}\boldsymbol{\Lambda}_F\boldsymbol{V}^H \tag{5.76}$$

その固有ベクトル行列 $\boldsymbol{V}$ を，次式のように $N \times N$ の行列に分割したものである。

$$\boldsymbol{V} = \begin{bmatrix} \boldsymbol{V}_{11} & \boldsymbol{V}_{12} \\ \boldsymbol{V}_{21} & \boldsymbol{V}_{22} \end{bmatrix} \tag{5.77}$$

ここで，固有ベクトル行列は，固有値の大きい順にソートされているものとする。$\hat{\boldsymbol{\Upsilon}}_{TLS}$ が求まったら，以降の手続きは，5.3.2 項で述べた最小二乗法の場合と同じである。

5.4 高次統計量を用いる方法

5.4.1 空間キュムラント行列を用いる方法

ここでは，空間相関行列のかわりに，4 次の**空間キュムラント行列**（spatial cumulant matrix）を用いた音源定位の方法を述べる[13),14)]。4 次の空間キュムラント行列は次式で定義される[14)]。

$$\boldsymbol{C}_4 := \mathrm{cum}\left(\check{\boldsymbol{z}}\boldsymbol{z}^H\right) \tag{5.78}$$

ここで

$$\check{\boldsymbol{z}} := \begin{bmatrix} z_1 z_1^* z_1 \\ \vdots \\ z_M z_M^* z_M \end{bmatrix} \tag{5.79}$$

また，演算子 cum(·) は，B.2.4 項で述べるキュムラントである。式 (5.78) に示した表現は，空間相関行列 $\boldsymbol{R} = E[\boldsymbol{z}\boldsymbol{z}^H]$ と対比する際にはわかりやすいが，必ずしも一般的な表現ではないので，空間キュムラント行列の要素を用いて表すと，次式のようになる。

$$\begin{aligned}[\boldsymbol{C}_4]_{i,j} &= \mathrm{cum}[z_i, z_i^*, z_i, z_j^*] \\ &= E[z_i z_i^* z_i z_j^*] - E[z_i z_i^*]E[z_i z_j^*] \\ &\quad - E[z_i z_i]E[z_i^* z_j^*] - E[z_i z_j^*]E[z_i^* z_i] \end{aligned} \tag{5.80}$$

観測値 $\boldsymbol{z}$ が式 (1.39) に示すモデルに従うものとすると，その要素は，次式のようになる。

$$z_i = \sum_{n=1}^{N} a_{in} s_n + v_i \tag{5.81}$$

雑音 v_i がガウス分布に従うと仮定すると，B.2.4 項に述べたキュムラントの性質 2) と性質 3) から，$\boldsymbol{C}_4$ における雑音 v_i に関する項は 0 となる。また，式 (5.81) を式 (5.80) に代入して，性質 1) を用いると，$[\boldsymbol{C}_4]_{i,j}$ は次式のようになる[13)]。

$$\begin{aligned}[\boldsymbol{C}_4]_{i,j} &= \mathrm{cum}\left(\sum_{n_1=1}^{N} a_{in_1} s_{n_1}, \sum_{n_2=1}^{N} a_{in_2}^* s_{n_2}^*, \sum_{n_3=1}^{N} a_{in_3} s_{n_3}, \sum_{n_4=1}^{N} a_{jn_4}^* s_{n_4}^*\right) \\ &= \sum_{n_1=1}^{N}\sum_{n_2=1}^{N}\sum_{n_3=1}^{N}\sum_{n_4=1}^{N} a_{in_1} a_{in_2}^* a_{in_3} a_{jn_4}^* \mathrm{cum}\left(s_{n_1}, s_{n_2}^*, s_{n_3}, s_{n_4}^*\right) \end{aligned} \tag{5.82}$$

ここで，音源 $\{s_1, \cdots, s_N\}$ がたがいに統計的に独立であると仮定すると，音源間のクロスキュムラント $\mathrm{cum}(s_{n_1}, s_{n_2}^*, s_{n_3}, s_{n_4}^*)$ は，$n_1 = n_2 = n_3 = n_4$ の場合以外 0 となる。このため，式 (5.82) は次式のようになる。

$$[\boldsymbol{C}_4]_{i,j} = \sum_{n=1}^{N} a_{in} a_{in}^* a_{in} a_{jn}^* \gamma_n^{(4)} \tag{5.83}$$

ここで

$$\gamma_n^{(4)} := \mathrm{cum}\left(s_n, s_n^*, s_n, s_n^*\right) \tag{5.84}$$

また, 平面波の場合, 式 (1.16) より, $a_{in} = \exp(-j\omega\tau_{in})$ であるから, $a_{in}a_{in}^* = 1$。これにより，式 (5.83) は，最終的に次式のよう簡略化される。

$$[\boldsymbol{C}_4]_{i,j} \; = \; \sum_{n=1}^{N} a_{in}a_{jn}^*\gamma_n^{(4)} \tag{5.85}$$

式 (5.85) を行列形式で書くと

$$\boldsymbol{C}_4 = \boldsymbol{A}\boldsymbol{\Gamma}_4\boldsymbol{A}^H \tag{5.86}$$

ここで

$$\boldsymbol{\Gamma}_4 \; := \; \mathrm{diag}(\gamma_1^{(4)}, \cdots, \gamma_N^{(4)}) \tag{5.87}$$

式 (5.86) は，以下に述べるように，雑音がない場合の空間相関行列（式 (5.8)）と同様の構造を持つ[14)]。$\boldsymbol{C}_4$ は次式のように固有値分解される。

$$\boldsymbol{C}_4 = \sum_{i=1}^{M} \lambda_i \boldsymbol{e}_i \boldsymbol{e}_i^H = \boldsymbol{E}\boldsymbol{\Lambda}\boldsymbol{E}^H \tag{5.88}$$

固有値は次式のような分布となり

$$\lambda_1 \geqq \lambda_2 \geqq \cdots \geqq \lambda_N > \lambda_{N+1} = \cdots = \lambda_M = 0 \tag{5.89}$$

非零固有値 $\{\lambda_1, \cdots, \lambda_N\}$ に対する固有ベクトル $\{\boldsymbol{e}_1, \cdots, \boldsymbol{e}_N\}$，および零固有値 $\{\lambda_{N+1}, \cdots, \lambda_M\}$ に対する固有ベクトル $\{\boldsymbol{e}_{N+1}, \cdots, \boldsymbol{e}_M\}$ は，それぞれ信号部分空間および雑音部分空間を張る。また，次式の直交関係も成立する。

$$\mathrm{span}(\boldsymbol{a}_1, \cdots, \boldsymbol{a}_N) \; = \; \mathrm{span}(\boldsymbol{e}_{N+1}, \cdots, \boldsymbol{e}_M)^{\perp} \tag{5.90}$$

このことから，5.2.1 項で述べた MUSIC 法などがそのまま適用できる。

2 次の統計量である空間相関行列（式 (5.25)）と比較すると，最も大きな違いは，雑音に関する項 $\boldsymbol{K}$ が式 (5.86) にはないことである。空間相関行列を用いる方法でも，$\boldsymbol{K}$ が可観測であれば，5.1.4 項で述べた一般化固有値分解を用いて，空間スペクトルの推定が可能である。しかし，雑音が空間的に有色であり，かつ $\boldsymbol{K}$ が可観測でない場合は，空間相関行列を用いる手法では，誤差が生じることになる。一方，上述の 4 次のキュムラントを用いる方法では，雑音 $\boldsymbol{v}$ がガウス分布に従えば，空間的に有色であっても，雑音の項を考慮する必要がない。ただし，4 次のキュムラント行列を有限サンプルから推定する場合は，雑音の項，および雑音と信号とのクロス項が 0 になりきらず，推定誤差として残るため，注意が必要である。一般に，高次統計量は，2 次の統計量に比べ，収束が遅く，良好な推定値を得るためには，より多くのサンプルを必要とする。

5.4.2　応　　用　　例

ここでは，シミュレーションと実測したデータを用いて，4 次の空間キュムラント行列 $\boldsymbol{C}_4$ を用いた音源定位の効果をみていく。

図 5.10 に，付加雑音が理想的なガウス雑音の場合について，空間相関行列 $\boldsymbol{R}$ および 4 次の空間キュムラント行列 $\boldsymbol{C}_4$ を用いた場合の MUSIC スペクト

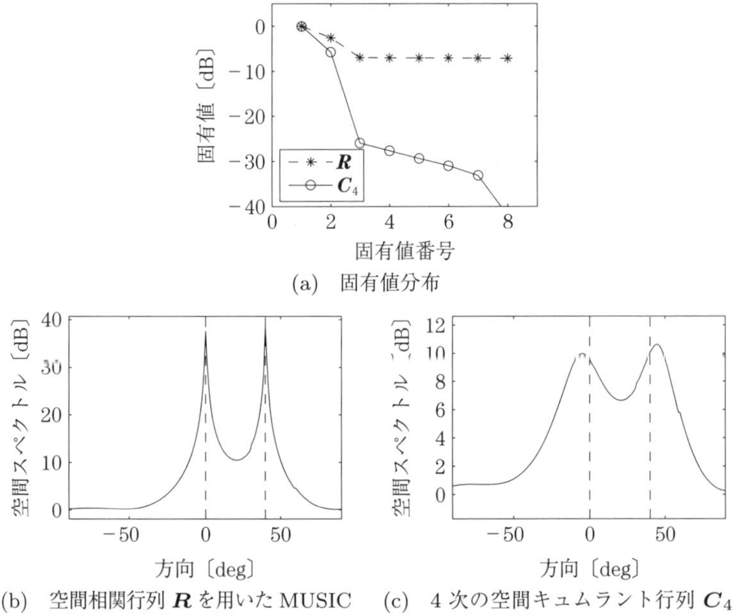

(a)　固有値分布

(b)　空間相関行列 $\boldsymbol{R}$ を用いた MUSIC スペクトル

(c)　4 次の空間キュムラント行列 $\boldsymbol{C}_4$ を用いた MUSIC スペクトル

図 5.10　高次統計量を用いた空間スペクトル。観測信号はシミュレーションにより生成した。雑音は理想的なガウス雑音，部屋の反射・残響なし

ルを示す。観測ベクトル $\boldsymbol{z}$ は観測値のモデル（式 (1.39)）を用いて生成した。音源数は $N=2$ とし，音源方向は $(\theta_1,\theta_2)=(0^\circ,40^\circ)$ とした。アレイ・マニフォールド・ベクトルは，ロボット頭部のマイクロホンアレイ（図 1.11 参照）で測定したものを用いた。信号 $\boldsymbol{s}$ は，音声信号を STFT したものである。雑音は，理想的なガウス雑音発生器からサンプルした。信号 $\boldsymbol{s}$ と雑音 $\boldsymbol{v}$ のパワーは等しくしてある。$\boldsymbol{R}$ および $\boldsymbol{C}_4$ を計算する際は，キュムラントの効果がわかりやすいよう，24 000 回程度の平均を行った（3.0 s のデータに対して，フレームシフト 2 ポイントで STFT を行った）。5.2.4 項において通常の MUSIC 法で用いた平均回数は 125 回（1.0 s のデータに対して，フレームシフト 128 ポイントで STFT を行った）であるので，この平均回数はかなり多いことになる。

まず，固有値分布図 (a) をみると，キュムラント行列に対する固有値（実線）では，音源数に対応する 2 個の固有値以外の固有値 $\{\lambda_i; i=N+1,\cdots,M\}$ が大きく減衰しているのがわかる。相関行列 $\boldsymbol{R}$ の場合（平均回数はキュムラント行列の場合と等しくしてある）と比較すると，信号部分空間と雑音部分空間のギャップがよりはっきりと現れている。これは，前節で述べたように，高次のキュムラントでは，ガウス雑音に対する項が理論的に 0 となるためである。ただし，有限のサンプルでキュムラントを推定しているために，完全に 0 とはなっていない。また，平均回数を少なくすると，雑音の減衰量も少なくなる。図 (b) および図 (c) に示す MUSIC スペクトルを比較すると，形状に違いはあるが，両者とも音源位置付近に二つのピークがみられる。

図 5.11 は，会議室において実測したインパルス応答を音声信号にたたみ込んで生成したマイクロホン入力から観測ベクトル $\boldsymbol{z}$ を求め，図 5.10 と同様の図を描いたものである。データの収録環境（部屋および音源配置など）は，4.4.2 項と同じである。図 5.10 との差は，図 5.10 では付加雑音が理想的なガウス雑音であるのに対し，図 5.11 では雑音成分が部屋の残響である点である。1.3.2 項で述べたように，多数の虚音源から生成される信号の和である残響成分は，中心極限定理により，その分布がガウス分布に漸近することが知られている。しかし，理想的なガウス分布とはなっていないため，固有値分布図 (a) を図 5.10(a) の場合

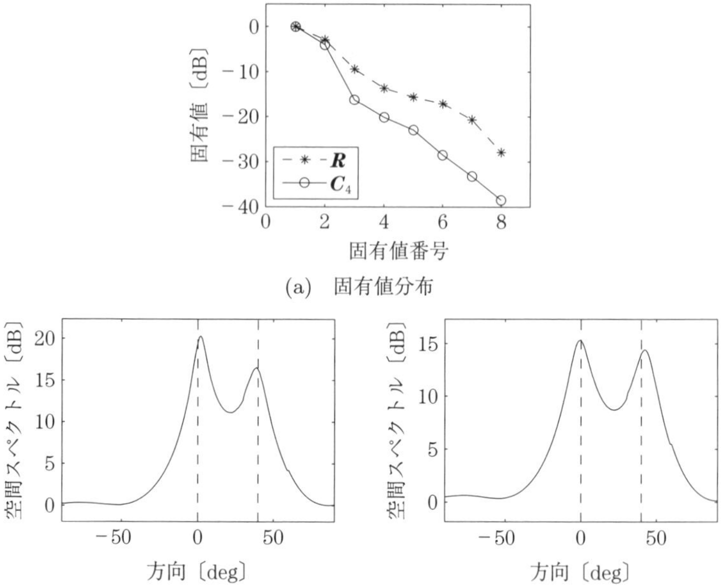

(a)　固有値分布

(b)　空間相関行列 $\boldsymbol{R}$ を用いた MUSIC スペクトル

(c)　4 次の空間キュムラント行列 $\boldsymbol{C}_4$ を用いた MUSIC スペクトル

図 5.11　高次統計量を用いた空間スペクトル。観測信号は実測データを用いた。部屋の反射・残響あり

と比較すると，雑音減衰の効果は少ない。それでも，信号部分空間と雑音部分空間のギャップは，$\boldsymbol{R}$ に比べ，$\boldsymbol{C}_4$ を用いたほうがわかりやすくなっている。

5.5　広帯域信号への拡張

これまでに述べた音源定位の手法は，いずれも周波数ごとの観測値 $\boldsymbol{z}_k(\omega)$（式(1.47) 参照）に対するものであり，空間スペクトルや音源位置の推定結果も周波数ごとに算出される。広帯域信号に対しては，周波数ごとの情報を統合し，最終的な推定結果を得る必要がある。統合する手法としては，適当な段階で，周波数ごとの処理結果を対象となる周波数帯域にわたって平均する方法が一般的である。平均をとる段階としては，(1) 空間スペクトル，(2) 空間相関行列，の二つが考えられる。

5.5.1 空間スペクトルの平均

空間スペクトルの平均では，まず，本章でこれまでに述べた手法を用いて，空間スペクトル $P(\theta, \omega_l)$ を推定する。この狭帯域空間スペクトルを次式により平均する。

$$\bar{P}(\theta) = \frac{1}{N_\omega} \sum_{l=1}^{N_\omega} \beta_l P(\theta, \omega_l) \tag{5.91}$$

ここで，$\{\omega_l; l = 1, \cdots, N_\omega\}$ は，平均の対象となる離散周波数を表す。また，β_l は，周波数重みである。周波数重み β_l は，応用によって最適なものを選択する必要がある。どの周波数も同程度の信頼度であれば，$\beta_l = 1,\ l = 1, \cdots, N_\omega$ とすればよい。また，周波数ごとの観測値のパワーや，次式で示される信号部分空間の固有値の和[15) を重みとして用いてもよい。

$$\beta_l = \left[\sum_{i=1}^{N} \lambda_i(\omega_l) \right]^\alpha \tag{5.92}$$

信号部分空間に対応する固有値 $\{\lambda_i(\omega_l);\ i = 1, \cdots, N\}$ の和は，近似的に直接音のパワーの総和となるため，SNR をある程度反映した重みとなる。α は定数であり，経験的には $\alpha = 1$ や $\alpha = 1/2$ などが妥当であろう。

例 5.1 空間スペクトルの平均

図 5.12 は，MUSIC 法により得られた空間スペクトルを周波数平均したものである。データの収録環境（部屋および音源配置など）は，4.4.2 項と同じである。マイクロホンアレイは，ロボット頭部に搭載したもの（図 1.11 参照）を用いた。図 (a) は各周波数の MUSIC スペクトル，図 (b) は図 (a) を [800,3 000] Hz にわたって平均したものである。重みには式 (5.92) を用い，係数は $\alpha = 1/2$ とした。この図から，周波数ごとの空間スペクトルでは，特に低周波数域で乱れが生じているが，周波数平均をとることにより，音源位置に安定したピークが現れている。

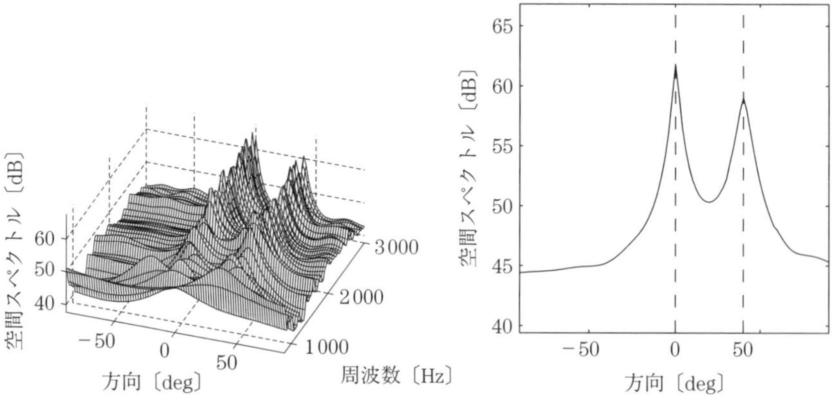

(a)　各周波数の MUSIC スペクトル　　(b)　重み付き平均 MUSIC スペクトル

図 5.12　広帯域信号の空間スペクトル

5.5.2　コヒーレントサブスペース法

Wang *et al.* (1985)[16] によって提案された**コヒーレントサブスペース**（coherent subspace, CSS）**法**では，空間相関行列の平均をとる。ただし，アレイ・マニフォールド行列は，周波数ごとに異なるため，単純に周波数平均をとると，信号部分空間の構造が破壊され，空間スペクトルがうまく推定できない。そこで，CSS 法では，次式を満たす変換行列 $\boldsymbol{T}_l$ を定義し，任意の周波数 ω_l におけるアレイ・マニフォールド行列 $\boldsymbol{A}(\omega_l)$ を基本周波数 ω_0 のそれに変換する。

$$\boldsymbol{T}_l \boldsymbol{A}(\omega_l) = \boldsymbol{A}(\omega_0), \qquad l = 1, \cdots, N_\omega \tag{5.93}$$

Hung *et al.* (1988)[17] は，ユニタリ行列となる変換行列 $\boldsymbol{T}_l$ を，次式の最小化問題の解として設計することを提案している。

$$\min_{\boldsymbol{T}_l} \|\boldsymbol{T}_l \boldsymbol{A}(\omega_l) - \boldsymbol{A}(\omega_0)\|_F \tag{5.94}$$

$$\text{subject to} \ \ \boldsymbol{T}_l^H \boldsymbol{T}_l = \boldsymbol{I} \tag{5.95}$$

ここで，$\|\cdot\|_F$ はフロベニウス・ノルムを表す。最小化問題を解くことにより，変換行列 $\boldsymbol{T}_l$ は，次式のように求まる。

$$\boldsymbol{T}_l = \boldsymbol{V}\boldsymbol{U}^H \tag{5.96}$$

ここで，行列 $\boldsymbol{U}$ および $\boldsymbol{V}$ は，$\boldsymbol{A}(\omega_l)\boldsymbol{A}^H(\omega_0)$ を次式のように特異値分解することにより得られる。

$$\boldsymbol{A}(\omega_l)\boldsymbol{A}^H(\omega_0) = \boldsymbol{U}\boldsymbol{\Sigma}\boldsymbol{V}^H \tag{5.97}$$

周波数 ω_l における空間相関行列を $\boldsymbol{R}(\omega_l)$ と表すものとし，これに変換行列 $\boldsymbol{T}_l$ を両側からかけて周波数変換し，平均をとると，次式のようになる。

$$\bar{\boldsymbol{R}} := \frac{1}{N_\omega}\sum_{l=1}^{N_\omega}\boldsymbol{T}_l\boldsymbol{R}(\omega_l)\boldsymbol{T}_l^H \tag{5.98}$$

これに空間相関行列のモデル（式 (5.21)）を代入すると

$$\begin{aligned}\bar{\boldsymbol{R}} &= \frac{1}{N_\omega}\sum_{l=1}^{N_\omega}\boldsymbol{T}_l\left(\boldsymbol{A}(\omega_l)\boldsymbol{\Gamma}(\omega_l)\boldsymbol{A}(\omega_l)^H + \sigma\boldsymbol{I}\right)\boldsymbol{T}_l^H \\ &= \frac{1}{N_\omega}\sum_{l=1}^{N_\omega}\left(\boldsymbol{T}_l\boldsymbol{A}(\omega_l)\boldsymbol{\Gamma}(\omega_l)\boldsymbol{A}(\omega_l)^H\boldsymbol{T}_l^H + \sigma\boldsymbol{T}_l\boldsymbol{T}_l^H\right) \\ &= \boldsymbol{A}(\omega_0)\bar{\boldsymbol{\Gamma}}\boldsymbol{A}^H(\omega_0) + \sigma\boldsymbol{I}\end{aligned} \tag{5.99}$$

ここで

$$\bar{\boldsymbol{\Gamma}} := \frac{1}{N_\omega}\sum_{l=1}^{N_\omega}\boldsymbol{\Gamma}(\omega_l) \tag{5.100}$$

以上から，信号部分空間の構造を破壊することなく，周波数平均が行えることがわかる。

式 (5.97) からわかるように，変換行列 $\boldsymbol{T}_l$ の設計には，推定すべき音源に対するアレイ・マニフォールド行列が必要である。このため，例えば DS 法などにより予備的な音源定位を行い，アレイ・マニフォールド行列の大まかな推定値 $\hat{\boldsymbol{A}}(\omega_l)$ を得て，これにより変換行列を設計することが提案されている[16]。また，観測空間内において想定されるアレイ・マニフォールド・ベクトルの集合全体の変換を最小二乗的に実現することにより，予備推定を行わなくて済む方法なども提案されている[18]。

5.6 音源数の推定

部分空間法では，信号部分空間の次元（= 音源数 N）が既知でなければならない。ここでは，空間相関行列の固有値分布から，音源数を推定する手法について述べる。

5.6.1 AIC/MDL を用いる方法

AIC（Akaike information criterion）[19] や **MDL**（minimum description length）[20] は，モデルの次数を決定する規範としてしばしば用いられる。いま，観測値 $\boldsymbol{Z} = [\boldsymbol{z}_1, \cdots, \boldsymbol{z}_K]$ が与えられ，これをパラメータ $\boldsymbol{x}$ を持つモデルで，モデル化する場合を考える。最尤法を用いる場合，尤度 $p(\boldsymbol{Z}|\boldsymbol{x})$ が最大となるようパラメータを決定すれば良いわけだが，モデルの次数（パラメータの数）が未定の場合は，一般にモデルの次数が高いほどデータをよく説明でき，尤度は高くなる。このため，AIC や MDL では，次式で示すように，次数の増加に伴い増加するペナルティが導入されている。

$$AIC = -2\log p(\boldsymbol{Z}|\hat{\boldsymbol{x}}_{\mathrm{ML}}) + 2k_p \tag{5.101}$$

$$MDL = -\log p(\boldsymbol{Z}|\hat{\boldsymbol{x}}_{\mathrm{ML}}) + \frac{1}{2}k_p \log K \tag{5.102}$$

ここで，k_p はペナルティの項であり，具体的には自由に調整できるパラメータの数である。$\hat{\boldsymbol{x}}_{\mathrm{ML}}$ は，次数 k_p のモデルを仮定して得られた $\boldsymbol{x}$ の最尤推定値であり，$\log p(\boldsymbol{Z}|\hat{\boldsymbol{x}}_{\mathrm{ML}})$ は，$\boldsymbol{x} = \hat{\boldsymbol{x}}_{\mathrm{ML}}$ の場合の対数尤度である。$\log p(\boldsymbol{Z}|\hat{\boldsymbol{x}}_{\mathrm{ML}})$ に負号がついているのは，モデルの次数決定を最小化問題とするためである。

Wax *et al.* (1985)[21] は，AIC/MDL を用いて音源数を推定する方法を提案した。この方法では，雑音が空間的に白色であると仮定する。5.1.3 項で述べた固有値・固有ベクトルの性質から，音源数を N とすると，空間相関行列は次式のように固有値分解される。

$$\boldsymbol{R} = \sum_{i=1}^{N} \lambda_i \boldsymbol{e}_i \boldsymbol{e}_i^H + \sigma \sum_{i=N+1}^{M} \boldsymbol{e}_i \boldsymbol{e}_i^H \tag{5.103}$$

式 (5.103) を相関行列のモデルと考えると，モデルにおけるパラメータ $\boldsymbol{x}$ は，次式のように，信号部分空間の固有値 $\{\lambda_1, \cdots, \lambda_N\}$，固有ベクトル $\{\boldsymbol{e}_1, \cdots, \boldsymbol{e}_N\}$，および雑音のパワー σ である。

$$\boldsymbol{x} = \left[\lambda_1, \cdots, \lambda_N, \boldsymbol{e}_1^T, \cdots, \boldsymbol{e}_N^T, \sigma\right]^T \tag{5.104}$$

雑音部分空間の固有ベクトル $\{\boldsymbol{e}_{N+1}, \cdots, \boldsymbol{e}_M\}$ は，信号部分空間の固有ベクトルと直交するように決めれば良いので，自由に調整できるパラメータからは，除外されている。以上から，パラメータ数は $N + 2MN + 1$ となるが，固有ベクトルには正規直交の拘束があるので，自由に調整できるパラメータ数はこれよりも少なく，次式のようになる[22)]。

$$k_p = N(2M - N + 1) \tag{5.105}$$

一方，モデル（式 (5.103)）を仮定した場合の負号付き対数尤度 $-\log p(\boldsymbol{Z}|\hat{\boldsymbol{x}}_{\mathrm{ML}})$ は，次式で与えられる[2),21)〜23)]。

$$-\log p(\boldsymbol{Z}|\hat{\boldsymbol{x}}_{\mathrm{ML}}) = -K(M-N)\log\left(\frac{\left(\prod_{i=N+1}^{M}\hat{\lambda}_i\right)^{\frac{1}{M-N}}}{\frac{1}{M-N}\sum_{i=N+1}^{M}\hat{\lambda}_i}\right) \tag{5.106}$$

ここで，$\hat{\lambda}_i$ は，データ $\boldsymbol{Z}$ から推定した空間相関行列 $\boldsymbol{R}$ の推定値 $\hat{\boldsymbol{R}} = \frac{1}{K}\sum_{k=1}^{K}\boldsymbol{z}_k\boldsymbol{z}_k^H$ の固有値である[23)]。この式からわかるように，負号付き対数尤度 $-\log p(\boldsymbol{Z}|\hat{\boldsymbol{x}}_{\mathrm{ML}})$ は，小さいほうから $M-N$ 個の固有値 $\{\hat{\lambda}_{N+1}, \cdots, \hat{\lambda}_M\}$ の算術平均と幾何平均の比となっている。$M-N$ 個の固有値がすべて雑音部分空間のものであれば，雑音の空間的白色性の仮定により，固有値は等しくなり，算術平均と幾何平均は等しくなる。一方，音源数を実際より小さく選択し，$M-N$ 個の固有値に，信号部分空間のものが入った場合，算術平均が幾何平均よりも大きくな

り，負号付き対数尤度 $-\log p(\boldsymbol{Z}|\hat{\boldsymbol{x}}_{\mathrm{ML}})$ は増加する。

最後に，式 (5.101) あるいは式 (5.102) に，求めたペナルティ（式 (5.105)）および負号付き対数尤度（式 (5.106)）を代入して，音源数 N を決定する規範を得る。この規範を最小とするように，音源数を決定すればよい。

5.6.2 閾値を用いる方法

5.1 節で述べたように，音源数は，大きな固有値の数と対応している。そこで，最も単純な音源数の推定法は，適当な閾値を設定し，この閾値を超えた固有値の数をカウントする方法である。環境に定常的な雑音がある場合は，この雑音の平均パワーに基づいて閾値を設定することができる。一方，部屋の残響のように，非定常な雑音が主である場合は，測定などに基づいて，最適な閾値を設定する必要がある。また，音声信号のように，信号源が非定常な場合は，信号源のパワーの変動の影響を低減するため，次式に示すように，最大固有値で正規化した固有値を用いるのが有効な場合がある。

$$\bar{\lambda}_i = \lambda_i/\lambda_1, \qquad i = 1, \cdots, M \tag{5.107}$$

5.6.3 固有値のパターンを識別する方法

5.1 節での議論や，後述する 5.6.4 項の例からわかるように，空間相関行列の固有値分布のパターンは，音源数に依存する。したがって，パターン識別の技術を用いて，固有値パターンを識別することにより，音源数を推定することがある程度可能である。パターン識別の手法にはさまざまなものがあるが，ここでは，**サポートベクターマシン**（support vector machine，SVM）を用いる方法を紹介する[24),25)]。SVM は，**超平面**（hyperplane）によりデータを二つのクラスに分ける識別器である。SVM の詳細については，Schölkopf *et al.* (2002)[26)] などを参照してほしい。SVM の学習過程では，あらかじめ音源数が既知である固有値パターンを学習データとして用意し，教師あり学習により識別器を学習させる。例えば，音源数 $N = 1$ と $N = 2$ を識別する場合，学習用固有値パターン $\{\boldsymbol{x}_i = [\lambda_1^{(i)}, \cdots, \lambda_M^{(i)}]^T; i = 1, \cdots, L\}$ と，これに対応するクラスラベル

$y_i \in \{\pm 1\}$ を用意する。ここで，i は学習サンプルのインデックスである。クラスラベルは，例えば $y_i = 1$ が $N = 1$ に，$y_i = -1$ が $N = 2$ に，それぞれ対応する。学習過程では，この学習サンプルを用い，次式の識別器 $f(\boldsymbol{x})$ を学習させる。

$$f(\boldsymbol{x}) \ = \ \mathrm{sgn}\left(\sum_{i=1}^{L} y_i \alpha_i k(\boldsymbol{x}, \boldsymbol{x}_i) + b\right) \tag{5.108}$$

ここで，$\{\alpha_i\}$ および b は学習過程で決定される係数である。$k(\boldsymbol{x}, \boldsymbol{x}_i) = \Psi^T(\boldsymbol{x})\Psi(\boldsymbol{x}_i)$ は**カーネル**（kernel）と呼ばれ，データを非線形関数 $\Psi(\boldsymbol{x})$ により非線形空間に写像して識別することができる。関数 $\mathrm{sgn}(x)$ は x の符号を与える。一方，識別過程では，音源数が未知の固有値パターン $\boldsymbol{x}$ と，学習済みの識別器 $f(\boldsymbol{x})$ から，音源数を推定する。

5.6.4 応　　用　　例

本節では，固有値分布を用いた音源数の推定法の効果をみていく。

図 5.13 は，音源数が $N = 1$ と $N = 2$ の場合について，周波数 [500,3 000] Hz の範囲の固有値分布の例を示したものである。この例では，固有値分布の違いが比較的わかりやすいように，大型の直径 50 cm の円形等間隔素子のマイクロホンアレイを用いている。測定に用いた環境は，例 1.1 に示した残響時間が 0.5 s 程度の会議室である。分析条件は，周波数以外，表 5.2 と同じである。固有値は，最大固有値で正規化してある。この図から，$N = 2$ の場合は第 2 固有値が

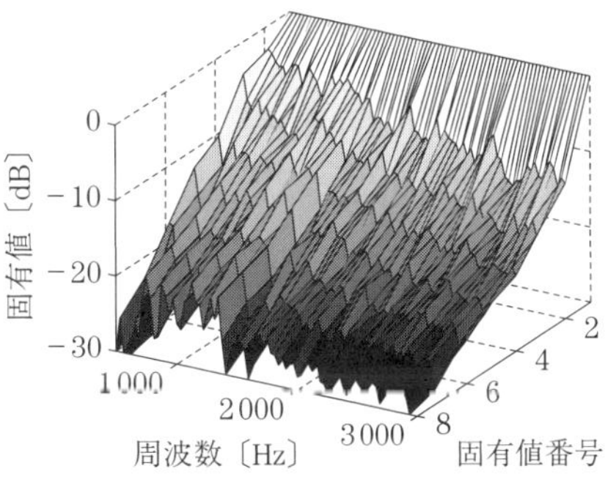

(a)　音源数 $N = 1$

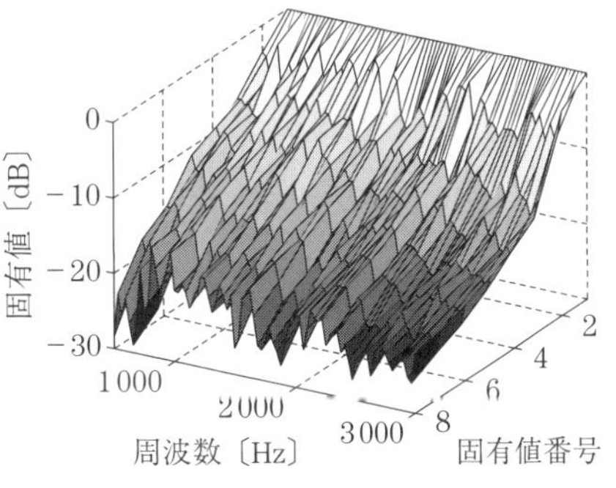

(b)　音源数 $N = 2$

図 5.13　固有値分布の例

$N = 1$ の場合よりも大きくなるなどのパターンの違いがみられるが，その違いは必ずしも明確ではない。また，雑音部分空間に属するはずの第 3 固有値以降の固有値 $\{\lambda_i; i = 3, \cdots, 8\}$ は，平坦にならず，なだらかに減衰していく。これは，5.2.4 項のところでも述べたように，残響成分の空間的有色性によるものであり，このことが，信号部分空間と雑音部分空間の区別を困難にしている。

〔1〕 **AIC/MDL を用いる方法**

図 5.14 は，シミュレーションにより生成した空間相関行列に対して，固有値分布および AIC/MDL を計算したものである。空間相関行列は，式 (5.21) のモデルにより生成した。信号および雑音のパワーは，$\boldsymbol{\Gamma} = \boldsymbol{I}$，$\sigma = 0.01$ とした。この場合，雑音 $\boldsymbol{v}$ は，空間的に完全に白色である。周波数は 1 500 Hz である。AIC/MDL の値を示した図 (b) および図 (c) をみると，実際の音源数と合致したところで，AIC/MDL の値が最小になっており，AIC/MDL を用いて音源数の推定ができることがわかる。

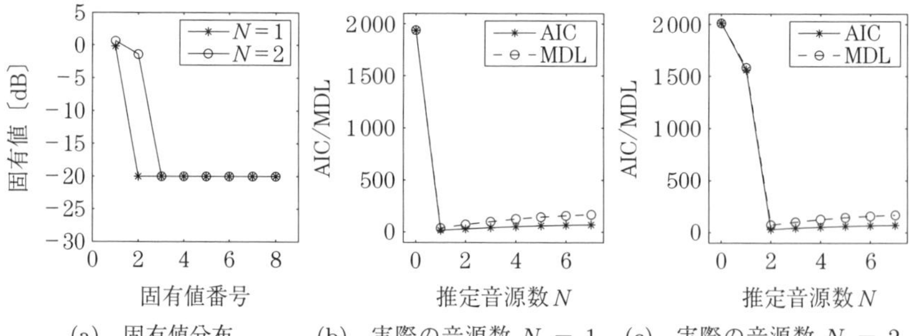

(a)　固有値分布　(b)　実際の音源数 $N = 1$ の場合の AIC/MDL　(c)　実際の音源数 $N = 2$ の場合の AIC/MDL

図 5.14　シミュレーションにより生成した空間相関行列（雑音が白色）に対する固有値分布と AIC/MDL

一方，**図 5.15** は，実測により求めた空間相関行列の固有値分布（図 5.13 のうち 1500 Hz のもの）と AIC/MDL の値である。空間相関行列には，部屋の残響成分が含まれている。この図から，AIC/MDL は，実際の音源数で最小とはなっていない。これは，AIC/MDL を用いた音源数の推定が，雑音の空間的白色性に強く依存しているためである。この例から，音響問題の残響のように，

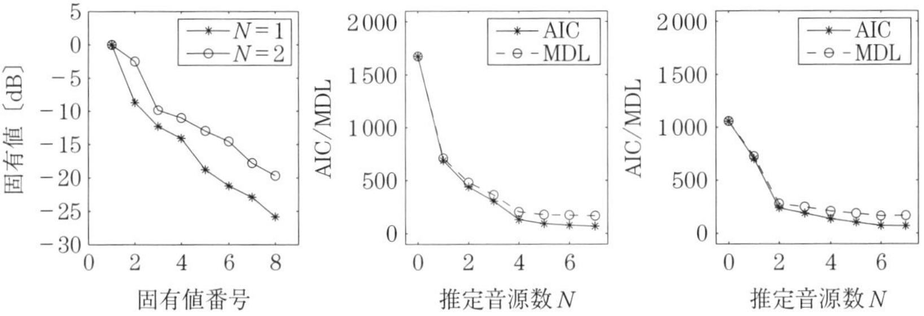

(a) 固有値分布　(b) 実際の音源数 $N=1$ の場合の AIC/MDL　(c) 実際の音源数 $N=2$ の場合の AIC/MDL

図 5.15　実測により求めた空間相関行列（雑音が有色）に対する固有値分布と AIC/MDL

雑音が空間的に有色であり，事前の白色化も難しい場合は，AIC/MDL により音源数を推定することは困難であることがわかる。

〔2〕 閾値を用いる方法

図 5.16 は，図 5.13 に示した異なる周波数の正規化した固有値 $\{\bar{\lambda}_i; i = 1, \cdots, M\}$ の平均値と標準偏差を示したものである。閾値の例として，-7 dB の閾値（図中の点線）を用いた場合，$N=1$ では 1 個の固有値が，$N=2$ では 2 個の固有値が，おおむね閾値の上に出ることになる。この例では，-7 dB の閾値を用いた場合の $N \in \{1, 2\}$ の識別率は，CR=73%であった。

〔3〕 固有値のパターンを識別する方法

ここでは，図 5.13 に示した異なる周波数の固有値パターンから，$N=1$ と

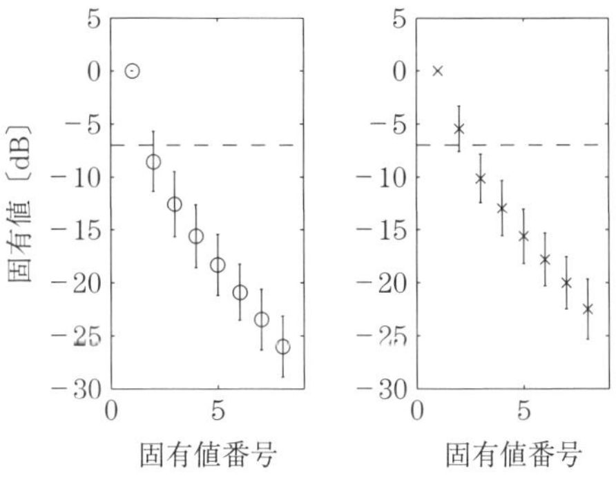

(a) $N=1$　(b) $N=2$

図 5.16　図 5.13 に示した固有値の平均値と標準偏差。図中の点線は，音源数を推定するために設定した閾値の例

$N=2$ のそれぞれについて，$L=40$ 個のサンプルを抜き出し，SVM による識別器を構成してみよう。5.6.3 項で述べた学習データ $\boldsymbol{x}_i$ として，式 (5.107) に示した正規化固有値 $\{\bar{\lambda}_m; m=1,\cdots,M\}$ のうち，$N \in \{1,2\}$ の場合の特徴を反映する第 2 固有値と第 3 固有値を対数で圧縮して用いた。すなわち，$\boldsymbol{x}_i = [\ 10\log_{10}\bar{\lambda}_2^{(i)},\quad 10\log_{10}\bar{\lambda}_3^{(i)}\ ]^T$。式 (5.108) におけるカーネルには，線形関数 $\Psi(\boldsymbol{x})=\boldsymbol{x}$ によるカーネル $k(\boldsymbol{x},\boldsymbol{x}_i)=\boldsymbol{x}^T\boldsymbol{x}_i$，および非線形関数によるガウスカーネル $k(\boldsymbol{x},\boldsymbol{x}_i)=\exp\left(-\|\boldsymbol{x}-\boldsymbol{x}_i\|^2/c\right)$ を用いた。c は正の定数である。

図 5.17 は，$N \in \{1,2\}$ に対するデータサンプル $\boldsymbol{x}_i$ をプロットしたものである。この図から，サンプルは，データ空間上である程度分離しているが，混ざり合っているサンプルもある。図 (a) における直線，および図 (b) における曲線は，識別境界 $g(\boldsymbol{x})=0$ を表している。ここで，$g(\boldsymbol{x})$ は式 (5.108) における $\mathrm{sgn}(\cdot)$ の中身を表す。線形関数を用いたカーネルでは，この境界が超平面となる。一方，非線形関数を用いたカーネルでは，非線形空間において超平面が構成されるため，データ空間における識別境界は一般に非線形曲面となる。図 5.17 中の CR の値は，学習サンプルに対する識別率を表している。この例では，$N=1$ のデータを取り囲むように識別境界が構成された，ガウスカーネルを用いた場合のほうが識別率が高い。ただし，これは，いわゆるクローズテスト（学

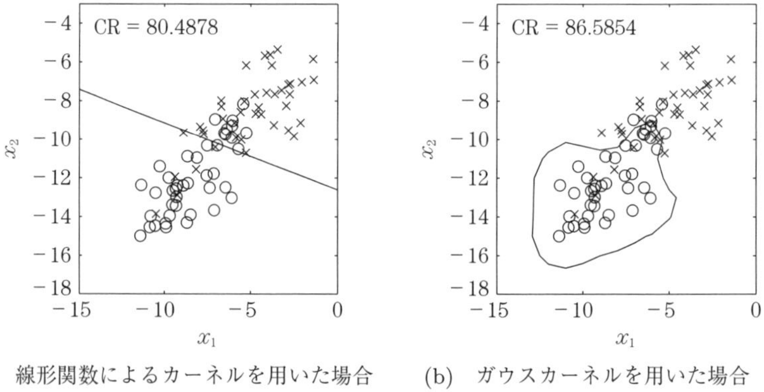

(a)　線形関数によるカーネルを用いた場合　　(b)　ガウスカーネルを用いた場合

図 5.17　固有値パターンを SVM により識別した例。(a) の直線および (b) の閉曲線は識別境界を表す。CR の値はデータセットが正しく識別された割合〔%〕を表す。図中の“○”は 1 音源のデータを，“×”は 2 音源のデータを，それぞれ表す

習サンプルと識別サンプルが等しい）であるので，実際の応用では，オープンテストによる識別器の評価が必要である。固有値パターンは，音源の相対的な位置や，部屋の残響などによっても変化するので，学習サンプルをどのように構成するかが，よい識別器を構成する鍵となる。

引用・参考文献

1) S. Haykin：*Adaptive filter theory*, Prentice Hall, fourth edition (2002)
2) H. L. Van Trees：*Optimum Array Processing*, Wiley (2002)
3) S. Kay：*Modern spectral estimation*, Prentice hall (1988)
4) A. Cantoni and L. C. Godara："Resolving the direction of sources in a correlated field incident on an array," *J. Acoust. Soc. Am.*, vol. 67, pp. 1247～1255 (1981)
5) R. Roy and T. Kailath："Esprit - estimation of signal parameters via rotational invariance techniques," *IEEE Trans. Acoust. Speech, Signal Processing*, vol. 37, no. 7, pp. 984～995, July (1989)
6) R. O. Schmidt："Multiple emitter location and signal parameter estimation," *IEEE Trans. Antennas Propagation*, vol. AP-34, no. 3, pp. 276～280, March (1986)
7) 菊間信義：アレーアンテナによる適応信号処理，科学技術出版 (1998)
8) S. S. Reddi："Multiple source location: A digital approach," *IEEE Trans. Aerospace, Electro. System*, vol. AES-15 (1979)
9) R. Kumaresan and D. W. Tufts："Estimating the angles of arrival of multiple plane waves," *IEEE Trans. Aerospace, Electro. System*, vol. AES-19, no. 1, pp. 134～139, January (1983)
10) K. Nakamura, K. Nakadai, F. Asano, Y. Hasegawa, and H. Tsujino："Intelligent sound source localization for dynamic environments," in *Proc. IROS 2009*, Paper ID:MoIIT8.3 (2009)
11) B. Ottersten, M. Viberg, and T. Kailath："Performance analysis of the total least squares esprit algorithm," *IEEE Trans. Signal Processing*, vol. SP-39, pp. 1122～1135 (1991)
12) G. H. Golub and C. F. VanLoan：*Matrix Computations*, The Johns Hopkins University Press, 3rd edition (1996)
13) A. Swami and J. M. Mendel："Cumulant-based approach to the harmonic retrieval and related problems," *IEEE Trans. Signal Process*, vol. 39, no. 5, pp. 1099～1109 (1991)

14) C. L. Nikias and A. P. Petropulu：*Higher-order spectral analysis*, Prentice Hall (1993)
15) F. Asano, K. Yamamoto, I. Hara, J. Ogata, T. Yoshimura, Y. Motomura, N. Ichimura, and H. Asoh："Detection and separation of speech event using audio and video information fusion and its application to robust speech interface," *EURASIP Journal on Applied Signal Processing*, vol. 2004, no. 11, pp. 1727～1738 (2004)
16) H. Wang and M. Kaveh："Coherent signal-subspace processing for the detection and estimation of angles of arrival of multiple wide-band sources," *IEEE Trans. Acoust. Speech, Signal Processing*, vol. 33, no. 4, pp. 823～831 (1985)
17) H. Hung and M. Kaveh："Focussing matrices for coherent signal-subspace processing," *IEEE Trans. Acoust. Speech, Signal Processing*, vol. 36, no. 8, pp. 1272～1281 (1988)
18) T. S. Lee："Efficient wideband source localization using beamforming invariance technique," *IEEE Trans. Signal Processing*, vol. 42, no. 6, pp. 1376～1387 (1994)
19) H. Akaike："A new look at the statistical model identification," *IEEE Trans. Autom. Control*, vol. AC-19, no. 6, pp. 716～723 (1974)
20) J. Rissanen："Modeling by shortest data description," *Automatica*, vol. 14, pp. 465～471 (1978)
21) M. Wax and T. Kailath："Detection of signals by information theoretic criteria," *IEEE Trans. Acoust. Speech, Signal Processing*, vol. ASSP-33, pp. 387～392, Apr. (1985)
22) D. H. Johnson and D. E. Dudgeon：*Array signal processing*, Prentice Hall, Englewood Cliffs NJ (1993)
23) T. W. Anderson："Asymptotic theory for principal component analysis," *Ann. J. Math. Stat.*, vol. 34, pp. 122～148 (1963)
24) K. Yamamoto, F. Asano, W. Rooijen, T. Yamada, and N. Kitawaki："Estimation of the number of sound sources using support vector machine and its application to sound source separation," in *Proc. ICASSP 2003*, vol. V, pp. 485～488 (2003)
25) K. Yamamoto, F. Asano, T. Yamada, and N. Kitawaki："Detection of overlapping speech in meeting using suport vector machines and suport vector regression," *IEICE Trans. Fundamentals*, vol. E89-A, no. 8, pp. 2158～2165, August (2006)
26) B. Schölkopf and A. Smola：*Learning with kernels*, MIT Press (2002)

6 EM アルゴリズムを用いた音源定位

本章で取り上げる EM アルゴリズムは，ML 法の解を反復により求めるパラメータ推定法であり，音声認識における HMM の学習をはじめとして，さまざまな分野に応用されている。本書で扱う音源定位や音源分離では，必ずしも広く普及しているとはいえないが，EM アルゴリズムの考え方を理解しておくことは，アレイ信号処理においても有用である。本章では，Miller *et al.* (1990) が提案した方法[1)] を題材に，音源定位への EM アルゴリズムの応用を考える。

6.1 EM アルゴリズムの基礎

6.1.1 不完全データと完全データ

EM アルゴリズム（EM algorithm）は，2.6 節で述べた ML 法と同様，観測値 $\boldsymbol{z} = [z_1, \cdots, z_M]^T$ が得られた場合に，その背後にあるパラメータ $\boldsymbol{\Psi} = [\psi_1, \cdots, \psi_L]^T$ を推定する問題を扱う†。ML 法では，式 (2.73) に示されているとおり，パラメータの尤度 $p(\boldsymbol{z}|\boldsymbol{\Psi})$ が最大となるよう，パラメータを決定する。

EM アルゴリズムは，データの一部が欠損し，不完全な場合に，ML 法の解を得るための手法として開発された[2),3)]。このため，EM アルゴリズムでは，観測可能なデータ $\boldsymbol{z}$ を**不完全データ**（incomplete data）と呼ぶ。一方，欠損はないが全体を観測できないデータを**完全データ**（complete data）と呼び，本

† 本書の他の章では，パラメータを $\boldsymbol{x}$ と表記しているが，EM アルゴリズムでは，本節で登場する完全データを $\boldsymbol{x}$ と表すことが多いため，本章ではパラメータベクトルを $\boldsymbol{\Psi}$ と表すこととする。

書では $\boldsymbol{x}$ で表すものとする。

データの欠損がない場合でも，直接観測できない仮想的なデータを完全データとして想定することで，そのままでは複雑で解法が困難な最尤推定の問題が簡単化されるなどの利点がある場合もある。本章で取り上げる Miller *et al.* の手法では，6.2 節で述べるように，本来は観測できない，各音源ごとのセンサ入力を完全データとして想定することで，多次元の最適化問題を 1 次元のそれに簡略化している。

6.1.2 EM アルゴリズムの概要

前節で述べたように，不完全データを $\boldsymbol{z}$，完全データを $\boldsymbol{x}$ と表すものとする。$\boldsymbol{z}$ および $\boldsymbol{x}$ が属する標本空間を $\mathcal{Z}$ および $\mathcal{X}$ で表すものとし，この二つの空間は，$\mathcal{X}$ から $\mathcal{Z}$ への多対一写像

$$\boldsymbol{z} = h(\boldsymbol{x}) \tag{6.1}$$

で関連づけられているものとする。本書における写像の例は，式 (6.14) で登場する。$\boldsymbol{z}$ および $\boldsymbol{x}$ の確率密度関数を $g(\boldsymbol{z}|\boldsymbol{\Psi})$ および $f(\boldsymbol{x}|\boldsymbol{\Psi})$ とすると，両者にはつぎの関係がある。

$$g(\boldsymbol{z}|\boldsymbol{\Psi}) = \int_{\mathcal{X}(\boldsymbol{z})} f(\boldsymbol{x}|\boldsymbol{\Psi})\, d\boldsymbol{x} \tag{6.2}$$

ここで，$\mathcal{X}(\boldsymbol{z})$ は，式 (6.1) で定まる $\mathcal{X}$ の部分集合である。

観測値（不完全データ）$\boldsymbol{z}$ に対する対数尤度関数を次式のように表すものとする。

$$LL_z(\boldsymbol{\Psi}) \ := \ \log g(\boldsymbol{z}|\boldsymbol{\Psi}) \tag{6.3}$$

通常の ML 法では，式 (6.3) を最大化するようパラメータ $\boldsymbol{\Psi}$ を決定する。一方，EM アルゴリズムでは，次式で定義される完全データ $\boldsymbol{x}$ に対する対数尤度関数を反復的に最大化することで，間接的に式 (6.3) を最大化する[2)]。

$$LL_x(\boldsymbol{\Psi}) \ := \ \log f(\boldsymbol{x}|\boldsymbol{\Psi}) \tag{6.4}$$

ただし，$LL_x(\boldsymbol{\Psi})$ は直接観測できないので，その条件付き期待値を最大化する。具体的には，つぎに示す **E-ステップ**（expectation step）と **M-ステップ**（maximization step）を交互に繰り返しながら，パラメータを最適化していく。p 回目の反復が終了し，パラメータの推定値 $\boldsymbol{\Psi}^{(p)}$ が得られているものとする。

E-ステップ: 次式で定義される完全データに対する対数尤度の条件付き期待値を計算する。

$$Q(\boldsymbol{\Psi};\boldsymbol{\Psi}^{(p)}) \ := \ E\left[LL_x(\boldsymbol{\Psi})|\boldsymbol{z},\boldsymbol{\Psi}^{(p)}\right] \tag{6.5}$$

M-ステップ: $Q(\boldsymbol{\Psi};\boldsymbol{\Psi}^{(p)})$ を最大化するよう新たなパラメータの推定値 $\boldsymbol{\Psi}^{(p+1)}$ を決定する。

$$\boldsymbol{\Psi}^{(p+1)} \ = \ \arg\max_{\boldsymbol{\Psi}} Q(\boldsymbol{\Psi};\boldsymbol{\Psi}^{(p)}) \tag{6.6}$$

6.2 観測信号のモデルと完全データ

まず，観測信号のモデルを整理しておこう。本章では，1.3.2 項で述べた観測信号のモデルにおいて，目的音の直接波 $\boldsymbol{z}_s$ と雑音 $\boldsymbol{v}$ が存在する場合を考える。観測信号 $\boldsymbol{z}$ およびその相関行列は，次式のモデルで表される（1.3.2 項および 1.3.3 項参照）。

$$\boldsymbol{z} \ = \sum_{i=1}^{N} \boldsymbol{a}(\theta_i)s_i + \boldsymbol{v} \ = \ \boldsymbol{A}(\boldsymbol{\theta})\boldsymbol{s} + \boldsymbol{v} \tag{6.7}$$

$$\boldsymbol{R}_z = E\left[\boldsymbol{z}\boldsymbol{z}^H\right] \ = \ \boldsymbol{A}(\boldsymbol{\theta})\boldsymbol{\Gamma}\boldsymbol{A}^H(\boldsymbol{\theta}) + \sigma\boldsymbol{I} \tag{6.8}$$

雑音 $\boldsymbol{v}$ は空間的に白色なガウス雑音であり，σ は既知であると仮定する。すなわち

$$\boldsymbol{v} \sim \mathcal{N}(0,\sigma\boldsymbol{I}) \tag{6.9}$$

$\boldsymbol{\theta} = [\theta_1,\cdots,\theta_N]^T$ は，N 個の音源の方向を表し，本章で推定すべきパラメー

タとなる。また，$\boldsymbol{\Gamma} = \mathrm{diag}(\gamma_1, \cdots, \gamma_N)$ は，式 (1.42) で定義した音源の相互相関行列である。$\{\gamma_1, \cdots, \gamma_N\}$ は N 個の音源のパワーを表し，こちらも本章で推定するパラメータとなる。本章では，サンプルデータから推定する相関行列と区別するため，式 (6.8) をモデル相関行列と呼ぶ。

続いて，EM アルゴリズムを導入するため，次式のような完全データを定義する。

$$\boldsymbol{x}_i = [x_{i,1}, \cdots x_{i,M}]^T := \boldsymbol{a}(\theta_i)s_i + \boldsymbol{v}_i, \quad i = 1, \cdots, N \tag{6.10}$$

$x_{i,m}$ は，i 番目の音源 s_i に対する m 番目のセンサでの観測値と雑音との和である。音源ごとの個別の観測値である $\boldsymbol{x}_i$ は，直接観測できない。また，雑音 $\boldsymbol{v}_i$ は，便宜上，$\boldsymbol{v}$ を次式に従うよう分割したものである。

$$\boldsymbol{v} = \sum_{i=1}^{N} \boldsymbol{v}_i \tag{6.11}$$

$$\boldsymbol{v}_i \sim \mathcal{N}(0, \frac{\sigma}{N}\boldsymbol{I}) \tag{6.12}$$

完全データ $\{\boldsymbol{x}_i; i = 1, \cdots, N\}$ から不完全データ $\boldsymbol{z}$ への多対一写像は，次式のようになる。

$$\boldsymbol{z} = \sum_{i=1}^{N} \boldsymbol{x}_i \tag{6.13}$$

これを，行列表現で表せば，次式のようになる。

$$\boldsymbol{z} = \boldsymbol{H}\boldsymbol{x} \tag{6.14}$$

$$\boldsymbol{H} := [\overbrace{\boldsymbol{I}, \cdots, \boldsymbol{I}}^{N}] \tag{6.15}$$

$$\begin{aligned}\boldsymbol{x} &:= [\boldsymbol{x}_1^T, \cdots, \boldsymbol{x}_N^T]^T \\ &= [x_{1,1}, \cdots, x_{1,M}, \cdots, x_{N,1}, \cdots, x_{N,M}]^T\end{aligned} \tag{6.16}$$

ここで，$\boldsymbol{I}$ は $M \times M$ の単位行列である。また，完全データ $\boldsymbol{x}_i$ のモデル相関行列は，次式のようになる。

$$\boldsymbol{R}_{x_i} := E\left[\boldsymbol{x}_i\boldsymbol{x}_i^H\right] = \gamma_i\boldsymbol{a}(\theta_i)\boldsymbol{a}^H(\theta_i) + \frac{\sigma}{N}\boldsymbol{I} \tag{6.17}$$

6.3 尤　　　　　度

6.3.1 観測値に対する尤度

本章では，尤度の算出に，例 2.2 で述べたランダム信号モデルを用いる。音源信号 $\boldsymbol{s}$ が多次元ガウス分布 $p(\boldsymbol{s}) = \mathcal{N}(\boldsymbol{s}; \mathbf{0}, \boldsymbol{\Gamma})$ に従うものと仮定する。このとき，式 (2.10) で示したように，いずれも多次元ガウス分布に従う $\boldsymbol{s}$ と $\boldsymbol{v}$ の線形結合である $\boldsymbol{z}$ も，次式の多次元ガウス分布に従う。

$$
\begin{aligned}
p(\boldsymbol{z}|\boldsymbol{\Psi}) &= \mathcal{N}(\boldsymbol{z}; \mathbf{0}, \boldsymbol{R}_z) \\
&= \pi^{-M}(\det(\boldsymbol{R}_z))^{-1} \exp\left(-\boldsymbol{z}^H \boldsymbol{R}_z^{-1} \boldsymbol{z}\right) \qquad (6.18)
\end{aligned}
$$

ここで，$\boldsymbol{\Psi}$ は，相関行列 $\boldsymbol{R}_z$ に含まれる音源のパラメータを表し，次式で定義される。

$$
\begin{aligned}
\boldsymbol{\Psi} &:= [\boldsymbol{\psi}_1^T, \cdots, \boldsymbol{\psi}_N^T]^T \qquad (6.19) \\
\boldsymbol{\psi}_i &:= [\theta_i, \gamma_i]^T
\end{aligned}
$$

θ_i および γ_i は，それぞれ i 番目の音源の方向および平均パワーである。式 (6.18) は，データ $\boldsymbol{z}$ に対するパラメータ $\boldsymbol{\Psi}$ の尤度を表す。

続いて，データを単一のデータベクトル $\boldsymbol{z}$ から，次式で示すブロックデータに拡張する。

$$
\boldsymbol{Z} = [\boldsymbol{z}_1, \cdots, \boldsymbol{z}_K] \qquad (6.20)
$$

このときの $\boldsymbol{Z}$ の確率密度は，観測値 $\{\boldsymbol{z}_k; k = 1, \cdots, K\}$ がたがいに独立であると仮定すると，次式で与えられる。

$$
\begin{aligned}
p(\boldsymbol{Z}|\boldsymbol{\Psi}) &= \prod_{k=1}^{K} p(\boldsymbol{z}_k|\boldsymbol{\Psi}) \\
&= \pi^{-MK}(\det(\boldsymbol{R}_z))^{-K} \exp\left(-\sum_{k=1}^{K} \boldsymbol{z}_k^H \boldsymbol{R}_z^{-1} \boldsymbol{z}_k\right) \qquad (6.21)
\end{aligned}
$$

続いて，式 (6.21) を簡略化しておこう。式 (A.8) の関係を使うと

$$\sum_{k=1}^{K} \boldsymbol{z}_k^H \boldsymbol{R}_z^{-1} \boldsymbol{z}_k = \sum_{k=1}^{K} \mathrm{tr}\left(\boldsymbol{z}_k^H \boldsymbol{R}_z^{-1} \boldsymbol{z}_k\right) = \sum_{k=1}^{K} \mathrm{tr}\left(\boldsymbol{R}_z^{-1} \boldsymbol{z}_k \boldsymbol{z}_k^H\right)$$
$$= \mathrm{tr}\left(\boldsymbol{R}_z^{-1} \sum_{k=1}^{K} \boldsymbol{z}_k \boldsymbol{z}_k^H\right) \tag{6.22}$$

ここで，次式のサンプル相関行列を定義する。

$$\boldsymbol{C}_z \;:=\; \frac{1}{K} \sum_{k=1}^{K} \boldsymbol{z}_k \boldsymbol{z}_k^H \tag{6.23}$$

式 (6.22) および式 (6.23) を用いて，尤度 $p(\boldsymbol{Z}|\boldsymbol{\Psi})$ は，次式のように簡略化される。

$$p(\boldsymbol{Z}|\boldsymbol{\Psi}) \;=\; \pi^{-MK} (\det(\boldsymbol{R}_z))^{-K} \exp\left(-K \mathrm{tr}(\boldsymbol{R}_z^{-1} \boldsymbol{C}_z)\right) \tag{6.24}$$

式 (6.24) から，対数尤度関数は次式のようになる。

$$\log p(\boldsymbol{Z}|\boldsymbol{\Psi}) \;=\; -MK \log \pi - K \log \det(\boldsymbol{R}_z) - K \mathrm{tr}(\boldsymbol{R}_z^{-1} \boldsymbol{C}_z) \tag{6.25}$$

式 (6.25) からパラメータ $\boldsymbol{\Psi}$ に関係ない項を省略した対数尤度関数は，最終的に次式のようになる。

$$LL_z(\boldsymbol{\Psi}) \;=\; -\log \det(\boldsymbol{R}_z) - \mathrm{tr}(\boldsymbol{R}_z^{-1} \boldsymbol{C}_z) \tag{6.26}$$

6.3.2　完全データに対する尤度

続いて，完全データ $\boldsymbol{x}$ に対する尤度を導出する。$\boldsymbol{x}$ を構成する $\{\boldsymbol{x}_i; i = 1, \cdots, N\}$ がたがいに統計的に独立であるとすると，次式が成り立つ。

$$p(\boldsymbol{x}|\boldsymbol{\Psi}) \;=\; \prod_{i=1}^{N} p(\boldsymbol{x}_i|\boldsymbol{\psi}_i) \;=\; \prod_{i=1}^{N} \mathcal{N}(\boldsymbol{x}_i; \boldsymbol{0}, \boldsymbol{R}_{x_i}) \tag{6.27}$$

あとは，$p(\boldsymbol{x}_i|\boldsymbol{\psi}_i)$ に対して，前節と同様の手続きを踏めばよい。まず，$\boldsymbol{x}$ および $\boldsymbol{x}_i$ をブロックデータ $\boldsymbol{X} = [\boldsymbol{x}_1, \cdots, \boldsymbol{x}_K]$ および $\boldsymbol{X}_i = [\boldsymbol{x}_{i,1}, \cdots, \boldsymbol{x}_{i,K}]$ に拡張すると，確率密度は次式のようになる。

$$
\begin{aligned}
p(\boldsymbol{X}|\boldsymbol{\Psi}) &= \prod_{i=1}^{N} p(\boldsymbol{X}_i|\boldsymbol{\psi}_i) \\
&= \prod_{i=1}^{N} \pi^{-MK}(\det(\boldsymbol{R}_{x_i}))^{-K} \exp\left(-\sum_{k=1}^{K} \boldsymbol{x}_{i,k}^H \boldsymbol{R}_{x_i}^{-1} \boldsymbol{x}_{i,k}\right) \\
&= \prod_{i=1}^{N} \pi^{-MK}(\det(\boldsymbol{R}_{x_i}))^{-K} \exp\left(-K\mathrm{tr}(\boldsymbol{R}_{x_i}^{-1}\boldsymbol{C}_{x_i})\right) \qquad (6.28)
\end{aligned}
$$

ここで，$\boldsymbol{C}_{x_i}$ は次式で定義される $\boldsymbol{x}_{i,k}$ のサンプル相関行列である。

$$
\boldsymbol{C}_{x_i} := \frac{1}{K}\sum_{k=1}^{K} \boldsymbol{x}_{i,k}\boldsymbol{x}_{i,k}^H \qquad (6.29)
$$

式 (6.28) から不要な項を取り除いた対数尤度関数は，次式のようになる。

$$
LL_x(\boldsymbol{\Psi}) = \sum_{i=1}^{N} LL_{x_i}(\boldsymbol{\psi}_i) \qquad (6.30)
$$

$$
LL_{x_i}(\boldsymbol{\psi}_i) = -\log\det(\boldsymbol{R}_{x_i}) - \mathrm{tr}(\boldsymbol{R}_{x_i}^{-1}\boldsymbol{C}_{x_i}) \qquad (6.31)
$$

ここで，式 (6.31) には，観測できない完全データ $\boldsymbol{x}_{i,k}$ のサンプル相関行列 $\boldsymbol{C}_{x_i}$ が含まれており，直接求めることはできない。そこで，次式のような，対数尤度の条件付き期待値を求める。

$$
\begin{aligned}
Q(\boldsymbol{\psi}_i) &- E\left[LL_{x_i}(\boldsymbol{\psi}_i)|\boldsymbol{Z}\right] \qquad (6.32) \\
&= -\log\det(\boldsymbol{R}_{x_i}) - \mathrm{tr}\left(\boldsymbol{R}_{x_i}^{-1}E\left[\boldsymbol{C}_{x_i}|\boldsymbol{Z}\right]\right) \qquad (6.33)
\end{aligned}
$$

6.3.3 サンプル相関行列の期待値

ここでは，前節で登場した，サンプル相関行列の条件付き期待値 $E\left[\boldsymbol{C}_{x_i}|\boldsymbol{Z}\right]$ を求めておく。

不完全データ $\boldsymbol{z}$ および完全データ $\boldsymbol{x}$ が結合ガウス分布に従うものとする。この場合，2.3.2 項で述べた，$\boldsymbol{x}$ の条件付き期待値 $\hat{\boldsymbol{x}}$，および条件付き共分散行列 $\boldsymbol{P}$ は，式 (2.41) および式 (2.42) から，次式のようになる。

$$
\hat{\boldsymbol{x}} = E[\boldsymbol{x}|\boldsymbol{z}] = \boldsymbol{G}\boldsymbol{z} \qquad (6.34)
$$

$$
\boldsymbol{P} = E[(\boldsymbol{x}-\hat{\boldsymbol{x}})(\boldsymbol{x}-\hat{\boldsymbol{x}})^H|\boldsymbol{z}] = \boldsymbol{P}_x - \boldsymbol{G}\boldsymbol{P}_z\boldsymbol{G}^H \qquad (6.35)
$$

$$G := P_{xz}P_z^{-1} \tag{6.36}$$

ただし，$\mu_z = \mu_x = 0$ を仮定している。式 (6.35) に式 (6.34) を代入し展開すると，次式のようになる。

$$\begin{aligned} P &= E[(x - Gz)(x - Gz)^H|z] \\ &= E[xx^H|z] - GzE[x^H|z] - E[x|z]z^H G^H + Gzz^H G^H \\ &= E[xx^H|z] - Gzz^H G^H - Gzz^H G^H + Gzz^H G^H \\ &= E[xx^H|z] - Gzz^H G^H \end{aligned} \tag{6.37}$$

これから，次式が成り立つ。

$$E[xx^H|z] = P_x - GP_zG^H + Gzz^H G^H \tag{6.38}$$

$\mu_z = \mu_x = 0$ を仮定しているから，共分散行列は相関行列に等しい。すなわち

$$P_x = E[xx^H] = R_x \tag{6.39}$$

$$P_z = E[zz^H] = R_z \tag{6.40}$$

また，式 (6.14) から，次式が成り立つ。

$$P_{xz} = E[xz^H] = E[xx^H H^H] = R_x H^H \tag{6.41}$$

$$G = R_x H^H R_z^{-1} \tag{6.42}$$

式 (6.38) に式 (6.39)～式 (6.42) を代入し，次式を得る。

$$E[\check{C}_x|z] = R_x - R_x H^H R_z^{-1} H R_x + R_x H^H R_z^{-1} \check{C}_z R_z^{-1} H R_x \tag{6.43}$$

ここで

$$\check{C}_x := xx^H, \quad \check{C}_z := zz^H \tag{6.44}$$

N 個の音源がたがいに無相関であるとすると，完全データの相関行列 R_x は，次式のようなブロック対角行列となる。

$$\boldsymbol{R}_x = \begin{bmatrix} \boldsymbol{R}_{x_1} & 0 & \cdots & 0 \\ 0 & \boldsymbol{R}_{x_2} & \cdots & \vdots \\ \vdots & \vdots & \ddots & 0 \\ 0 & \cdots & 0 & \boldsymbol{R}_{x_N} \end{bmatrix} \tag{6.45}$$

式 (6.45) から次式が成り立つ。

$$\boldsymbol{H}\boldsymbol{R}_x = [\boldsymbol{R}_{x_1}, \boldsymbol{R}_{x_2}, \cdots, \boldsymbol{R}_{x_N}] \tag{6.46}$$

また，$E[\check{\boldsymbol{C}}_x|\boldsymbol{z}]$ も式 (6.45) と同様に次式のようなブロック対角行列となる。

$$E[\check{\boldsymbol{C}}_x|\boldsymbol{z}] = \begin{bmatrix} E[\check{\boldsymbol{C}}_{x_1}|\boldsymbol{z}] & 0 & \cdots & 0 \\ 0 & E[\check{\boldsymbol{C}}_{x_2}|\boldsymbol{z}] & \cdots & \vdots \\ \vdots & \vdots & \ddots & 0 \\ 0 & \cdots & 0 & E[\check{\boldsymbol{C}}_{x_N}|\boldsymbol{z}] \end{bmatrix} \tag{6.47}$$

式 (6.43) に，式 (6.45)～式 (6.47) を代入すると，次式を得る。

$$\begin{bmatrix} E[\check{\boldsymbol{C}}_{x_1}|\boldsymbol{z}] & 0 & \cdots & 0 \\ 0 & E[\check{\boldsymbol{C}}_{x_2}|\boldsymbol{z}] & \cdots & \vdots \\ \vdots & \vdots & \ddots & 0 \\ 0 & \cdots & 0 & E[\check{\boldsymbol{C}}_{x_N}|\boldsymbol{z}] \end{bmatrix} =$$

$$\begin{bmatrix} \boldsymbol{R}_{x_1} & 0 & \cdots & 0 \\ 0 & \boldsymbol{R}_{x_2} & \cdots & \vdots \\ \vdots & \vdots & \ddots & 0 \\ 0 & \cdots & 0 & \boldsymbol{R}_{x_N} \end{bmatrix} - \begin{bmatrix} \boldsymbol{R}_{x_1} \\ \boldsymbol{R}_{x_2} \\ \vdots \\ \boldsymbol{R}_{x_N} \end{bmatrix} \boldsymbol{R}_z^{-1} [\boldsymbol{R}_{x_1}, \boldsymbol{R}_{x_2}, \cdots, \boldsymbol{R}_{x_N}]$$

$$+ \begin{bmatrix} \boldsymbol{R}_{x_1} \\ \boldsymbol{R}_{x_2} \\ \vdots \\ \boldsymbol{R}_{x_N} \end{bmatrix} \boldsymbol{R}_z^{-1} \check{\boldsymbol{C}}_z \boldsymbol{R}_z^{-1} [\boldsymbol{R}_{x_1}, \boldsymbol{R}_{x_2}, \cdots, \boldsymbol{R}_{x_N}] \tag{6.48}$$

ここで，i 番目の対角ブロックを取り出すことにより，次式を得る。

$$E[\check{\boldsymbol{C}}_{x_i}|\boldsymbol{z}] = \boldsymbol{R}_{x_i} - \boldsymbol{R}_{x_i}\boldsymbol{R}_z^{-1}\boldsymbol{R}_{x_i} + \boldsymbol{R}_{x_i}\boldsymbol{R}_z^{-1}\check{\boldsymbol{C}}_z\boldsymbol{R}_z^{-1}\boldsymbol{R}_{x_i} \tag{6.49}$$

最後に $\boldsymbol{z}$ をブロックデータ $\boldsymbol{Z}$ に拡張する。すなわち，$\boldsymbol{z} \to \boldsymbol{Z}$，$\check{\boldsymbol{C}}_{x_i} \to \boldsymbol{C}_{x_i}$，$\check{\boldsymbol{C}}_z \to \boldsymbol{C}_z$ のような置換を行う。これにより式 (6.49) は，次式のようになる。

$$E[\boldsymbol{C}_{x_i}|\boldsymbol{Z}] = \boldsymbol{R}_{x_i} - \boldsymbol{R}_{x_i}\boldsymbol{R}_z^{-1}\boldsymbol{R}_{x_i} + \boldsymbol{R}_{x_i}\boldsymbol{R}_z^{-1}\boldsymbol{C}_z\boldsymbol{R}_z^{-1}\boldsymbol{R}_{x_i} \tag{6.50}$$

6.4 EM アルゴリズムを用いた音源定位

6.4.1 反復の導入

いま，p 回目の反復で，パラメータの推定値 $\boldsymbol{\Psi}^{(p)} = [\theta_1^{(p)}, \gamma_1^{(p)}, \cdots, \theta_N^{(p)}, \gamma_N^{(p)}]^T$ が得られているものとする。$\boldsymbol{\Psi}^{(p)}$ を用いて，p 回目の反復におけるモデル相関行列 $\boldsymbol{R}_z^{(p)}$ および $\boldsymbol{R}_{x_i}^{(p)}$ は次式のように表される。

$$\boldsymbol{R}_z^{(p)} = \boldsymbol{A}(\boldsymbol{\theta}^{(p)})\boldsymbol{\Gamma}^{(p)}\boldsymbol{A}^H(\boldsymbol{\theta}^{(p)}) + \sigma\boldsymbol{I} \tag{6.51}$$

$$\boldsymbol{R}_{x_i}^{(p)} = \gamma_i^{(p)}\boldsymbol{a}(\theta_i^{(p)})\boldsymbol{a}^H(\theta_i^{(p)}) + \frac{\sigma}{N}\boldsymbol{I} \tag{6.52}$$

音源ごとのパラメータの推定値 $\boldsymbol{\psi}_i^{(p)} = [\theta_i^{(p)}, \gamma_i^{(p)}]^T$ およびサンプル相関行列 $\boldsymbol{C}_z$ が与えられた（観測値 $\boldsymbol{Z}$ が与えられたことと等価）場合の $\boldsymbol{C}_{x_i}$ の条件付き期待値は，式 (6.50) から，次式のようになる。

$$\begin{aligned} \boldsymbol{C}_{x_i}^{(p)} &:= E[\boldsymbol{C}_{x_i}|\boldsymbol{C}_z, \boldsymbol{\psi}_i^{(p)}] \\ &= \boldsymbol{R}_{x_i}^{(p)} - \boldsymbol{R}_{x_i}^{(p)}(\boldsymbol{R}_z^{(p)})^{-1}\boldsymbol{R}_{x_i}^{(p)} + \boldsymbol{R}_{x_i}^{(p)}(\boldsymbol{R}_z^{(p)})^{-1}\boldsymbol{C}_z(\boldsymbol{R}_z^{(p)})^{-1}\boldsymbol{R}_{x_i}^{(p)} \end{aligned} \tag{6.53}$$

式 (6.53) から，対数尤度の条件付き期待値（式 (6.33)）は，次式のようになる。

$$Q\left(\boldsymbol{\psi}_i; \boldsymbol{\psi}_i^{(p)}\right) = -\log\det(\boldsymbol{R}_{x_i}) - \mathrm{tr}\left(\boldsymbol{R}_{x_i}^{-1}\boldsymbol{C}_{x_i}^{(p)}\right) \tag{6.54}$$

6.4.2 E-ステップ

E-ステップでは，対数尤度の条件付き期待値 $Q(\boldsymbol{\psi}_i)$ を具体的に計算する。まず，その構成要素である $\det(\boldsymbol{R}_{x_i})$ および $\boldsymbol{R}_{x_i}^{-1}$ を求めておく。

式 (6.17) および 5.1 節における議論から，$\boldsymbol{R}_{x_i}$ の固有値 $\{\lambda_i; i=1,\cdots,M\}$ は次式のようになる。

$$\{\lambda_1,\cdots,\lambda_M\} = \left\{\gamma_i\|\boldsymbol{a}(\theta_i)\|^2 + \frac{\sigma}{N}, \frac{\sigma}{N}, \cdots, \frac{\sigma}{N}\right\} \tag{6.55}$$

ここで，λ_1 を求めるのに，式 (A.52) が用いられている。式 (A.53) に示すように，$\boldsymbol{R}_{x_i}$ の行列式は固有値の積となるから

$$\det(\boldsymbol{R}_{x_i}) = \prod_{i=1}^{M}\lambda_i = \left(\gamma_i\|\boldsymbol{a}(\theta_i)\|^2 + \frac{\sigma}{N}\right)\left(\frac{\sigma}{N}\right)^{M-1} \tag{6.56}$$

一方，逆行列 $\boldsymbol{R}_{x_i}^{-1}$ は，逆行列の補助定理（式 (A.26)）から，次式のようになる。

$$\begin{aligned}\boldsymbol{R}_{x_i}^{-1} &= \left(\frac{\sigma}{N}\boldsymbol{I} + \boldsymbol{a}(\theta_i)\gamma_i\boldsymbol{a}^H(\theta_i)\right)^{-1} \\ &= \frac{N}{\sigma}\boldsymbol{I} - \frac{\boldsymbol{a}(\theta_i)\boldsymbol{a}^H(\theta_i)}{\|\boldsymbol{a}(\theta_i)\|^2}\left(\frac{\sigma}{N} + \frac{(\sigma/N)^2}{\gamma_i\|\boldsymbol{a}(\theta_i)\|^2}\right)^{-1} \\ &= \frac{N}{\sigma}\boldsymbol{I} - \frac{\boldsymbol{a}(\theta_i)\boldsymbol{a}^H(\theta_i)}{\|\boldsymbol{a}(\theta_i)\|^2}\left(\frac{1}{\sigma/N} - \frac{1}{\gamma_i\|\boldsymbol{a}(\theta_i)\|^2 + (\sigma/N)}\right)\end{aligned} \tag{6.57}$$

以上から，対数尤度の期待値は次式のようになる。

$$\begin{aligned}Q(\boldsymbol{\psi}_i) = &-\log\left(\gamma_i\|\boldsymbol{a}(\theta_i)\|^2 + \frac{\sigma}{N}\right) - (M-1)\log\left(\frac{\sigma}{N}\right) - \frac{N}{\sigma}\mathrm{tr}(\boldsymbol{C}_{x_i}^{(p)}) \\ &+ \frac{\boldsymbol{a}^H(\theta_i)\boldsymbol{C}_{x_i}^{(p)}\boldsymbol{a}(\theta_i)}{\|\boldsymbol{a}(\theta_i)\|^2}\left(\frac{1}{\sigma/N} - \frac{1}{\gamma_i\|\boldsymbol{a}(\theta_i)\|^2 + (\sigma/N)}\right)\end{aligned} \tag{6.58}$$

ここで，最終項において $\mathrm{tr}(\cdot)$ を外すのに式 (A.8) が用いられている。

6.4.3 M-ステップ

$Q(\boldsymbol{\psi}_i)$ を γ_i について偏微分すると次式のようになる。

$$\frac{\partial Q(\boldsymbol{\psi}_i)}{\partial \gamma_i} = -\frac{\|\boldsymbol{a}(\theta_i)\|^2}{\gamma_i\|\boldsymbol{a}(\theta_i)\|^2 + (\sigma/N)} + \frac{\boldsymbol{a}^H(\theta_i)\boldsymbol{C}_{x_i}^{(p)}\boldsymbol{a}(\theta_i)}{\|\boldsymbol{a}(\theta_i)\|^2}\frac{\|\boldsymbol{a}(\theta_i)\|^2}{[\gamma_i\|\boldsymbol{a}(\theta_i)\|^2 + (\sigma/N)]^2} \tag{6.59}$$

これを 0 とおくことにより

$$\gamma_i = \frac{1}{\|\boldsymbol{a}(\theta_i)\|^2}\left(\frac{\boldsymbol{a}^H(\theta_i)\boldsymbol{C}_{x_i}^{(p)}\boldsymbol{a}(\theta_i)}{\|\boldsymbol{a}(\theta_i)\|^2} - \frac{\sigma}{N}\right) \tag{6.60}$$

式 (6.60) を式 (6.58) に代入して

$$\begin{aligned} Q(\theta_i) = &-\log\left(\frac{\boldsymbol{a}^H(\theta_i)\boldsymbol{C}_{x_i}^{(p)}\boldsymbol{a}(\theta_i)}{\|\boldsymbol{a}(\theta_i)\|^2}\right) - (M-1)\log\left(\frac{\sigma}{N}\right) - \frac{N}{\sigma}\mathrm{tr}(\boldsymbol{C}_{x_i}^{(p)}) \\ &+ \frac{\boldsymbol{a}^H(\theta_i)\boldsymbol{C}_{x_i}^{(p)}\boldsymbol{a}(\theta_i)}{\|\boldsymbol{a}(\theta_i)\|^2}\left(\frac{1}{\sigma/N} - \frac{\|\boldsymbol{a}(\theta_i)\|^2}{\boldsymbol{a}^H(\theta_i)\boldsymbol{C}_{x_i}^{(p)}\boldsymbol{a}(\theta_i)}\right) \end{aligned} \tag{6.61}$$

ここで，$\boldsymbol{a}(\theta_i)$ に関する項だけを抜き出すと

$$Q(\theta_i) \simeq -\log\left(\frac{\boldsymbol{a}^H(\theta_i)\boldsymbol{C}_{x_i}^{(p)}\boldsymbol{a}(\theta_i)}{\|\boldsymbol{a}(\theta_i)\|^2}\right) + \frac{N}{\sigma}\frac{\boldsymbol{a}^H(\theta_i)\boldsymbol{C}_{x_i}^{(p)}\boldsymbol{a}(\theta_i)}{\|\boldsymbol{a}(\theta_i)\|^2} \tag{6.62}$$

ここで

$$\alpha = \frac{\boldsymbol{a}^H(\theta_i)\boldsymbol{C}_{x_i}^{(p)}\boldsymbol{a}(\theta_i)}{\|\boldsymbol{a}(\theta_i)\|^2}, \quad \beta = \frac{\sigma}{N} \tag{6.63}$$

とおくと

$$Q(\theta_i) \simeq -\log\alpha + \frac{\alpha}{\beta} \tag{6.64}$$

$\alpha \geqq \beta$ の場合，$-\log\alpha + \alpha/\beta$ は，α の単調増加関数となる。ここで

$$\alpha - \beta = \frac{\boldsymbol{a}^H(\theta_i)\boldsymbol{C}_{x_i}^{(p)}\boldsymbol{a}(\theta_i)}{\|\boldsymbol{a}(\theta_i)\|^2} - \frac{\sigma}{N} = \gamma_i\|\boldsymbol{a}(\theta_i)\|^2 \geqq 0 \tag{6.65}$$

これより，$Q(\theta_i)$ は，次式のように簡略化される。

$$Q(\theta_i) \simeq \frac{\boldsymbol{a}^H(\theta_i)\boldsymbol{C}_{x_i}^{(p)}\boldsymbol{a}(\theta_i)}{\|\boldsymbol{a}(\theta_i)\|^2} \tag{6.66}$$

以上から，$p+1$ 回目の反復における方向パラメータ θ_i の推定値は次式のように求まる。

$$\theta_i^{(p+1)} = \arg\max_{\theta_i} \frac{\boldsymbol{a}^H(\theta_i)\boldsymbol{C}_{x_i}^{(p)}\boldsymbol{a}(\theta_i)}{\|\boldsymbol{a}(\theta_i)\|^2} \tag{6.67}$$

求まった $\theta_i^{(p+1)}$ を式 (6.60) に代入して，$p+1$ 回目の反復における音源パワーのパラメータ γ_i の推定値は，次式のように求まる。

$$\gamma_i^{(p+1)} = \frac{1}{\|\boldsymbol{a}(\theta_i^{(p+1)})\|^2}\left\{\frac{\boldsymbol{a}^H(\theta_i^{(p+1)})\boldsymbol{C}_{x_i}^{(p)}\boldsymbol{a}(\theta_i^{(p+1)})}{\|\boldsymbol{a}(\theta_i^{(p+1)})\|^2} - \frac{\sigma}{N}\right\} \tag{6.68}$$

ただし，$\gamma_i^{(p+1)} < 0$ となった場合は，0 で置き換える。

6.4.4 空間信号処理的な解釈

ここでは，EM アルゴリズムを用いた音源定位の手法の空間信号処理的な意味を考える。まず，式 (6.50) で示した，完全データ $\boldsymbol{x}_{i,k}$ に対するサンプル相関行列の条件付き期待値 $E[\boldsymbol{C}_{x_i}|\boldsymbol{Z}]$ に注目する。ここで，次式の行列 $\boldsymbol{G}_i$ を定義する。

$$\boldsymbol{G}_i := \boldsymbol{R}_{x_i}\boldsymbol{R}_z^{-1} \tag{6.69}$$

式 (6.69) を用いて，式 (6.50) は次式のように書き直せる。

$$E[\boldsymbol{C}_{x_i}|\boldsymbol{Z}] = (\boldsymbol{I} - \boldsymbol{G}_i)\boldsymbol{R}_{x_i} + \boldsymbol{G}_i\boldsymbol{C}_z\boldsymbol{G}_i^H \tag{6.70}$$

さらに，観測値 $\boldsymbol{z}_k$ との接点となる第 3 項は，以下のように書き直すことができる。

$$\boldsymbol{G}_i\boldsymbol{C}_z\boldsymbol{G}_i^H = \frac{1}{K}\sum_{k=1}^{K}(\boldsymbol{G}_i\boldsymbol{z}_k)(\boldsymbol{G}_i\boldsymbol{z}_k)^H = \frac{1}{K}\sum_{k=1}^{K}\hat{\boldsymbol{x}}_{i,k}\hat{\boldsymbol{x}}_{i,k}^H \tag{6.71}$$

ここで，$\hat{\boldsymbol{x}}_{i,k}$ は次式で定義される。

$$\hat{\boldsymbol{x}}_{i,k} := \boldsymbol{G}_i\boldsymbol{z}_k \tag{6.72}$$

続いて，行列 $\boldsymbol{G}_i$ の意味について考える。6.3.2 項で述べたように，$\boldsymbol{x}_{i,k}$ と $\boldsymbol{x}_{j,k}$ $(i \neq j)$ はたがいに統計的に独立であると仮定しているので，$\boldsymbol{x}_i$ と観測値 $\boldsymbol{z}$ の相互相関行列は次式のようになる。

$$\boldsymbol{R}_{x_i z} = E[\boldsymbol{x}_{i,k}\boldsymbol{z}_k^H] = E[\boldsymbol{x}_{i,k}\boldsymbol{x}_{i,k}^H] = \boldsymbol{R}_{x_i} \tag{6.73}$$

式 (6.73) から，式 (6.69) は次式のように書き直すことができる。

$$\boldsymbol{G}_i = \boldsymbol{R}_{x_i z}\boldsymbol{R}_z^{-1} \tag{6.74}$$

式 (6.74) における $\boldsymbol{G}_i$ は，4.7.1 項で述べた空間ウィナーフィルタ（式 (4.87)）において，望みの応答を $\boldsymbol{d} = \boldsymbol{x}_{i,k}$ とした場合の最適フィルタ $\hat{\boldsymbol{W}}^H$ に相当する。また，式 (6.72) で定義した $\hat{\boldsymbol{x}}_{i,k}$ は，$\boldsymbol{x}_{i,k}$ のウィナーフィルタによる推定値となる。以上から，$E[\boldsymbol{C}_{x_i}|\boldsymbol{Z}]$ の計算過程で，空間ウィナーフィルタにより，観測値 $\boldsymbol{z}_k$ から $\boldsymbol{x}_{i,k}$ を分離・抽出する機構が組み込まれていることがわかる。

一方，求めた $E[\boldsymbol{C}_{x_i}|\boldsymbol{Z}]$ を用いて対数尤度を計算する式 (6.66) は，4.8 節で述べた DS ビームフォーマによる空間スペクトル推定器（式 (4.106)）と同様の形式となっていることがわかる。式 (4.106) との違いは，式 (6.66) では，音源ごとに分離した観測値 $\boldsymbol{x}_{i,k}$ に対する空間相関行列を用いている点である。

以上から，EM アルゴリズムを用いた音源定位のステップは，以下のように意味づけされる。

1) パラメタの推定値 $\boldsymbol{\psi}_i^{(p)}$ から，空間相関行列のモデル $\boldsymbol{R}_{x_i}^{(p)}$ および $\boldsymbol{R}_z^{(p)}$ を構成する。
2) 空間相関行列のモデルを用いて，空間ウィナーフィルタ $\boldsymbol{G}_i$ を構成し，音源ごとに分離した観測値の推定値 $\hat{\boldsymbol{x}}_{i,k}^{(p)}$†，およびその空間相関行列 $\boldsymbol{C}_{x_i}^{(p)}$ を得る。
3) $\boldsymbol{C}_{x_i}^{(p)}$ を用いて DS ビームフォーマを構成し，空間スペクトル（対数尤度の期待値）$Q(\theta_i)$ を求める。
4) 求めた空間スペクトルから，パラメータ $\boldsymbol{\psi}_i^{(p+1)}$ を再び推定する。

図 6.1 に上述の過程をまとめておく。ステップ 1 において，空間相関行列のモデルで用いられるパラメータ $\boldsymbol{\psi}_i^{(p)}$ の精度が上がれば，信号の分離精度も向上し，ステップ 4 で再びパラメータを推定する場合にも，精度の向上が期待され

† $\hat{\boldsymbol{x}}_{i,k}^{(p)}$ は陽には推定しないが，ここでは説明の便宜上導入している。

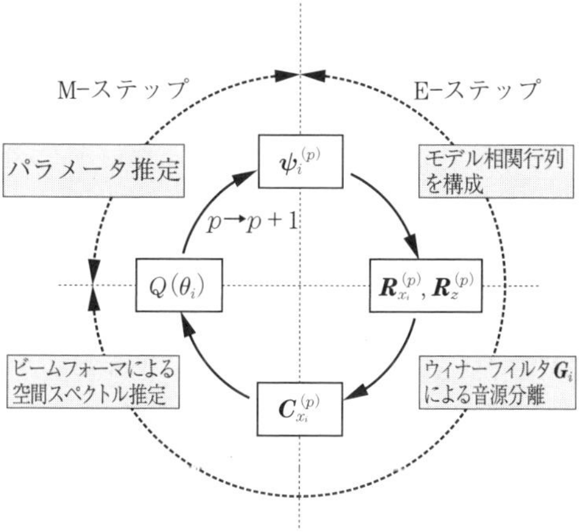

図 6.1 EM アルゴリズムを用いた音源定位の各ステップの信号処理的解釈

る。EM アルゴリズムでは，上述のステップを反復することにより，徐々にパラメータ推定の精度を向上させていく。

6.4.5 応 用 例

本節では，EM アルゴリズムを用いた音源定位を，実環境データに適用して，その効果をみていく。

実験条件は，4.4.2 項と同様である。収録に用いた部屋は，残響時間 0.5 s 程度の会議室である。マイクロホンアレイには，図 1.11 に示したロボット頭部に搭載されたものを用いた。音源位置は，$(\theta_1, \theta_2) = (0°, 40°)$ とした。**表 6.1** に分析に用いたパラメータをまとめておく。この例では，簡単のため，単一周波数のデータ（周波数 1 500 Hz）を用いた。

図 6.2 は，EM アルゴリズムを用いた音源定位による角度の推定値である。反復を繰り返すことにより，パラメータの推定値が真値（図 6.2 の点線）に収束していくのがわかる。

図 6.3 は，音源 S1 および S2 に対する対数尤度の期待値 $Q(\theta_i)$ である。6.4.4 項で述べたように，$Q(\theta_i)$ は，DS ビームフォーマによる空間スペクトルと類似

表 **6.1**　分析に用いたパラメータ

パラメータ	値
STFT 点数	512 ポイント
フレーム長	32 ms（512 ポイント）
フレームシフト	8 ms（128 ポイント）
ブロック長	2.0 s（32 000 ポイント）
使用周波数	1 500 Hz
音源方向 $[\theta_1, \theta_2]$ の初期値	[−40°,70°]
音源パワー $[\gamma_1, \gamma_2]$ の初期値	[1.0, 1.0]
雑音の分散 σ	0.01

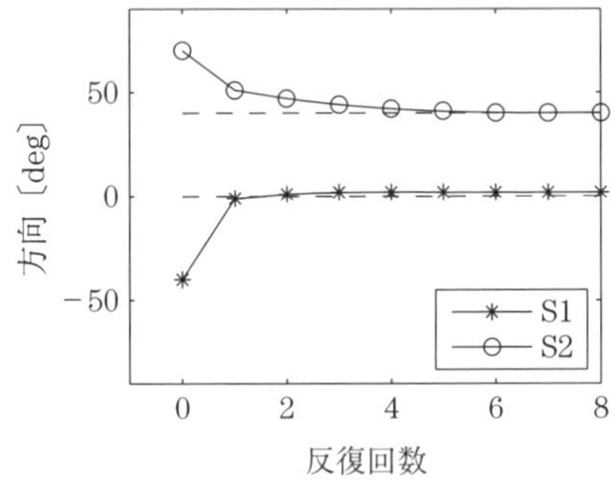

図 **6.2**　音源方向の推定値の反復による変化

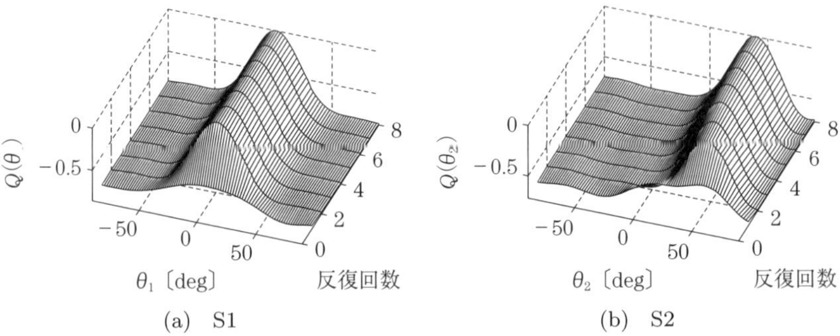

図 **6.3**　対数尤度の期待値 $Q(\theta_i)$ の反復による変化

している。図 6.3 と同じ環境に DS ビームフォーマを適用して求めた空間スペクトルを示す図 4.19 と比較すると，DS 法では，空間分解能が不足しているために，音源方向にあるべき二つのピークがマージされて一つになっている。一方，EM アルゴリズムでは，音源分離を行いながら，図 (a) と図 (b) に示すように各音源に対応する空間スペクトルを個別に推定しているため，複数の音源の方向を推定することに成功している。

図 6.4 は，音源分離を行う行列 $\boldsymbol{G}_i$ の空間特性（ビームパターン）を示したものである。行列 $\boldsymbol{G}_i$ の j 番目の行ベクトルが，j 番目のセンサにおける完全データ（式 (6.16) における $x_{i,j}$）を推定する 空間フィルタとなるので，ここでは，1 番目の行ベクトルによるフィルタの特性のみを示してある。この図から，音源 S1（$\theta_1 = 0°$）に対応する $\boldsymbol{G}_1$ では，音源 S2（$\theta_2 = 40°$）の位置に死角が形成され，これにより音源分離が行われていることがわかる。

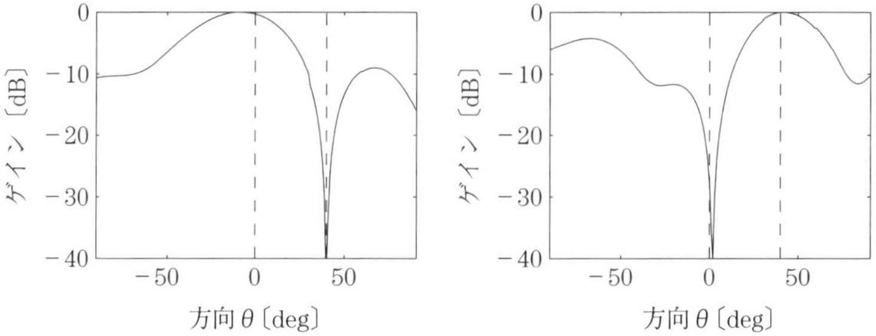

(a)　S1　　(b)　S2

図 6.4　$\boldsymbol{G}_i$ の空間特性

引用・参考文献

1) M. Miller and D. Fuhrmann："Maximum-likelihood narrow-band direction finding and the EM algorithm," *IEEE Trans. Acoust. Speech, Signal Processing*, vol. 38, no. 9, pp. 1560～1577 (1990)
2) G. McLachlan and T. Krishnan：*The EM algorithm and extensions, Second edition*, Wiley (2008)
3) 渡辺美智子，山口和範 (Eds.)：EM アルゴリズムと不完全データの諸問題，多賀出版 (2000)

7 音源追跡

4章および5章では，音源が静止している場合について，その位置を観測値から推定する音源定位の方法を述べた。本章では，音源が移動する場合，あるいは，ロボットなどのようにセンサ（したがって座標系）が移動する場合について，音源の軌跡（時々刻々変わる音源の位置）を推定する音源追跡の問題について考える。

音源定位の方法では，空間相関行列などの統計量を求め，これを用いて音源の位置を推定した。環境が動的に変化する場合は，音源の位置を定常とみなせる区間が短く，安定な統計量を推定するための十分なデータが得られない。このため，通常の音源定位の方法では，推定分散が大きくなったり，空間分解能が低下する問題がある。また，目的音源が音声信号のように断続的な場合は，音源が休止している間に音源の軌跡が大きく乱れることがある。音源追跡の枠組みでは，センサからの観測データのみに依存するのではなく，移動する音源に対して，運動のモデルを導入し，音源位置を予測することによって，安定した軌跡を求めようとする点が，静止音源に対する定位と大きく異なる特徴である。

7.1節では，音源追跡の方法の概要を述べ，運動や観測系のモデルを導入する。7.2節から7.4節では，音源追跡で用いられる代表的な方法ついて，個別にみていく。

7.1 音源追跡の方法の概要とモデル

7.1.1 音源追跡の方法の概要

表 7.1 に，追跡問題でよく用いられる方法とその特徴を簡単にまとめておく。これらの方法の差異は，おもに，導入する運動のモデルおよび観測系のモデルにある。2.2 節では，観測系および推定器のモデルとして，推定すべきパラメータと観測値が線形関係にある線形モデルを導入した。このように，モデルに線形性を仮定することにより，計算量を削減したり，式の導出が容易になるなどの利点がある。また，2.3.2 項で述べたように，推定すべきパラメータと観測値が結合ガウス分布に従う場合も，同様の効果が得られる場合がある。本章で最初に取り上げる**カルマンフィルタ**（Kalman filter，KF）は，モデルに線形性およびガウス性を仮定することにより，非常にシンプルなアルゴリズムとして実現されており，1960 年代にカルマンにより提案されて以来[1)]，多くの応用分野で利用されている。一方，追跡の対象となる系が非線形であったり，ガウス性を仮定できない場合に対処すべく，多くの研究がなされてきた。**拡張カルマンフィルタ**（extended Kalman filter，EKF）や **unscented カルマンフィルタ**（unscented Kalman filter，UKF）は，カルマンフィルタを非線形問題に拡張したものである[2)]。また，**パーティクルフィルタ**（particle filter，PF）は，**モンテカルロ**（Monte Calro，MC）**法**の導入により，非線形・非ガウスの問題に対処できるようになっている[3),4)]。しかしながら，そのトレードオフとして，計算量が増加するなどの不利な点もある。ユーザは，これらの点を考慮し

表 7.1 追跡の方法と動的システムのモデル

方　法	線形性	ガウス性
カルマンフィルタ（KF）	線形	ガウス
拡張カルマンフィルタ（EKF）	非線形	ガウス
unscented カルマンフィルタ（UKF）	非線形	ガウス
パーティクルフィルタ（PF）	非線形	非ガウス

て，対象となる問題に合った枠組みを選択する必要がある。

7.1.2 移動音源に対する基本的な考え方

いま，簡単のため，**図 7.1** に示すように，円運動をする単一の音源をセンサアレイで観測する場合を考えよう。離散時刻 $k-1$ における音源の位置（角度）を θ_{k-1} で表すものとする。この音源が等角速度 β で円運動しているものとすると，時刻 k における音源位置は，$\theta_k = \theta_{k-1} + \beta\Delta T$ と表すことができる。ここで，ΔT は離散時刻 $k-1$ と k の時間間隔である。これは，最も簡単な運動のモデルである。実際の環境では，仮に等速度運動をしようとしている場合でも，外乱などにより，速度が変化する場合がある。そこで，このような変化を雑音 u_{k-1} として表し，運動のモデルを次式のように拡張する。

$$\theta_k = \theta_{k-1} + \beta\Delta T + u_{k-1} \tag{7.1}$$

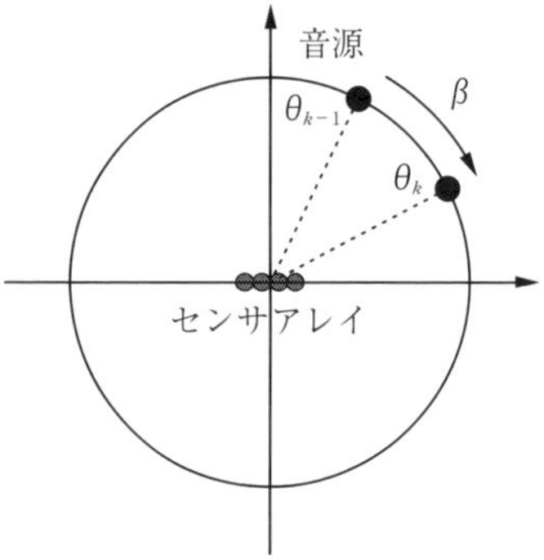

図 7.1　等角速度 β で円運動する音源の例

時刻 $k-1$ での音源の角度の推定値 $\hat{\theta}_{k-1}$ が得られているとすると，式 (7.1) により，1 時刻先の音源の位置を予測することができる。一方，時刻が 1 時刻進み，k になると，センサから新たな観測値が得られる。本章で述べる方法では，時刻 $k-1$ において得られた予測値と，時刻 k における新たな観測値に基づいて，最適な推定値を決定していく。

7.1.3 一般的な動的システムのモデル

本書では，上述の運動のモデル（式 (7.1)）を一般化した次式のモデルを，運動のモデルとして用いる。

$$\boldsymbol{x}_k = \boldsymbol{f}_{k-1}(\boldsymbol{x}_{k-1}, \boldsymbol{u}_{k-1}) \tag{7.2}$$

ここで，$\boldsymbol{x}_k$ は，**状態ベクトル** (state vector) と呼ばれ，音源の位置など推定すべきパラメータをその成分に持つ。式 (7.1) の例では，$\boldsymbol{x}_k = [\theta_k]$ である。この運動のモデルは，時刻 k での状態 $\boldsymbol{x}_k$ が一時刻前の状態 $\boldsymbol{x}_{k-1}$ のみに依存することから，**1 次マルコフモデル**（first order Markov model）と呼ばれる（B.3.2 項参照）。$\boldsymbol{u}_{k-1}$ は，運動のモデルにおける誤差を表し，**プロセス雑音**（process noise）と呼ばれる。式 (7.2) は，**プロセス方程式**（process equation）と呼ばれる。

一方，状態 $\boldsymbol{x}_k$ は，何らかの観測系を通して観測されるものとする。センサによる観測値を要素に持つ観測ベクトルを $\boldsymbol{z}_k$ とすると，観測値と状態との関係は，次式のようにモデル化される。

$$\boldsymbol{z}_k = \boldsymbol{h}_k(\boldsymbol{x}_k, \boldsymbol{v}_k) \tag{7.3}$$

ここで，$\boldsymbol{v}_k$ は，観測系における誤差をモデル化する**観測雑音**（measurement noise）である。式 (7.3) は，**観測方程式**（measurement equation）と呼ばれる。

式 (7.2) と式 (7.3) により，対象となる動的システムが記述される。音源追跡の問題は，このモデルに基づいて，得られた観測値の時系列 $\boldsymbol{Z}_k = [\boldsymbol{z}_1, \cdots, \boldsymbol{z}_k]$ から，再帰的に状態 $\boldsymbol{x}_k$ を推定する問題に帰着する。

7.1.4 線 形 モ デ ル

線形モデルでは，プロセス方程式 (7.2) における関数 $\boldsymbol{f}_{k-1}(\cdot)$，および観測方程式 (7.3) における関数 $\boldsymbol{h}_k(\cdot)$ が線形関数となる。これを式で表すと，次式のようになる。

$$\boldsymbol{x}_k = \boldsymbol{F}_{k-1}\boldsymbol{x}_{k-1} + \boldsymbol{u}_{k-1} \tag{7.4}$$

$$\boldsymbol{z}_k = \boldsymbol{H}_k\boldsymbol{x}_k + \boldsymbol{v}_k \tag{7.5}$$

ここで，$\boldsymbol{F}_{k-1}$ は $L \times L$ の**状態遷移行列**（transition matrix），$\boldsymbol{H}_k$ は $M \times L$ の**観測行列**（measurement matrix）である。L はパラメータの数，M は観測値の数を表す。式 (7.5) は，2.2.1 項で登場した線形観測モデルである。**図 7.2** は，線形モデル式 (7.4)，式 (7.5) をブロック図で表したものである。本書では，線形モデルは，カルマンフィルタで用いられる。

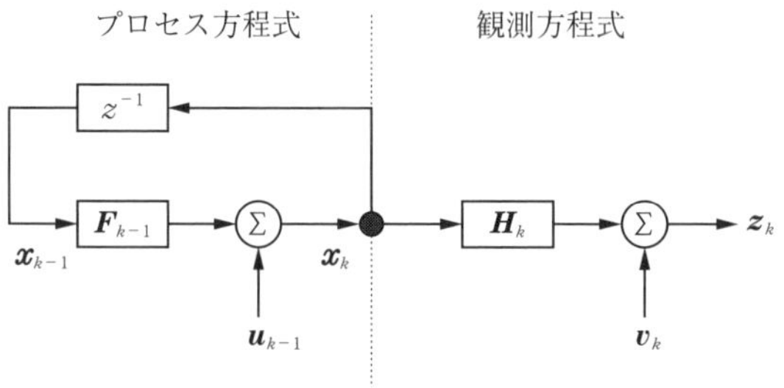

図 7.2　動的システムの線形モデルのブロック図。z^{-1} は 1 離散時刻の遅延を表す

7.1.5　確率密度関数形式と非線形モデル

プロセス方程式 (7.2) および観測方程式 (7.3) で表されるモデルは，次式で示すように，確率密度関数の形式で表すこともできる。

$$p(\boldsymbol{x}_k|\boldsymbol{x}_{k-1}) \tag{7.6}$$

$$p(\boldsymbol{z}_k|\boldsymbol{x}_k) \tag{7.7}$$

ここで，$p(\boldsymbol{x}_k|\boldsymbol{x}_{k-1})$ は**遷移確率密度**（transition density）と呼ばれ，プロセス方程式に対応する。$p(\boldsymbol{z}_k|\boldsymbol{x}_k)$ は観測値 $\boldsymbol{z}_k$ に対する尤度であり，観測方程式に対応する。**表 7.2** に，この対応関係をまとめておく。

表 7.2　動的システムのモデル

	一般型	線形モデル	確率密度
プロセス方程式	$\boldsymbol{x}_k = \boldsymbol{f}_{k-1}(\boldsymbol{x}_{k-1}, \boldsymbol{u}_{k-1})$	$\boldsymbol{x}_k = \boldsymbol{F}_{k-1}\boldsymbol{x}_{k-1} + \boldsymbol{u}_{k-1}$	$p(\boldsymbol{x}_k\|\boldsymbol{x}_{k-1})$
観測方程式	$\boldsymbol{z}_k = \boldsymbol{h}_k(\boldsymbol{x}_k, \boldsymbol{v}_k)$	$\boldsymbol{z}_k = \boldsymbol{H}_k\boldsymbol{x}_k + \boldsymbol{v}_k$	$p(\boldsymbol{z}_k\|\boldsymbol{x}_k)$

確率密度関数形式を用いて，前節の線形モデルを表すこともできる。例えば，プロセス雑音 $\boldsymbol{u}_{k-1}$ および観測雑音 $\boldsymbol{v}_k$ がガウス分布 $\mathcal{N}(\boldsymbol{0}, \boldsymbol{Q}_{k-1})$ および $\mathcal{N}(\boldsymbol{0}, \boldsymbol{K}_k)$ にそれぞれ従う場合，確率密度関数形式は次式のようになる。

$$p(\boldsymbol{x}_k|\boldsymbol{x}_{k-1}) = \mathcal{N}(\boldsymbol{x}_k; \boldsymbol{F}_{k-1}\boldsymbol{x}_{k-1}, \boldsymbol{Q}_{k-1}) \tag{7.8}$$

$$p(\boldsymbol{z}_k|\boldsymbol{x}_k) \quad = \mathcal{N}(\boldsymbol{z}_k; \boldsymbol{H}_k\boldsymbol{x}_k, \boldsymbol{K}_k) \tag{7.9}$$

ここで，$\boldsymbol{Q}_{k-1}$ および $\boldsymbol{K}_k$ は，それぞれ $\boldsymbol{u}_{k-1}$ および $\boldsymbol{v}_k$ の共分散行列である。

$$\boldsymbol{Q}_{k-1} \ := \ E[\boldsymbol{u}_{k-1}\boldsymbol{u}_{k-1}^H] \tag{7.10}$$

$$\boldsymbol{K}_k \quad := \ E[\boldsymbol{v}_k\boldsymbol{v}_k^H] \tag{7.11}$$

一方，確率密度関数形式を用いた場合は，7.4.8 項に示すような非線形モデルへの拡張が容易である。本書では，確率密度形式は，7.4 節で述べるパーティクルフィルタで用いられる。

7.1.6 音源追跡のための確率・統計的枠組み

ここでは，確率・統計的な方法を導入する準備として，音源追跡の問題を定式化しておく[4]。

音源追跡の問題は，過去から現在までの観測値 $\boldsymbol{Z}_{1:k} = [\boldsymbol{z}_1, \cdots, \boldsymbol{z}_k]$ が与えられた場合に，現在における状態 $\boldsymbol{x}_k$ の事後確率密度 $p(\boldsymbol{x}_k|\boldsymbol{Z}_{1:k})$ を求める問題に帰着する。事後確率が求まれば，2 章で述べた推定法により，音源の現在位置などの状態を推定することができる。例えば，MMSE 法を用いた場合，推定値は次式で与えられる。

$$\hat{\boldsymbol{x}}_k \ = \ E[\boldsymbol{x}_k|\boldsymbol{Z}_{1:k}] \ = \ \int \boldsymbol{x}_k p(\boldsymbol{x}_k|\boldsymbol{Z}_{1:k})\, d\boldsymbol{x}_k \tag{7.12}$$

続いて，事後確率密度 $p(\boldsymbol{x}_k|\boldsymbol{Z}_{1:k})$ を求める枠組みについて，みてみよう。$p(\boldsymbol{x}_k|\boldsymbol{Z}_{1:k})$ は，ベイズの定理（式 (B.5)）を用いて，次式のように分解することができる。

$$\begin{aligned} p(\boldsymbol{x}_k|\boldsymbol{Z}_{1:k}) &= p(\boldsymbol{x}_k|\boldsymbol{z}_k, \boldsymbol{Z}_{1:k-1}) \\ &= \frac{p(\boldsymbol{z}_k|\boldsymbol{x}_k, \boldsymbol{Z}_{1:k-1})p(\boldsymbol{x}_k|\boldsymbol{Z}_{1:k-1})}{p(\boldsymbol{z}_k|\boldsymbol{Z}_{1:k-1})} \end{aligned} \tag{7.13}$$

つぎに，式 (7.13) の右辺の各項についてみてみよう。まず，$p(\boldsymbol{z}_k|\boldsymbol{x}_k, \boldsymbol{Z}_{1:k-1})$ は，$\boldsymbol{z}_k$ が観測値のモデル（式 (7.3)）に従うと仮定すると，次式のようになる。

$$p(\boldsymbol{z}_k|\boldsymbol{x}_k, \boldsymbol{Z}_{1:k-1}) \;=\; p(\boldsymbol{z}_k|\boldsymbol{x}_k) \tag{7.14}$$

続いて，$p(\boldsymbol{x}_k|\boldsymbol{Z}_{1:k-1})$ は，過去のデータ $\boldsymbol{Z}_{1:k-1} = [\boldsymbol{z}_1, \cdots, \boldsymbol{z}_{k-1}]$ が与えられた場合の，現在の状態 $\boldsymbol{x}_k$ を表しており，**予測確率密度**（prediction density）と呼ばれる。$p(\boldsymbol{x}_k|\boldsymbol{Z}_{1:k-1})$ は，式 (B.45) の関係を用いて，次式のように表すことができる。

$$\begin{aligned} p(\boldsymbol{x}_k|\boldsymbol{Z}_{1:k-1}) &= \int p(\boldsymbol{x}_k|\boldsymbol{x}_{k-1}, \boldsymbol{Z}_{1:k-1}) p(\boldsymbol{x}_{k-1}|\boldsymbol{Z}_{1:k-1})\, d\boldsymbol{x}_{k-1} \\ &= \int p(\boldsymbol{x}_k|\boldsymbol{x}_{k-1}) p(\boldsymbol{x}_{k-1}|\boldsymbol{Z}_{1:k-1})\, d\boldsymbol{x}_{k-1} \end{aligned} \tag{7.15}$$

ここで，$\boldsymbol{x}_k$ が 1 次のマルコフモデル（式 (7.2)）に従うという仮定により，$p(\boldsymbol{x}_k|\boldsymbol{x}_{k-1}, \boldsymbol{Z}_{1:k-1}) = p(\boldsymbol{x}_k|\boldsymbol{x}_{k-1})$ となることを用いている。

最後に，分母 $p(\boldsymbol{z}_k|\boldsymbol{Z}_{1:k-1})$ は，式 (B.7) から，次式のような正規化の項である。

$$p(\boldsymbol{z}_k|\boldsymbol{Z}_{1:k-1}) = \int p(\boldsymbol{z}_k|\boldsymbol{x}_k) p(\boldsymbol{x}_k|\boldsymbol{Z}_{1:k-1})\, d\boldsymbol{x}_k \tag{7.16}$$

この正規化の項を省略し，式 (7.13) に式 (7.14) および式 (7.15) を代入すると

$$p(\boldsymbol{x}_k|\boldsymbol{Z}_{1:k}) \;\propto\; p(\boldsymbol{z}_k|\boldsymbol{x}_k) \int p(\boldsymbol{x}_k|\boldsymbol{x}_{k-1}) p(\boldsymbol{x}_{k-1}|\boldsymbol{Z}_{1:k-1})\, d\boldsymbol{x}_{k-1} \tag{7.17}$$

$p(\boldsymbol{x}_{k-1}|\boldsymbol{Z}_{1:k-1})$ は時刻 $k-1$ における事後確率密度であるから，遷移確率密度 $p(\boldsymbol{x}_k|\boldsymbol{x}_{k-1})$ と尤度 $p(\boldsymbol{z}_k|\boldsymbol{x}_k)$ が得られれば，事後確率密度 $p(\boldsymbol{x}_k|\boldsymbol{Z}_{1:k})$ を再帰的に求めることができる。**図 7.3** に予測と事後確率密度の更新の流れを模式的

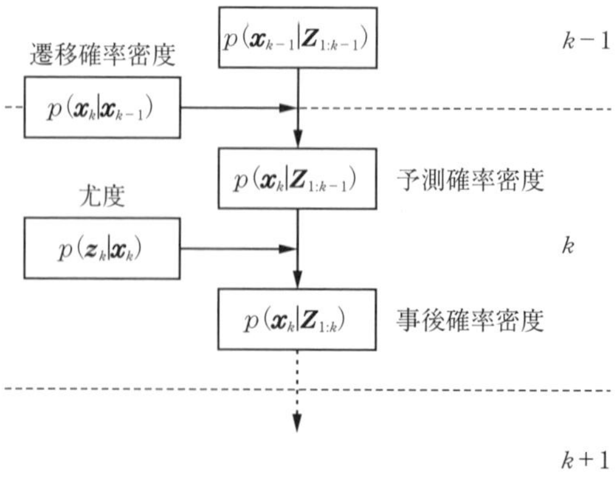

図 7.3　予測と事後確率密度の更新の流れ

に示す。

7.2 カルマンフィルタ

前節で示した事後確率密度の更新式 (7.17) は，一見単純にみえるが，複数の音源の軌跡を推定する場合などは，推定する状態 $\boldsymbol{x}_k = [x_{1,k}, \cdots, x_{L,k}]^T$ の要素数 L の増加にともない，計算量が指数関数的に増加し，現実的でない場合も少なくない。カルマンフィルタでは，事後確率密度 $p(\boldsymbol{x}_k|\boldsymbol{Z}_{1:k})$ がガウス分布であると仮定する。ガウス分布は，平均値と共分散行列により完全に記述されるため，事後確率密度の詳細を推定する必要がなくなり，計算量が大幅に削減される。カルマンフィルタは，状態（パラメータ）の事後平均値と事後共分散行列を再帰的に求める手続きを提供する。

7.2.1 カルマンフィルタにおける制約

2.3.2 項で述べたように，観測値 $\boldsymbol{z}_k$ とパラメータ $\boldsymbol{x}_k$ が結合ガウス分布に従う場合，$\boldsymbol{x}_k$ の条件付き確率密度である事後確率密度 $p(\boldsymbol{x}_k|\boldsymbol{z}_k)$ もガウス分布となる。このことをふまえ，$\boldsymbol{z}_k$ を過去から現在までのデータ $\boldsymbol{Z}_{1:k}$ に拡張した事後確率密度 $p(\boldsymbol{x}_k|\boldsymbol{Z}_{1:k})$ がガウス分布となるようにするため，カルマンフィルタでは，7.1.3 項で述べた動的システムのモデルに，以下のような制約を設けている[4),5)]。

線形性: 動的システムのモデルを表すプロセス方程式 (7.2)，および 観測方程式 (7.3) は，いずれも線形である。

ガウス性: プロセス方程式および観測方程式における雑音 $\boldsymbol{u}_{k-1}$ および $\boldsymbol{v}_k$ はガウス分布に従う。

この制約を式を用いて表すと，次式のようになる。

$$\boldsymbol{x}_k = \boldsymbol{F}_{k-1}\boldsymbol{x}_{k-1} + \boldsymbol{u}_{k-1} \tag{7.18}$$

$$\boldsymbol{z}_k = \boldsymbol{H}_k\boldsymbol{x}_k + \boldsymbol{v}_k \tag{7.19}$$

$$\boldsymbol{u}_{k-1} \sim \mathcal{N}\left(\boldsymbol{0}, \boldsymbol{Q}_{k-1}\right) \tag{7.20}$$

$$\boldsymbol{v}_k \sim \mathcal{N}\left(\boldsymbol{0}, \boldsymbol{K}_k\right) \tag{7.21}$$

式 (7.18) および式 (7.19) は，7.1.4 項で述べた線形モデルである。上述の制約（仮定）は，**線形–ガウスの仮定**（linear-Gaussian（LG）assumption）と呼ばれる[5)]。式 (7.18)～式 (7.21) における行列 $\{\boldsymbol{F}_{k-1}, \boldsymbol{H}_k, \boldsymbol{Q}_{k-1}, \boldsymbol{K}_k\}$ は，いずれも既知とする。

7.2.2　静的システムから動的システムへの拡張

上述のように，カルマンフィルタは，2.3.2 項で述べた観測値 $\boldsymbol{z}$ およびパラメータ $\boldsymbol{x}$ が結合ガウス分布に従う場合の MMSE 法を，線形動的システムの問題に拡張したものである。Bar-Shalom *et al.* (2001)[5)] は，静的な MMSE 法と動的なカルマンフィルタを対比させることにより，カルマンフィルタを導出しており，音源追跡の問題を考える上で，わかりやすい。本節および次節では，この議論を基に，カルマンフィルタの原理をみていく。

まず，$\boldsymbol{z}$ および $\boldsymbol{x}$ が結合ガウス分布に従う場合の MMSE 法を再度整理してみよう。式 (2.41) および式 (2.42) から，パラメータ $\boldsymbol{x}$ の推定値および共分散行列は，次式で与えられる。

$$\hat{\boldsymbol{x}} = E[\boldsymbol{x}|\boldsymbol{z}] = \boldsymbol{\mu}_x + \boldsymbol{G}(\boldsymbol{z} - \boldsymbol{\mu}_z) \tag{7.22}$$

$$\boldsymbol{P}_{x|z} = E[(\boldsymbol{x} - \hat{\boldsymbol{x}})(\boldsymbol{x} - \hat{\boldsymbol{x}})^H|\boldsymbol{z}] = \boldsymbol{P}_x - \boldsymbol{G}\boldsymbol{P}_z\boldsymbol{G}^H \tag{7.23}$$

$$\boldsymbol{G} := \boldsymbol{P}_{xz}\boldsymbol{P}_z^{-1} \tag{7.24}$$

ここで，$\boldsymbol{\mu}_x$ および $\boldsymbol{\mu}_z$ はデータ $\boldsymbol{z}$ が観測される前の事前平均値である。特定のデータ $\boldsymbol{z}$ が観測された場合，事前平均値 $\boldsymbol{\mu}_x$ に対して，観測されたデータ $\boldsymbol{z}$ に基づいた修正を施し，事後平均値，すなわち MMSE 推定値 $\hat{\boldsymbol{x}} = E[\boldsymbol{x}|\boldsymbol{z}]$ を得る。観測データに依存した修正項が，式 (7.22) における $\boldsymbol{G}(\boldsymbol{z} - \boldsymbol{\mu}_z)$ である。

続いて，静的システムにおける推定値を，動的システムのそれに置き換えていく。静的システムにおけるパラメータ $\boldsymbol{x}$ および観測値 $\boldsymbol{z}$ は，現在時刻 k における状態および観測値に対応する。

$$\boldsymbol{x} \to \boldsymbol{x}_k, \quad \boldsymbol{z} \to \boldsymbol{z}_k \tag{7.25}$$

静的システムにおける事前平均値 $\boldsymbol{\mu}_x$ および $\boldsymbol{\mu}_z$ は，次式で定義される，観測値 $\boldsymbol{z}_k$ が得られる前の予測値に置き換える。

$$\boldsymbol{\mu}_x = E[\boldsymbol{x}] \ \to \ \hat{\boldsymbol{x}}_k^- := E\left[\boldsymbol{x}_k | \boldsymbol{Z}_{1:k-1}\right] \tag{7.26}$$

$$\boldsymbol{\mu}_z = E[\boldsymbol{z}] \ \to \ \hat{\boldsymbol{z}}_k^- := E\left[\boldsymbol{z}_k | \boldsymbol{Z}_{1:k-1}\right] \tag{7.27}$$

ここで，$(\cdot)^-$ は，予測値であることを表す。静的システムにおける事前共分散行列 $\boldsymbol{P}_x$，$\boldsymbol{P}_z$，$\boldsymbol{P}_{xz}$，$\boldsymbol{P}_{zx}$ は，それぞれ次式で定義する予測誤差共分散行列に置き換えられる。

$$\begin{aligned}\boldsymbol{P}_x &= E[(\boldsymbol{x}-\boldsymbol{\mu}_x)(\boldsymbol{x}-\boldsymbol{\mu}_x)^H] \\ &\to \ \boldsymbol{P}_k^- := E\left[(\boldsymbol{x}_k-\hat{\boldsymbol{x}}_k^-)(\boldsymbol{x}_k-\hat{\boldsymbol{x}}_k^-)^H | \boldsymbol{Z}_{1:k-1}\right]\end{aligned} \tag{7.28}$$

$$\begin{aligned}\boldsymbol{P}_z &= E[(\boldsymbol{z}-\boldsymbol{\mu}_z)(\boldsymbol{z}-\boldsymbol{\mu}_z)^H] \\ &\to \ \boldsymbol{S}_k^- := E\left[(\boldsymbol{z}_k-\hat{\boldsymbol{z}}_k^-)(\boldsymbol{z}_k-\hat{\boldsymbol{z}}_k^-)^H | \boldsymbol{Z}_{1:k-1}\right]\end{aligned} \tag{7.29}$$

$$\begin{aligned}\boldsymbol{P}_{xz} &= E[(\boldsymbol{x}-\boldsymbol{\mu}_x)(\boldsymbol{z}-\boldsymbol{\mu}_z)^H] \\ &\to \ \boldsymbol{P}_{xz,k}^- := E\left[(\boldsymbol{x}_k-\hat{\boldsymbol{x}}_k^-)(\boldsymbol{z}_k-\hat{\boldsymbol{z}}_k^-)^H | \boldsymbol{Z}_{1:k-1}\right]\end{aligned} \tag{7.30}$$

$$\begin{aligned}\boldsymbol{P}_{zx} &= E[(\boldsymbol{z}-\boldsymbol{\mu}_z)(\boldsymbol{x}-\boldsymbol{\mu}_x)^H] \\ &\to \ \boldsymbol{P}_{zx,k}^- := E\left[(\boldsymbol{z}_k-\hat{\boldsymbol{z}}_k^-)(\boldsymbol{x}_k-\hat{\boldsymbol{x}}_k^-)^H | \boldsymbol{Z}_{1:k-1}\right]\end{aligned} \tag{7.31}$$

最後に，静的システムにおけるパラメータの事後推定値（MMSE 推定値）および事後共分散行列は，時刻 k における事後推定値および事後共分散行列に置き換えられる。

$$\begin{aligned}\hat{\boldsymbol{x}} &= E[\boldsymbol{x}|\boldsymbol{z}] \\ &\to \ \hat{\boldsymbol{x}}_k \ := \ E\left[\boldsymbol{x}_k | \boldsymbol{Z}_{1:k}\right]\end{aligned} \tag{7.32}$$

$$\begin{aligned}\boldsymbol{P}_{x|z} &= E[(\boldsymbol{x}-\hat{\boldsymbol{x}})(\boldsymbol{x}-\hat{\boldsymbol{x}})^H|\boldsymbol{z}] \\ &\to \ \boldsymbol{P}_k \ := \ E[(\boldsymbol{x}_k-\hat{\boldsymbol{x}}_k)(\boldsymbol{x}_k-\hat{\boldsymbol{x}}_k)^H | \boldsymbol{Z}_{1:k}]\end{aligned} \tag{7.33}$$

表 **7.3**　静的システム（MMSE 法）と動的システム（カルマンフィルタ）の対応関係

静的システム MMSE 法		動的システム カルマンフィルタ	
観測値	$\boldsymbol{z}$	$\boldsymbol{z}_k$	観測値
パラメータ	$\boldsymbol{x}$	$\boldsymbol{x}_k$	状態（パラメータ）
事前平均値	$\boldsymbol{\mu}_z$	$\hat{\boldsymbol{z}}_k^-$	予測値
	$\boldsymbol{\mu}_x$	$\hat{\boldsymbol{x}}_k^-$	
事前共分散行列	$\boldsymbol{P}_x$	$\boldsymbol{P}_k^-$	予測誤差共分散行列
	$\boldsymbol{P}_z$	$\boldsymbol{S}_k^-$	
	$\boldsymbol{P}_{xz}$	$\boldsymbol{P}_{xz,k}^-$	
	$\boldsymbol{P}_{zx}$	$\boldsymbol{P}_{zx,k}^-$	
推定値	$\hat{\boldsymbol{x}}$	$\hat{\boldsymbol{x}}_k$	推定値
事後共分散行列	$\boldsymbol{P}_{x\|z}$	$\boldsymbol{P}_k$	事後共分散行列

表 7.3 に，上述の対応関係をまとめておく。

7.2.3　カルマンフィルタの導出

カルマンフィルタの役割は，1 時刻前 $k-1$ における推定値 $\hat{\boldsymbol{x}}_{k-1}$ と事後共分散行列 $\boldsymbol{P}_{k-1}$ が既知であるとして，現在時刻 k における観測値 $\boldsymbol{z}_k$ が得られた場合に，新たな推定値 $\hat{\boldsymbol{x}}_k$ と事後共分散行列 $\boldsymbol{P}_k$ を再帰的に求めることである。

〔1〕 状態および観測値の予測

式 (7.26) および式 (7.27) に，式 (7.18) および式 (7.19) を代入すると，次式を得る。

$$
\begin{aligned}
\hat{\boldsymbol{x}}_k^- &= E[\boldsymbol{F}_{k-1}\boldsymbol{x}_{k-1} + \boldsymbol{u}_{k-1}|\boldsymbol{Z}_{1:k-1}] \\
&= \boldsymbol{F}_{k-1}E[\boldsymbol{x}_{k-1}|\boldsymbol{Z}_{1:k-1}] + E[\boldsymbol{u}_{k-1}|\boldsymbol{Z}_{1:k-1}] \\
&= \boldsymbol{F}_{k-1}\hat{\boldsymbol{x}}_{k-1} \qquad (7.34)
\end{aligned}
$$

$$
\begin{aligned}
\hat{\boldsymbol{z}}_k^- &= E[\boldsymbol{H}_k\boldsymbol{x}_k + \boldsymbol{v}_k|\boldsymbol{Z}_{1:k-1}] \\
&= \boldsymbol{H}_kE[\boldsymbol{x}_k|\boldsymbol{Z}_{1:k-1}] + E[\boldsymbol{v}_k|\boldsymbol{Z}_{1:k-1}] \\
&= \boldsymbol{H}_k\hat{\boldsymbol{x}}_k^- \qquad (7.35)
\end{aligned}
$$

ここで，式 (7.32) から，$\hat{\boldsymbol{x}}_{k-1} = E[\boldsymbol{x}_{k-1}|\boldsymbol{Z}_{1:k-1}]$ であることを用いている。

〔2〕 共分散行列の予測

次式の予測誤差を定義する。

$$\tilde{\boldsymbol{x}}^-_k := \boldsymbol{x}_k - \hat{\boldsymbol{x}}^-_k \tag{7.36}$$

$$\tilde{\boldsymbol{z}}^-_k := \boldsymbol{z}_k - \boldsymbol{z}^-_k \tag{7.37}$$

また，次式の推定誤差を定義する。

$$\tilde{\boldsymbol{x}}_k := \boldsymbol{x}_k - \hat{\boldsymbol{x}}_k \tag{7.38}$$

式 (7.36) および式 (7.37) に，式 (7.18)，式 (7.19)，および式 (7.34)，式 (7.35) を代入して，次式を得る。

$$\begin{aligned}\tilde{\boldsymbol{x}}^-_k &= \boldsymbol{F}_{k-1}\boldsymbol{x}_{k-1} + \boldsymbol{u}_{k-1} - \boldsymbol{F}_{k-1}\hat{\boldsymbol{x}}_{k-1}\\ &= \boldsymbol{F}_{k-1}\tilde{\boldsymbol{x}}_{k-1} + \boldsymbol{u}_{k-1}\end{aligned} \tag{7.39}$$

$$\begin{aligned}\tilde{\boldsymbol{z}}^-_k &= \boldsymbol{H}_k\boldsymbol{x}_k + \boldsymbol{v}_k - \boldsymbol{H}_k\hat{\boldsymbol{x}}^-_k\\ &= \boldsymbol{H}_k\tilde{\boldsymbol{x}}^-_k + \boldsymbol{v}_k\end{aligned} \tag{7.40}$$

予測誤差（式 (7.39)，式 (7.40)），および推定誤差（式 (7.38)）を用いて，予測誤差共分散行列 $\boldsymbol{P}^-_k$，$\boldsymbol{S}^-_k$，$\boldsymbol{P}^-_{xz,k}$，$\boldsymbol{P}^-_{zx,k}$ は，次式のように書き直すことができる。

$$\begin{aligned}\boldsymbol{P}^-_k &= E\left[\tilde{\boldsymbol{x}}^-_k(\tilde{\boldsymbol{x}}^-_k)^H|\boldsymbol{Z}_{1:k-1}\right]\\ &= \boldsymbol{F}_{k-1}E[\tilde{\boldsymbol{x}}_{k-1}(\tilde{\boldsymbol{x}}_{k-1})^H|\boldsymbol{Z}_{1:k-1}]\boldsymbol{F}^H_{k-1} + E[\boldsymbol{u}_{k-1}\boldsymbol{u}^H_{k-1}|\boldsymbol{Z}_{1:k-1}]\\ &= \boldsymbol{F}_{k-1}\boldsymbol{P}_{k-1}\boldsymbol{F}^H_{k-1} + \boldsymbol{Q}_{k-1}\end{aligned} \tag{7.41}$$

$$\begin{aligned}\boldsymbol{S}^-_k &= E[\tilde{\boldsymbol{z}}^-_k(\tilde{\boldsymbol{z}}^-_k)^H|\boldsymbol{Z}_{1:k-1}]\\ &= \boldsymbol{H}_kE[\tilde{\boldsymbol{x}}^-_k(\tilde{\boldsymbol{x}}^-_k)^H|\boldsymbol{Z}_{1:k-1}]\boldsymbol{H}^H_k + E[\boldsymbol{v}_k\boldsymbol{v}^H_k|\boldsymbol{Z}_{1:k-1}]\\ &= \boldsymbol{H}_k\boldsymbol{P}^-_k\boldsymbol{H}^H_k + \boldsymbol{K}_k\end{aligned} \tag{7.42}$$

$$\begin{aligned}\boldsymbol{P}^-_{xz,k} &= E[\tilde{\boldsymbol{x}}^-_k(\tilde{\boldsymbol{z}}^-_k)^H|\boldsymbol{Z}_{1:k-1}]\\ &= E[\tilde{\boldsymbol{x}}^-_k(\boldsymbol{H}_k\tilde{\boldsymbol{x}}^-_k + \boldsymbol{v}_k)^H|\boldsymbol{Z}_{1:k-1}]\\ &= \boldsymbol{P}^-_k\boldsymbol{H}^H_k\end{aligned} \tag{7.43}$$

$$\boldsymbol{P}^{-}_{zx,k} = (\boldsymbol{P}^{-}_{xz,k})^{H} = \boldsymbol{H}_k \boldsymbol{P}^{-}_{k} \tag{7.44}$$

〔3〕 推定値の更新

式 (7.32) および式 (7.33) で定義した事後推定値 $\hat{\boldsymbol{x}}_k$ と事後共分散行列 $\boldsymbol{P}_k$ は，静的システムにおける式 (7.22) および式 (7.23) と表 7.3 に示した対応関係から，次式に示す更新式の形に書き直すことができる。

$$\hat{\boldsymbol{x}}_k = \hat{\boldsymbol{x}}^{-}_{k} + \boldsymbol{G}_k(\boldsymbol{z}_k - \hat{\boldsymbol{z}}^{-}_{k}) \tag{7.45}$$

$$\boldsymbol{P}_k = \boldsymbol{P}^{-}_{k} - \boldsymbol{G}_k \boldsymbol{S}^{-}_{k} \boldsymbol{G}^{H}_{k} \tag{7.46}$$

ここで，$\boldsymbol{G}_k$ はカルマンゲインと呼ばれ，次式で定義される。

$$\boldsymbol{G}_k := \boldsymbol{P}^{-}_{xz,k}(\boldsymbol{S}^{-}_{k})^{-1} \tag{7.47}$$

$$= \boldsymbol{P}^{-}_{k}\boldsymbol{H}^{H}_{k}\left(\boldsymbol{H}_k\boldsymbol{P}^{-}_{k}\boldsymbol{H}^{H}_{k} + \boldsymbol{K}_k\right)^{-1} \tag{7.48}$$

式 (7.46) は，式 (7.47) および式 (7.44) を代入することにより，次式のように書き直すこともできる。

$$\boldsymbol{P}_k = (\boldsymbol{I} - \boldsymbol{G}_k\boldsymbol{H}_k)\boldsymbol{P}^{-}_{k} \tag{7.49}$$

表 7.4 にカルマンフィルタアルゴリズムをまとめておく。

表 7.4　カルマンフィルタアルゴリズム[2)]

初期化:

$\hat{\boldsymbol{x}}_0, \boldsymbol{P}_0$

反復:

For $k = 1, 2, \cdots$

予測:

$$\begin{aligned}\hat{\boldsymbol{x}}^{-}_{k} &= \boldsymbol{F}_{k-1}\hat{\boldsymbol{x}}_{k-1}\\ \boldsymbol{P}^{-}_{k} &= \boldsymbol{F}_{k-1}\boldsymbol{P}_{k-1}\boldsymbol{F}^{H}_{k-1} + \boldsymbol{Q}_{k-1}\end{aligned}$$

カルマンゲイン:

$$\boldsymbol{G}_k = \boldsymbol{P}^{-}_{k}\boldsymbol{H}^{H}_{k}\left(\boldsymbol{H}_k\boldsymbol{P}^{-}_{k}\boldsymbol{H}^{H}_{k} + \boldsymbol{K}_k\right)^{-1}$$

更新:

$$\begin{aligned}\hat{\boldsymbol{x}}_k &= \hat{\boldsymbol{x}}^{-}_{k} + \boldsymbol{G}_k(\boldsymbol{z}_k - \boldsymbol{H}_k\hat{\boldsymbol{x}}^{-}_{k})\\ \boldsymbol{P}_k &= (\boldsymbol{I} - \boldsymbol{G}_k\boldsymbol{H}_k)\boldsymbol{P}^{-}_{k}\end{aligned}$$

End

7.2.4 推定値の解釈

式 (7.45) は，次式のように書き直すことができる。

$$\begin{aligned}\hat{\boldsymbol{x}}_k &= \hat{\boldsymbol{x}}_k^- + \boldsymbol{G}_k(\boldsymbol{z}_k - \boldsymbol{H}_k\hat{\boldsymbol{x}}_k^-)\\ &= (\boldsymbol{I} - \boldsymbol{G}_k\boldsymbol{H}_k)\hat{\boldsymbol{x}}_k^- + \boldsymbol{G}_k\boldsymbol{z}_k \end{aligned} \tag{7.50}$$

式 (7.50) は，事後推定値 $\hat{\boldsymbol{x}}_k$ が，予測値 $\hat{\boldsymbol{x}}_k^-$ と，現在時刻での観測値 $\boldsymbol{z}_k$ の線形結合として表されることを意味している。これを MMSE 法の例題 2.3 と比較すると，MMSE 法の推定値（式 (2.31)）は，事前平均値 μ_x と観測値のサンプル平均値 $\hat{\mu}_z$ の線形結合として表されている。この例からも，静的な MMSE 法における事前平均値が，動的なカルマンフィルタでは予測値に置き換えられていることが直感的に理解される。カルマンフィルタにおけるカルマンゲイン $\boldsymbol{G}_k$ は，予測値と観測値に対する重みと考えることもできる。これは，7.2.6 項で述べる例からも理解される。

7.2.5 カルマンフィルタを用いた音源追跡

本項では，前項までで述べたカルマンフィルタを，簡単な音源追跡の問題に適用してみよう。簡単のため，本項では，カルマンフィルタにおける行列 $\{\boldsymbol{F}_{k-1}, \boldsymbol{H}_k, \boldsymbol{Q}_{k-1}, \boldsymbol{K}_k\}$ は，いずれも時不変であるとする。すなわち，四つの行列は $\{\boldsymbol{F}, \boldsymbol{H}, \boldsymbol{Q}, \boldsymbol{K}\}$ と表される。

〔1〕 状態遷移のモデル

カルマンフィルタでは，線形の状態遷移モデル（式 (7.18)）を用いる。これを再び書くと

$$\boldsymbol{x}_j = \boldsymbol{F}\boldsymbol{x}_{j-1} + \boldsymbol{u}_{j-1} \tag{7.51}$$

ただし，本書では，状態ベクトルの推定は 1.4.1 項で述べたブロック単位で行われるので，時間のインデックスが $k \rightarrow j$ に変更されている。

式 (7.1) で述べた単純な等角速度の円運動のモデルを，式 (7.51) を用いて表すと，次式のようになる。

$$\begin{bmatrix} \theta_j \\ \beta_j \end{bmatrix} = \begin{bmatrix} 1 & \Delta T \\ 0 & 1 \end{bmatrix} \begin{bmatrix} \theta_{j-1} \\ \beta_{j-1} \end{bmatrix} + \begin{bmatrix} u_{1,j-1} \\ u_{2,j-1} \end{bmatrix} \tag{7.52}$$

θ_j および β_j は，j 番目のブロックにおける音源の方向および角速度であり，ブロック内における変化は十分小さいとみなせるものと仮定する。

状態ベクトルを N 個の音源に対して拡張すると，次式のようになる。

$$\begin{aligned} \boldsymbol{x}_j &= [\boldsymbol{\psi}_{1,j}^T, \cdots, \boldsymbol{\psi}_{N,j}^T]^T \\ \boldsymbol{\psi}_{i,j} &:= [\theta_{i,j}, \beta_{i,j}]^T \end{aligned} \tag{7.53}$$

$\theta_{i,j}$ および $\beta_{i,j}$ は，i 番目の音源の，j 番目のブロックにおける方向および角速度をそれぞれ表す。状態遷移行列は次式のようになる。

$$\begin{aligned} \boldsymbol{F} &= \mathrm{diag}(\bar{\boldsymbol{F}}_1, \cdots, \bar{\boldsymbol{F}}_N) \\ \bar{\boldsymbol{F}}_i &= \begin{bmatrix} 1 & \Delta T \\ 0 & 1 \end{bmatrix} \end{aligned} \tag{7.54}$$

また，プロセス雑音 $\boldsymbol{u}_{j-1}$ の相関行列は，次式のような対角行列を用いる。

$$\begin{aligned} \boldsymbol{Q} &= \mathrm{diag}(\bar{\boldsymbol{Q}}_1, \cdots, \bar{\boldsymbol{Q}}_N) \\ \bar{\boldsymbol{Q}}_i &= \mathrm{diag}(\sigma_{u_1}^2, \sigma_{u_2}^2) \end{aligned} \tag{7.55}$$

〔2〕 観測系のモデル

推定するパラメータである音源位置 $\theta_{i,j}$ と，式 (1.47) で観測ベクトルとして導入した，センサアレイにおける観測値のフーリエ変換 $\boldsymbol{z}_k = [Z_{1,k}(\omega), \cdots, Z_{M,k}(\omega)]^T$ の間には，線形の関係が成立しない。そこで，カルマンフィルタを用いて音源追跡を行う場合，カルマンフィルタを用いる前段で，4 章や 5 章で述べた音源定位の方法を用いてあらかじめ音源位置を推定し，これをカルマンフィルタにおける観測値と考える。j 番目のブロック内データに音源定位の方法を適用して求めた音源の推定方向を $\{\check{\theta}_{i,j}; i = 1, \cdots, N\}$ と表すものとする。ここで，i は音源のインデックスである。これにより，カルマンフィルタにおける新たな観測ベクトル $\boldsymbol{z}_j$ は次式のようになる。

$$\boldsymbol{z}_j = [\check{\theta}_{1,j}, \cdots, \check{\theta}_{N,j}]^T \tag{7.56}$$

観測方程式 (7.19) は，次式のようになる。

$$\begin{aligned} \boldsymbol{z}_j &= \boldsymbol{H}\boldsymbol{x}_j + \boldsymbol{v}_j \\ \boldsymbol{H} &= \mathrm{diag}(\boldsymbol{h}_1, \cdots, \boldsymbol{h}_N) \\ \boldsymbol{h}_i &= [1, 0] \end{aligned} \tag{7.57}$$

例えば $N = 2$ の場合，$\boldsymbol{H}$ は次式のようになる。

$$\boldsymbol{H} = \begin{bmatrix} 1 & 0 & 0 & 0 \\ 0 & 0 & 1 & 0 \end{bmatrix} \tag{7.58}$$

観測雑音 $\boldsymbol{v}_j$ の相関行列には，次式の対角行列を用いる。

$$\boldsymbol{K} = \sigma_v^2 \boldsymbol{I} \tag{7.59}$$

7.2.6 応　用　例

ここでは，7.2.5 項で述べたカルマンフィルタによる音源追跡法を実際のデータに適用して，その効果をみていく。

本項の例では，例 1.1 に示した残響時間 0.5 s 程度の一般の会議室で収録したデータを用いた。図 **7.4** (a) に，音源とマイクロホンアレイの配置を示す。音源には，人の発話（S1）と，ラウドスピーカからの音楽（S2）を用いている。人の発話は，数秒程度のセンテンスの間に 2～3 s 程度のポーズをいれた，断続的なものである。一方，音楽は継続的である。音源の位置は固定し，マイクロホンアレイを 10°/s の速度で回転させた。したがって，音源の相対的な移動角速度は，$\beta_1 = \beta_2 = 10°$/s となる。音源数は $N = 2$ である。マイクロホンアレイには，図 1.11 に示したロボット頭部に搭載されたもの（$M = 8$）を用いた。

カルマンフィルタの前処理として用いる方向推定器には，5.2.1 項で述べた MUSIC 法を周波数領域で平均したもの（5.5.1 項参照）を用いている。図 **7.5** に，この方法を用いて得られた空間スペクトログラム，およびこれからピーク

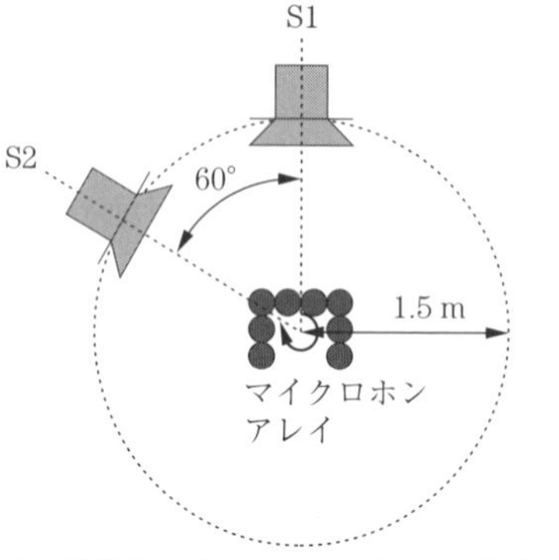

(a)　音源とマイクロホンアレイの配置

(b)　データの収録風景

図 7.4　データ収録を行った部屋の様子

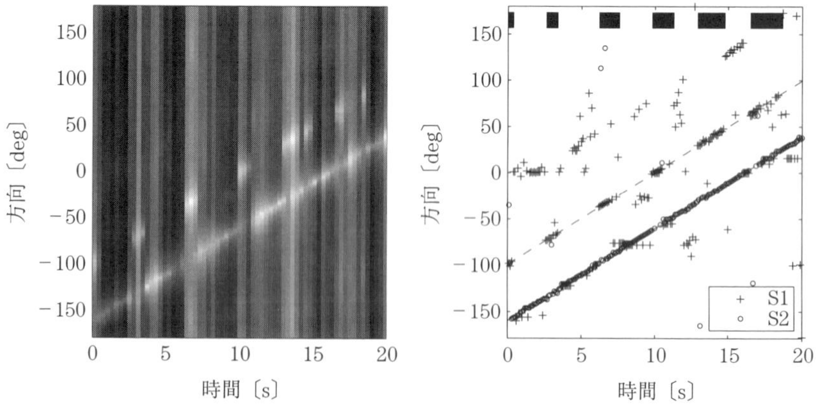

(a)　空間スペクトログラム　　(b)　音源の推定方向

図 7.5　MUSIC 法により移動音源を観測した例。図 (b) の点線は，音源の軌跡の真値。図中上部の太線は，音源 S1 が発音している区間を表す

位置を抽出して得られた音源の推定方向 $\{\check{\theta}_{i,j}\}$ を示す。また，**表 7.5** に分析条件を示す。図 7.5 から，継続的な音源 S2 に対しては，おおむね良好な軌跡が推定されているが，断続的な S1 に対しては，発音区間以外のところで，軌跡が大きく乱れている。

表 7.6 に，カルマンフィルタで用いたシステム・パラメータの値をまとめておく。**図 7.6** に，$\sigma_v^2 = 10^2$ の場合の音源の軌跡および角速度の推定結果を示

表 **7.5** 分析条件

分析パラメータ	値
STFT 点数	512 ポイント
フレーム長	32 ms （512 ポイント）
フレームシフト	8 ms （128 ポイント）
ブロック長	0.1 s （1 600 ポイント）
使用周波数	[800,3 000] Hz

表 **7.6** カルマンフィルタのシステム・パラメータ

システム・パラメータ	値
方向の初期値 $(\theta_{1,0}, \theta_{2,0})$	$(-125,-125)$
角速度の初期値 $(\beta_{1,0}, \beta_{2,0})$	(0,0)
$\boldsymbol{u}_j$ の分散 $(\sigma_{u_1}^2, \sigma_{u_2}^2)$	(1,1)
$\boldsymbol{v}_j$ の分散 σ_v^2	10^2 （図 7.6）， 10^4 （図 7.7）

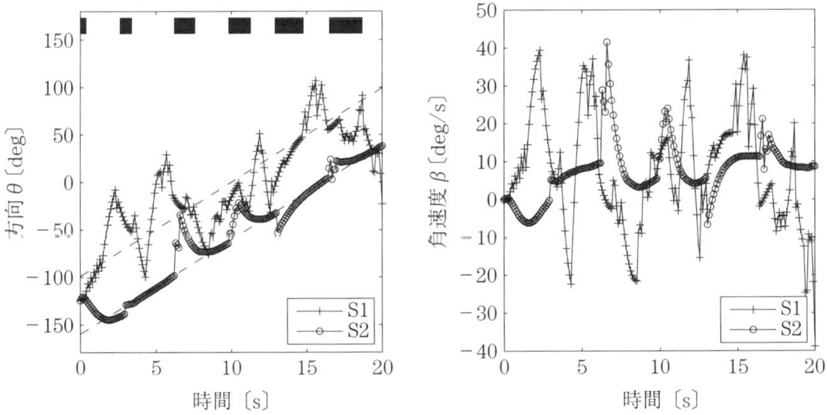

(a) 音源の軌跡　　(b) 角速度

図 7.6 カルマンフィルタによる推定結果。図 (a) の点線は，音源の軌跡の真値。図 (a) 上部の太線は，音源 S1 が発音している区間を表す。$\sigma_v^2 = 10^2$ の場合

す。この図では，観測値のうち，真の軌跡から大きく外れたものの影響を受け，軌跡が大きく乱れている。**図 7.7** は，観測雑音の分散を $\sigma_v^2 = 10^4$ に上げた場合である。観測雑音の分散を大きくすることにより，観測値の信頼性が低いと

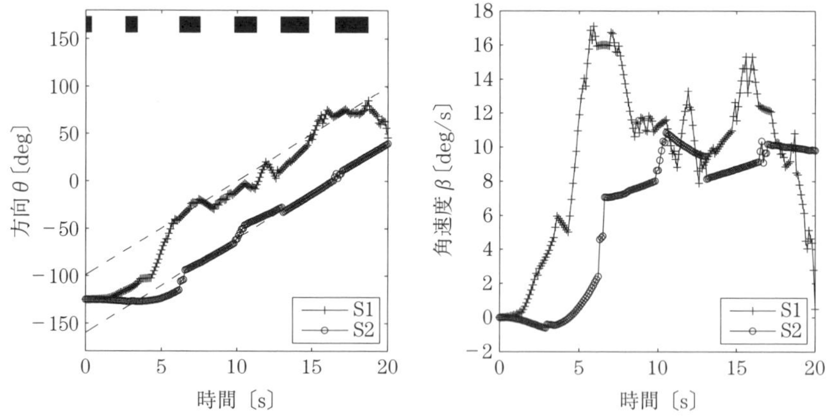

(a)　音源の軌跡　　　　(b)　角速度

図 7.7　カルマンフィルタによる推定結果。図 (a) の点線は，音源の軌跡の真値。図 (a) 上部の太線は，音源 S1 が発音している区間を表す。$\sigma_v^2 = 10^4$ の場合

いうメッセージをカルマンフィルタに送ることになり，式 (7.50) における予測値 $\hat{\boldsymbol{x}}_k^-$ の重みが増す。この結果，図 (a) に示すように，外れ値にあまり左右されず，なめらかな軌跡の推定が行われている。また，速度の推定値である図 (b) をみると，後半の 10 s 以降では，真値の $\beta = 10°/\mathrm{s}$ に近づいており，図 (a) の軌跡も，後半でより安定に求まっている。

以上から，カルマンフィルタにおける運動のモデルの効果が確かめられたが，これは，対象とした移動音源が等角速度運動をしており，カルマンフィルタにおける運動のモデルとうまく合致していたからにほかならない。図 7.7 のように，観測雑音の分散を大きくすると，運動のモデルへの依存度が増し，運動が急激に変化した場合に，追従性が低下するというトレードオフがある。これを防ぐため，状態遷移のモデルを複数用意して，状況に合わせて切り替える方法なども提案されている[4)]。

7.3 unscented カルマンフィルタ

7.2.1 項で述べたように，カルマンフィルタでは，線形–ガウス問題に限定することで，状態を推定する過程を大幅に簡略化した。ガウス分布を仮定することにより，状態の平均値 $\hat{\boldsymbol{x}}_k$ と共分散行列 $\boldsymbol{P}_k$ のみを考慮すればよい。状態推定における予測の過程では，式 (7.2) に示した関数 $\boldsymbol{f}_{k-1}(\cdot)$ を用いて，$\hat{\boldsymbol{x}}_{k-1}$ および $\boldsymbol{P}_{k-1}$ を 1 時刻先の予測値に変換することが必要となる。平均値 $\hat{\boldsymbol{x}}_{k-1}$ のほうは，関数に直接代入すればよいが，関数が非線形となった場合，共分散行列 $\boldsymbol{P}_{k-1}$ の変換が難しい。関数 $\boldsymbol{h}_k(\cdot)$ についても同様である。このため，さまざまな非線形システムへの拡張がなされてきた。

拡張カルマンフィルタでは，非線形関数を 1 次のテイラー級数展開を用いて局所的に**線形化**（linearlization）することにより，この問題に対処した。一方，ここで述べる unscented カルマンフィルタ[6),7)] では，平均値と共分散行列を計算するための**シグマポイント**（sigma point）と呼ばれるサンプル点を選び，このシグマポイントを非線形関数で変換した後に，平均値と共分散行列を再構成する。UKF については，Wan *et al.* (2001)[7)]，Ristic *et al.* (2004)[4)] などがよい解説を与えている。ここでは，これらの議論に基づいて，UKF の基礎をまとめておく。

7.3.1 unscented 変換

ここでは, UKF で用いられる **unscented 変換**（unscented transformation, UT）[6)] について述べる。いま，任意の確率変数ベクトル $\boldsymbol{x} = [x_1, \cdots, x_L]^T$ が，任意の関数 $\boldsymbol{y} = \boldsymbol{f}(\boldsymbol{x})$ により $\boldsymbol{y} = [y_1, \cdots, y_L]^T$ に変換される場合を考える。$\boldsymbol{x}$ の平均値および共分散行列を $\boldsymbol{\mu}_x$ および $\boldsymbol{P}_x$ と表すものとする。変換後の $\boldsymbol{y}$ の平均値と共分散行列を計算するため，次式のような $2L+1$ 点の重み付きサンプル点を用いる。

$$\begin{aligned}\mathcal{X}^{(0)} &= \boldsymbol{\mu}_x \\ \mathcal{X}^{(i)} &= \boldsymbol{\mu}_x + \left(\sqrt{(L+\lambda)\boldsymbol{P}_x}\right)_i, \quad i=1,\cdots,L \\ \mathcal{X}^{(i+L)} &= \boldsymbol{\mu}_x - \left(\sqrt{(L+\lambda)\boldsymbol{P}_x}\right)_i, \quad i=1,\cdots,L\end{aligned} \tag{7.60}$$

サンプル点 $\mathcal{X}^{(i)}$ は，シグマポイントと呼ばれる。λ はスケーリングのための定数である[4),7)]。$(\sqrt{\boldsymbol{A}})_i$ は，$\boldsymbol{A}$ の行列平方根（A.1.1 項〔10〕参照）の i 番目の列ベクトルを表す。サンプルの重み W_i は次式で与えられる[4),7)]。

$$\begin{aligned}W_0 &= \frac{\lambda}{L+\lambda} \\ W_i &= \frac{1}{2(L+\lambda)}, \quad i=1,\cdots,2L\end{aligned} \tag{7.61}$$

シグマポイント $\mathcal{X}^{(i)}$ は，関数 $\boldsymbol{f}(\cdot)$ により，次式のように変換される。

$$\mathcal{Y}^{(i)} = \boldsymbol{f}(\mathcal{X}^{(i)}), \quad i=0,\cdots,2L \tag{7.62}$$

変換後の $\boldsymbol{y}$ の平均値，および共分散行列は，変換後のシグマポイント $\{\mathcal{Y}^{(i)}; i=0,\cdots,2L\}$ および重み $\{W_i; i=0,\cdots,2L\}$ を用いて，次式のように近似される。

$$\boldsymbol{\mu}_y \simeq \sum_{i=0}^{2L} W_i \mathcal{Y}^{(i)} \tag{7.63}$$

$$\boldsymbol{P}_y \simeq \sum_{i=0}^{2L} W_i(\mathcal{Y}^{(i)}-\boldsymbol{\mu}_y)(\mathcal{Y}^{(i)}-\boldsymbol{\mu}_y)^H \tag{7.64}$$

式 (7.60) をみただけでは，シグマポイントのイメージがつかみにくい。そこで，簡単のため，$L=1$ の場合を考えると，シグマポイントは次式のようになる。

$$\{\mathcal{X}^{(0)}, \mathcal{X}^{(1)}, \mathcal{X}^{(2)}\} = \{\mu_x, \mu_x+\alpha\sigma, \mu_x-\alpha\sigma\} \tag{7.65}$$

ここで，$\alpha=\sqrt{1+\lambda}$。また，μ_x および σ は，x の平均値と標準偏差である。この場合のシグマポイントを図示すると，**図 7.8** のようになる。

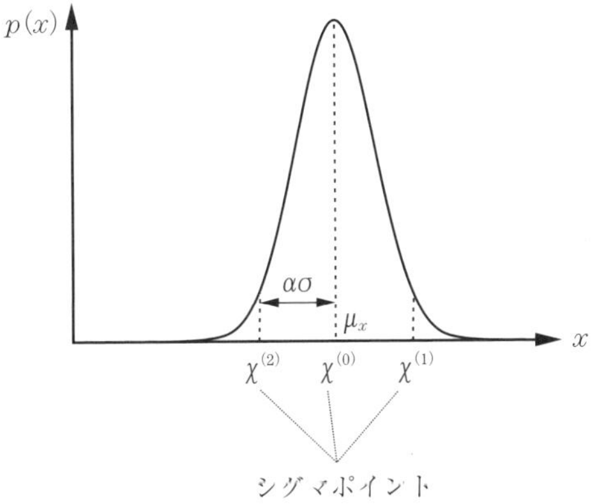

図 **7.8** $L = 1$ の場合のシグマポイント

例 **7.1 unscented 変換**

ここでは，$\boldsymbol{x} = [x_1, x_2]^T$ の場合について，簡単な例により unscented 変換の効果をみてみよう。図 **7.9**(a) は，$\boldsymbol{x}$ の分布を示した散布図である。$\boldsymbol{x}$ はガウス分布 $\mathcal{N}(\boldsymbol{\mu}_x, \boldsymbol{P}_x)$ に従う。

$$\boldsymbol{\mu}_x = \begin{bmatrix} 1.0 \\ 0.5 \end{bmatrix}, \quad \boldsymbol{P}_x = \begin{bmatrix} 0.83 & 0.32 \\ 0.32 & 0.43 \end{bmatrix}$$

サンプル数は $N_p = 1\,000$ である。図中の楕円は，等確率楕円であり，平均値 $\boldsymbol{\mu}_x$ と共分散行列 $\boldsymbol{P}_x$ を反映している（B.1.2 項参照)。図 (b) は，次式の絶対値を非線形関数の例として用いた場合の $\boldsymbol{y}$ の分布である。

$$\boldsymbol{y} = \boldsymbol{f}(\boldsymbol{x}) = [|x_1|, |x_2|]^T$$

図 (b) の楕円は，図中に示されている $\boldsymbol{y}$ のサンプルから，モンテカルロ法 (7.4.2 項参照) により，平均値 $\boldsymbol{\mu}_y$ と共分散行列 $\boldsymbol{P}_y$ を求めて描いたものである。

図 (c) は，$\boldsymbol{\mu}_x$ および $\boldsymbol{P}_x$ からシグマポイント $\{\mathcal{X}^{(i)}; i = 0, \cdots, 4\}$ を求めたものである。図 (d) は，unscented 変換により変換したシグマポイント $\{\mathcal{Y}^{(i)}; i = 0, \cdots, 4\}$ を示している。また，unscented 変換後のシグマポ

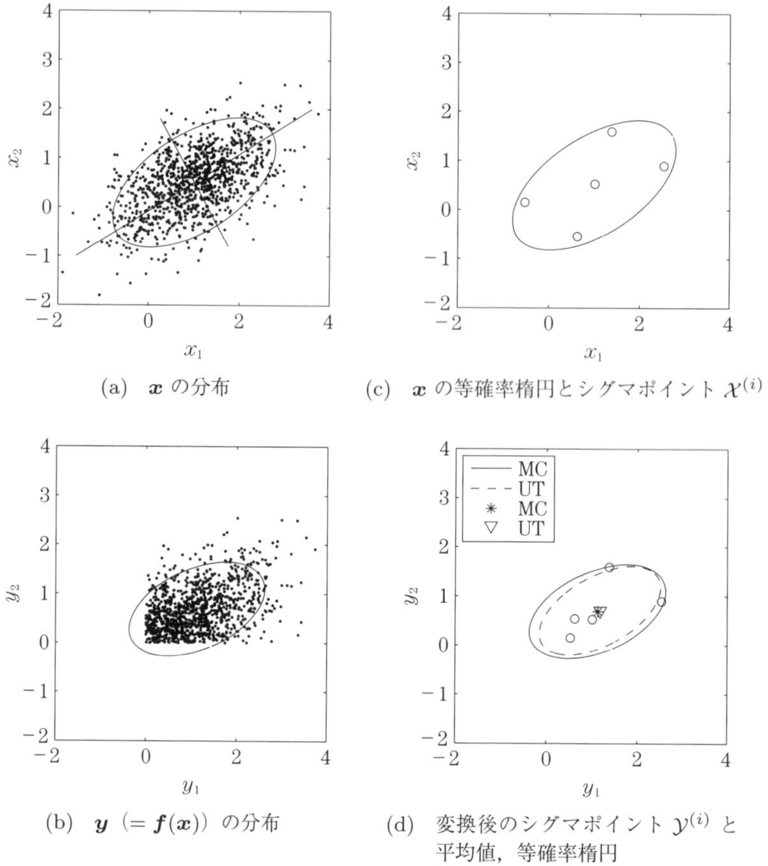

(a)　$\boldsymbol{x}$ の分布

(c)　$\boldsymbol{x}$ の等確率楕円とシグマポイント $\mathcal{X}^{(i)}$

(b)　$\boldsymbol{y}$（$= \boldsymbol{f}(\boldsymbol{x})$）の分布

(d)　変換後のシグマポイント $\mathcal{Y}^{(i)}$ と平均値，等確率楕円

図 7.9　unscented 変換の例。図 (c) の ∘ はシグマポイント $\mathcal{X}^{(i)}$ を表す。図 (d) の ▽ および ∗ は，それぞれ unscented 変換（UT）およびモンテカルロ法（MC）により得られた平均値を示す。点線の楕円および実線の楕円は，それぞれ unscented 変換およびモンテカルロ法により得られた等確率楕円を示す。∘ は変換後のシグマポイント $\mathcal{Y}^{(i)}$ を表す

イントから，式 (7.63) および式 (7.64) を用いて平均値と共分散行列を計算し，これを用いて等確率楕円を描いてある。unscented 変換により得られた平均値および等確率楕円は，モンテカルロ法により得られた平均値および等確率楕円とよく一致している。モンテカルロ法では 1 000 個のサンプルを用いており，unscented 変換では，これをわずか 5 点のシグマポイン

トにより近似している。このことから，次節で登場するモンテカルロ法に基づいたパーティクルフィルタよりも，計算コストを大幅に削減できることが理解される。ただし，ここで述べた unscented 変換は，平均値と共分散行列を求める手段であるので，$\boldsymbol{x}$ および $\boldsymbol{y}$ の分布がガウス分布から大きく外れると，分布の近似度が低下する。

7.3.2 unscented カルマンフィルタの導出

unscented カルマンフィルタのアルゴリズムは，カルマンフィルタとほぼ同様であり，シグマポイントを用いて予測値を得る部分だけが異なる。時刻 $k-1$ において，状態の事後推定値 $\hat{\boldsymbol{x}}_{k-1}$ および事後共分散行列 $\boldsymbol{P}_{k-1}$ が得られているものとする。

〔1〕 unscented 変換

まず，$\hat{\boldsymbol{x}}_{k-1}$ および $\boldsymbol{P}_{k-1}$ を用いて，シグマポイントを決定する。

$$
\begin{aligned}
\mathcal{X}_{k-1}^{(0)} &= \hat{\boldsymbol{x}}_{k-1} \\
\mathcal{X}_{k-1}^{(i)} &= \hat{\boldsymbol{x}}_{k-1} + \left(\sqrt{(L+\lambda)\boldsymbol{P}_{k-1}}\right)_i, \quad i = 1, \cdots, L \\
\mathcal{X}_{k-1}^{(i+L)} &= \hat{\boldsymbol{x}}_{k-1} - \left(\sqrt{(L+\lambda)\boldsymbol{P}_{k-1}}\right)_i, \quad i = 1, \cdots, L
\end{aligned}
\tag{7.66}
$$

続いてシグマポイントを関数 $\boldsymbol{f}_{k-1}(\cdot)$ および $\boldsymbol{h}_k(\cdot)$ を用いて変換する†。

$$
\mathcal{X}_k^{-(i)} = \boldsymbol{f}_{k-1}(\mathcal{X}_{k-1}^{(i)}), \quad i = 0, \cdots, 2L \tag{7.67}
$$

$$
\mathcal{Z}_k^{-(i)} = \boldsymbol{h}_k(\mathcal{X}_k^{-(i)}), \quad i = 0, \cdots, 2L \tag{7.68}
$$

記号が複雑だが，例えば $\mathcal{X}_k^{-(i)}$ の肩についている $(\cdot)^{-(i)}$ のうち $(\cdot)^-$ は，7.2 節同様，予測値であることを示す。$\{\mathcal{X}_k^{-(i)}\}$ および $\{\mathcal{Z}_k^{-(i)}\}$ は，それぞれ予測確率密度 $p(\boldsymbol{x}_k|\boldsymbol{Z}_{1:k-1})$ および $p(\boldsymbol{z}_k|\boldsymbol{Z}_{1:k-1})$ を代表するサンプルとなる。

〔2〕 予　　　測

変換されたシグマポイント $\{\mathcal{X}_k^{-(i)}; i = 0, \cdots, 2L\}$ および $\{\mathcal{Z}_k^{-(i)}; i = 0, \cdots,$

† 文献7) では，式 (7.68) において，さらに $\boldsymbol{Q}_{k-1}$ の行列平方根を考慮する定式化となっている。

$2L\}$ を用いて，現在時刻 k における状態および観測値の予測値を得る。

$$\hat{\boldsymbol{x}}_k^- = \sum_{i=0}^{2L} W_i \mathcal{X}_k^{-(i)} \tag{7.69}$$

$$\hat{\boldsymbol{z}}_k^- = \sum_{i=0}^{2L} W_i \mathcal{Z}_k^{-(i)} \tag{7.70}$$

また，予測誤差共分散行列は次式のようになる。

$$\boldsymbol{P}_k^- = \sum_{i=0}^{2L} W_i (\mathcal{X}_k^{-(i)} - \hat{\boldsymbol{x}}_k^-)(\mathcal{X}_k^{-(i)} - \hat{\boldsymbol{x}}_k^-)^H + \boldsymbol{Q}_{k-1} \tag{7.71}$$

$$\boldsymbol{S}_k^- = \sum_{i=0}^{2L} W_i (\mathcal{Z}_k^{-(i)} - \hat{\boldsymbol{z}}_k^-)(\mathcal{Z}_k^{-(i)} - \hat{\boldsymbol{z}}_k^-)^H + \boldsymbol{K}_k \tag{7.72}$$

$$\boldsymbol{P}_{xz,k}^- = \sum_{i=0}^{2L} W_i (\mathcal{X}_k^{-(i)} - \hat{\boldsymbol{x}}_k^-)(\mathcal{Z}_k^{-(i)} - \hat{\boldsymbol{z}}_k^-)^H \tag{7.73}$$

〔3〕 推定値の更新

予測値 $\hat{\boldsymbol{x}}_k^-$，$\hat{\boldsymbol{z}}_k^-$，$\boldsymbol{P}_k^-$，$\boldsymbol{S}_k^-$ および $\boldsymbol{P}_{xz,k}^-$ を式 (7.45)～式 (7.47) に代入して，推定値および事後共分散行列の更新を行う。

7.4 パーティクルフィルタ

7.3 節で述べた UKF では，部分的にサンプリング法を導入することにより，線形–ガウスの仮定のうち，線形の仮定を外し，非線形システムへの対応を可能とした。本節で扱うパーティクルフィルタは，有限のサンプルにより確率分布を近似する**モンテカルロ法**を導入することにより，任意の確率分布を扱えるようになり，非線形に加え，非ガウスの問題にも対処できる点が特徴である。パーティクルフィルタでは，このサンプルのことを**粒子**（particle）と呼ぶ。パーティクルフィルタについては，Doucet *et al.* (2001)[3]，Wan *et al.* (2001)[7]，Ristic *et al.* (2004)[4] などが，よい解説を与えている。本節では，これらの議論を基に，パーティクルフィルタの基礎をまとめておく。

7.4.1 パーティクルフィルタの概要

パーティクルフィルタは，7.4.2 項で述べるモンテカルロ法を出発点とする。しかし，評価したい事後確率分布 $p(\boldsymbol{x}_k|\boldsymbol{Z}_{1:k})$ から，直接，効率的にサンプルを得ることは一般に難しい[3),4)]。そこで，7.4.3 項で述べるように，評価したい確率分布と類似し，かつサンプルが得やすい別の分布からサンプルを得る**重点サンプリング**（importance sampling）が用いられる。重点サンプリングを再帰的にし，事後確率密度の更新式 (7.17) を評価できるようにしたのが，7.4.4 項で述べる**逐次重点サンプリング**（sequential importance sampling，SIS）である。ただし，SIS には，反復を繰り返すうちに**縮退**（degeneracy）が生じる問題があることが知られており，7.4.6 項で述べる**リサンプリング**（resampling）を用いてこれを回避する必要がある。次節以降で，上述のパーティクルフィルタの各ステップを詳しくみていく。

7.4.2 モンテカルロ法

まずはじめに，パーティクルフィルタの出発点であるモンテカルロ法について，みてみよう。いま，次式のような積分を考える。

$$I = \int f(\boldsymbol{x})p(\boldsymbol{x})\,d\boldsymbol{x} \tag{7.74}$$

ここで，$f(\boldsymbol{x})$ は任意の関数，$p(\boldsymbol{x})$ は任意の確率密度を表し，$p(\boldsymbol{x}) \geq 0$，かつ $\int p(\boldsymbol{x})\,d\boldsymbol{x} = 1$ であるとする。特に，$f(\boldsymbol{x})$ が推定すべき状態 $\boldsymbol{x}$，$p(\boldsymbol{x})$ がその事後確率密度の場合，すなわち，$f(\boldsymbol{x}) = \boldsymbol{x}$ および $p(\boldsymbol{x}) = p(\boldsymbol{x}|\boldsymbol{z})$ の場合，式 (2.23) から，式 (7.74) は次式のような MMSE 推定値となる。

$$\hat{\boldsymbol{x}}_{\mathrm{MMSE}} = \int \boldsymbol{x}p(\boldsymbol{x}|\boldsymbol{z})\,d\boldsymbol{x} \tag{7.75}$$

$p(\boldsymbol{x})$ に従う N_p 個のサンプルを $\{\boldsymbol{x}^{(i)}; i = 1, \cdots, N_p\}$ と表すものとする。このとき，確率密度 $p(\boldsymbol{x})$ は次式で近似される[8)]。

$$\hat{p}(\boldsymbol{x}) = \frac{1}{N_p}\sum_{i=1}^{N_p}\delta\left(\boldsymbol{x} - \boldsymbol{x}^{(i)}\right) \tag{7.76}$$

ここで $\delta(\cdot)$ は，式 (A.112) で定義されるデルタ関数である。式 (7.74) における $p(\boldsymbol{x})$ を式 (7.76) で置き換えることにより，式 (7.74) は次式のようなサンプル平均で近似される。

$$\hat{I} = \int f(\boldsymbol{x})\ \hat{p}(\boldsymbol{x})\ d\boldsymbol{x} = \frac{1}{N_p}\sum_{i=1}^{N_p} f(\boldsymbol{x}^{(i)}) \tag{7.77}$$

ここで，式 (A.114) を用いている。式 (7.77) を，**モンテカルロ積分**（Monte Carlo integration）と呼ぶ。サンプル数 N_p が十分大きいとき

$$\lim_{N_p\to\infty} \hat{I} = I \tag{7.78}$$

7.4.3　重点サンプリング

前節のモンテカルロ法では，サンプルを分布 $p(\boldsymbol{x})$ から発生させたが，$p(\boldsymbol{x})$ から直接サンプリングすることが難しい場合がある。そこで，$p(\boldsymbol{x})$ と類似した確率分布 $q(\boldsymbol{x})$ からサンプルを発生させることを考える。$q(\boldsymbol{x})$ は，**インポータンス分布**（importance distribution），あるいは**提案分布**（proposal distribution）と呼ばれる。実際の $q(\boldsymbol{x})$ の選択については，7.4.5 項で述べる。

提案分布 $q(\boldsymbol{x})$ を用いて，式 (7.74) を書き直すと，次式のようになる。

$$I \;=\; \int f(\boldsymbol{x})\frac{p(\boldsymbol{x})}{q(\boldsymbol{x})}q(\boldsymbol{x})\,d\boldsymbol{x} \;=\; \int f(\boldsymbol{x})w(\boldsymbol{x})q(\boldsymbol{x})\,d\boldsymbol{x} \tag{7.79}$$

ここで

$$w(\boldsymbol{x}) \;:=\; \frac{p(\boldsymbol{x})}{q(\boldsymbol{x})} \tag{7.80}$$

は，**インポータンス重み**（importance weight）と呼ばれる。$q(\boldsymbol{x})$ に従うサンプル $\{\boldsymbol{x}^{(i)}; i=1,\cdots,N_p\}$ を用いて，式 (7.77) は次式のように書き直すことができる。

$$\hat{I} \;=\; \frac{1}{N_p}\sum_{i=1}^{N_p} f(\boldsymbol{x}^{(i)})w(\boldsymbol{x}^{(i)}) \tag{7.81}$$

最後に，次節で用いるため，$p(\boldsymbol{x})$ が正規化 ($\int p(\boldsymbol{x})\,d\boldsymbol{x} = 1$) されていない場合を考える。正規化を行った式 (7.79) は次式のようになる。

$$I = \frac{\displaystyle\int f(\boldsymbol{x})p(\boldsymbol{x})\,d\boldsymbol{x}}{\displaystyle\int p(\boldsymbol{x})\,d\boldsymbol{x}} = \frac{\displaystyle\int f(\boldsymbol{x})w(\boldsymbol{x})q(\boldsymbol{x})\,d\boldsymbol{x}}{\displaystyle\int w(\boldsymbol{x})q(\boldsymbol{x})\,d\boldsymbol{x}} \tag{7.82}$$

式 (7.82) のモンテカルロ積分による近似は，次式のようになる。

$$\hat{I} = \frac{\displaystyle\frac{1}{N_p}\sum_{i=1}^{N_p} f(\boldsymbol{x}^{(i)})w(\boldsymbol{x}^{(i)})}{\displaystyle\frac{1}{N_p}\sum_{j=1}^{N_p} w(\boldsymbol{x}^{(j)})} \tag{7.83}$$

ここで

$$\tilde{w}^{(i)} := \frac{w(\boldsymbol{x}^{(i)})}{\displaystyle\sum_{j=1}^{N_p} w(\boldsymbol{x}^{(j)})} \tag{7.84}$$

とおくことにより，式 (7.83) は次式のように書き直される。

$$\hat{I} = \sum_{i=1}^{N_p} f(\boldsymbol{x}^{(i)})\tilde{w}^{(i)} \tag{7.85}$$

$\tilde{w}^{(i)}$ は，**正規化インポータンス重み**（normalized importance weight）と呼ばれる。また，式 (7.76) は次式のようになる。

$$\hat{p}(\boldsymbol{x}) = \sum_{i=1}^{N_p} \tilde{w}^{(i)}\delta\left(\boldsymbol{x} - \boldsymbol{x}^{(i)}\right) \tag{7.86}$$

7.4.4 逐次重点サンプリング

ここでは，前節で述べた重点サンプリングを用いて，式 (7.17) に示した事後確率密度の更新式を近似的に求める。

いま，現在時刻 k までの観測値を $\boldsymbol{Z}_{1:k} = [\boldsymbol{z}_1, \cdots, \boldsymbol{z}_k]$，これに対応する状態を $\boldsymbol{X}_{0:k} = [\boldsymbol{x}_0, \cdots, \boldsymbol{x}_k]$ と表すものとする。$\boldsymbol{x}_0$ は初期状態である。追跡問題では，時刻 $k-1$ での同時事後確率密度 $p(\boldsymbol{X}_{0:k-1}|\boldsymbol{Z}_{1:k-1})$，あるいは，その周辺確率密度である $p(\boldsymbol{x}_{k-1}|\boldsymbol{Z}_{1:k-1})$ が得られていると仮定し，これと，現在時刻

k における新たな観測値 $\boldsymbol{z}_k$ とから，$p(\boldsymbol{X}_{0:k}|\boldsymbol{Z}_{1:k})$，あるいは $p(\boldsymbol{x}_k|\boldsymbol{Z}_{1:k})$ を求める。

式 (7.79) において，$p(\boldsymbol{x})$ および $q(\boldsymbol{x})$ を次式の同時事後確率密度に置き換える。

$$p(\boldsymbol{x}) \ \rightarrow \ p(\boldsymbol{X}_{0:k}|\boldsymbol{Z}_{1:k}), \qquad q(\boldsymbol{x}) \ \rightarrow \ q(\boldsymbol{X}_{0:k}|\boldsymbol{Z}_{1:k}) \tag{7.87}$$

$\{\boldsymbol{X}_{0:k}^{(i)}; i = 1, \cdots, N_p\}$ を，提案分布 $q(\boldsymbol{X}_{0:k}|\boldsymbol{Z}_{1:k})$ に従うサンプルとする。すなわち

$$\boldsymbol{X}_{0:k}^{(i)} \ \sim \ q(\boldsymbol{X}_{0:k}|\boldsymbol{Z}_{1:k}), \qquad i = 1, \cdots, N_p \tag{7.88}$$

これにより，式 (7.80) のインポータンス重みは次式のようになる。

$$w_k^{(i)} \ := \ w(\boldsymbol{X}_{0:k}^{(i)}) \ = \ \frac{p(\boldsymbol{X}_{0:k}^{(i)}|\boldsymbol{Z}_{1:k})}{q(\boldsymbol{X}_{0:k}^{(i)}|\boldsymbol{Z}_{1:k})} \tag{7.89}$$

逐次重点サンプリングでは，式 (7.89) で定義したインポータンス重みを逐次的に求める。式 (7.17) を導いたのと同様にして，同時事後確率密度 $p(\boldsymbol{X}_{0:k}|\boldsymbol{Z}_{1:k})$ は，つぎのように分解することができる。まず，式 (7.13) 同様，ベイズの定理（式 (B.5)）を用いて，次式を得る。

$$p(\boldsymbol{X}_{0:k}|\boldsymbol{Z}_{1:k}) = p(\boldsymbol{X}_{0:k}|\boldsymbol{z}_k, \boldsymbol{Z}_{1:k-1}) \tag{7.90}$$

$$= \frac{p(\boldsymbol{z}_k|\boldsymbol{X}_{0:k}, \boldsymbol{Z}_{1:k-1})p(\boldsymbol{X}_{0:k}|\boldsymbol{Z}_{1:k-1})}{p(\boldsymbol{z}_k|\boldsymbol{Z}_{1:k-1})} \tag{7.91}$$

このうち，$p(\boldsymbol{z}_k|\boldsymbol{X}_{0:k}, \boldsymbol{Z}_{1:k-1})$ および $p(\boldsymbol{X}_{0:k}|\boldsymbol{Z}_{1:k-1})$ は，式 (7.14) および式 (7.15) と同様にして，次式のようになる。

$$p(\boldsymbol{z}_k|\boldsymbol{X}_{0:k}, \boldsymbol{Z}_{1:k-1}) = p(\boldsymbol{z}_k|\boldsymbol{x}_k) \tag{7.92}$$

$$\begin{aligned} p(\boldsymbol{X}_{0:k}|\boldsymbol{Z}_{1:k-1}) &= p(\boldsymbol{x}_k, \boldsymbol{X}_{0:k-1}|\boldsymbol{Z}_{1:k-1}) \\ &= p(\boldsymbol{x}_k|\boldsymbol{X}_{0:k-1}, \boldsymbol{Z}_{1:k-1})p(\boldsymbol{X}_{0:k-1}|\boldsymbol{Z}_{1:k-1}) \\ &= p(\boldsymbol{x}_k|\boldsymbol{x}_{k-1})p(\boldsymbol{X}_{0:k-1}|\boldsymbol{Z}_{1:k-1}) \end{aligned} \tag{7.93}$$

ここで，式 (7.93) では，式 (B.4) が用いられている。式 (7.91) に式 (7.92) および式 (7.93) を代入して，次式を得る。

$$p(\boldsymbol{X}_{0:k}|\boldsymbol{Z}_{1:k}) \propto p(\boldsymbol{z}_k|\boldsymbol{x}_k)p(\boldsymbol{x}_k|\boldsymbol{x}_{k-1})p(\boldsymbol{X}_{0:k-1}|\boldsymbol{Z}_{1:k-1}) \tag{7.94}$$

ここで，正規化の項 $p(\boldsymbol{z}_k|\boldsymbol{Z}_{1:k-1})$ は省略してある。

一方，$q(\boldsymbol{X}_{0:k}|\boldsymbol{Z}_{1:k})$ も，式 (B.4) を用いて，つぎのように分解できる。

$$\begin{aligned} q(\boldsymbol{X}_{0:k}|\boldsymbol{Z}_{1:k}) &= q(\boldsymbol{x}_k, \boldsymbol{X}_{0:k-1}|\boldsymbol{Z}_{1:k}) \\ &= q(\boldsymbol{x}_k|\boldsymbol{X}_{0:k-1}, \boldsymbol{Z}_{1:k})q(\boldsymbol{X}_{0:k-1}|\boldsymbol{Z}_{1:k}) \end{aligned} \tag{7.95}$$

ここで，提案分布は，次式を満たすように選ぶものとする。

$$q(\boldsymbol{X}_{0:k-1}|\boldsymbol{Z}_{1:k}) = q(\boldsymbol{X}_{0:k-1}|\boldsymbol{Z}_{1:k-1}) \tag{7.96}$$

式 (7.96) は，時刻 $k-1$ における軌跡 $\boldsymbol{X}_{0:k-1}$ が，未来の観測値 $\boldsymbol{z}_k$ に依存しないと仮定することを意味している[7)]。式 (7.96) を式 (7.95) に代入することにより，次式を得る。

$$q(\boldsymbol{X}_{0:k}|\boldsymbol{Z}_{1:k}) = q(\boldsymbol{x}_k|\boldsymbol{X}_{0:k-1}, \boldsymbol{Z}_{1:k})q(\boldsymbol{X}_{0:k-1}|\boldsymbol{Z}_{1:k-1}) \tag{7.97}$$

式 (7.94) および式 (7.97) を式 (7.89) に代入することにより，インポータンス重みは次式のような逐次更新式に書き直せる。

$$\begin{aligned} w_k^{(i)} &\propto \frac{p(\boldsymbol{z}_k|\boldsymbol{x}_k^{(i)})p(\boldsymbol{x}_k^{(i)}|\boldsymbol{x}_{k-1}^{(i)})}{q(\boldsymbol{x}_k^{(i)}|\boldsymbol{X}_{0:k-1}^{(i)}, \boldsymbol{Z}_{1:k})} \frac{p(\boldsymbol{X}_{0:k-1}^{(i)}|\boldsymbol{Z}_{1:k-1})}{q(\boldsymbol{X}_{0:k-1}^{(i)}|\boldsymbol{Z}_{1:k-1})} \\ &= w_{k-1}^{(i)} \frac{p(\boldsymbol{z}_k|\boldsymbol{x}_k^{(i)})p(\boldsymbol{x}_k^{(i)}|\boldsymbol{x}_{k-1}^{(i)})}{q(\boldsymbol{x}_k^{(i)}|\boldsymbol{X}_{0:k-1}^{(i)}, \boldsymbol{Z}_{1:k})} \end{aligned} \tag{7.98}$$

ここで，サンプル $\boldsymbol{x}_k^{(i)}$ は，提案分布を分解した式 (7.97) の右辺の分布 $q(\boldsymbol{x}_k|\boldsymbol{X}_{0:k-1}, \boldsymbol{Z}_{1:k})$ から発生させることができる。式 (7.98) により求めた重みを式 (7.84) により正規化した $\tilde{w}_k^{(i)}$ を用いて，同時事後確率密度 $p(\boldsymbol{X}_{0:k}|\boldsymbol{Z}_{1:k})$ は，次式のように近似される。

$$\hat{p}(\boldsymbol{X}_{0:k}|\boldsymbol{Z}_{1:k}) = \sum_{i=1}^{N_p} \tilde{w}_k^{(i)} \delta(\boldsymbol{X}_{0:k} - \boldsymbol{X}_{0:k}^{(i)}) \tag{7.99}$$

7.4.5 提　案　分　布

提案分布を分解して得られた $q(\boldsymbol{x}_k|\boldsymbol{X}_{0:k-1},\boldsymbol{Z}_{1:k})$ には，次式の（事前）遷移確率密度が用いられることが多い[3),4)]。

$$q(\boldsymbol{x}_k|\boldsymbol{X}_{0:k-1},\boldsymbol{Z}_{1:k}) \;=\; p(\boldsymbol{x}_k|\boldsymbol{x}_{k-1}) \tag{7.100}$$

この場合，インポータンス重みの更新式 (7.98) は，次式のように簡略化される。

$$w_k^{(i)} \;\propto\; w_{k-1}^{(i)} p(\boldsymbol{z}_k|\boldsymbol{x}_k^{(i)}) \tag{7.101}$$

式 (7.101) を用いることにより，尤度 $p(\boldsymbol{z}_k|\boldsymbol{x}_k^{(i)})$ と 1 時刻前の重み $w_{k-1}^{(i)}$ から，新たな重み $w_k^{(i)}$ を再帰的に計算することができる。式 (7.101) により得られた重み $w_k^{(i)}$ を式 (7.84) により正規化した $\tilde{w}_k^{(i)}$ を用いて，$p(\boldsymbol{X}_{0:k}|\boldsymbol{Z}_{1:k})$ の周辺確率密度である事後確率密度 $p(\boldsymbol{x}_k|\boldsymbol{Z}_{1:k})$ は，次式のように近似される[4)]。

$$\hat{p}(\boldsymbol{x}_k|\boldsymbol{Z}_{1:k}) = \sum_{i=1}^{N_p} \tilde{w}_k^{(i)} \delta(\boldsymbol{x}_k - \boldsymbol{x}_k^{(i)}) \tag{7.102}$$

7.4.6 リサンプリング

前節で述べたSISでは，反復を繰り返すうちに，少数の粒子に大きな重みが集中し，他の大多数の粒子の重みが非常に小さくなる縮退の問題が起こることが知られている[4)]。一旦粒子の重みが小さくなると，再び重みが反復の過程で増加する可能性は低く，このような粒子は，これ以降の反復の過程に貢献しないことになる。これを回避するための手段がリサンプリングである。

リサンプリングでは，遺伝的アルゴリズムなどと同じように，重みの小さい粒子を除去し，重みの大きい粒子をその重みの大きさに応じて分割し，増やす。例えば，$\{\boldsymbol{x}_k^{(1)},\tilde{w}_k^{(1)}\} = \{\boldsymbol{\alpha}, 1/3\}$ となる粒子があり，$\boldsymbol{x}_k^{(i)} = \boldsymbol{\alpha}$ となる粒子がこの粒子だけであるとする。粒子数を $N_p = 15$ とすると，この粒子を次式のように分割する。

$$\left\{\boldsymbol{x}_k^{(i)}, \tilde{w}^{(i)}\right\} = \left\{\boldsymbol{\alpha}, \frac{1}{3}\right\}, \quad i = 1$$
$$\rightarrow \quad \left\{\tilde{\boldsymbol{x}}_k^{(j)}, \frac{1}{N_p}\right\} = \left\{\boldsymbol{\alpha}, \frac{1}{15}\right\}, \quad j = 1, \cdots, 5 \quad (7.103)$$

新たな粒子は，一様な重み $1/N_p$ を持つ。このような分割操作をしても，式 (7.102) から，$\boldsymbol{x}_k = \boldsymbol{\alpha}$ における事後確率値は分割前と変わらない。

上述の例では，$N_p \times \tilde{w}_k^{(i)}$ がうまく整数になったので，粒子の分割が容易に行えたが，割り切れない場合もある。このため，リサンプリングを行うアルゴリズムが提案されている[4)]。新たなサンプル $\{\tilde{\boldsymbol{x}}_k^{(j)}; j = 1, \cdots, N_p\}$ は，事後確率密度の近似である離散分布（式 (7.102)）から N_p 回サンプリングすることにより生成される。**図 7.10** は，リサンプリングの過程を模式的に描いたものである。図 (a) は離散確率密度 $\hat{p}(\boldsymbol{x}_k|\boldsymbol{Z}_{1:k})$ を表す。一方，図 (b) は，$\hat{p}(\boldsymbol{x}_k|\boldsymbol{Z}_{1:k})$ を積分して得られる**累積分布関数**（cumulative distribution function, CDF）を表す。$\hat{p}(\boldsymbol{x}_k|\boldsymbol{Z}_{1:k})$ に対する累積分布関数は，次式で与えられる[8)]。

$$\hat{F}(\boldsymbol{x}_k|\boldsymbol{Z}_{1:k}) = \sum_{i=1}^{N_p} \tilde{w}_k^{(i)} u(\boldsymbol{x}_k - \boldsymbol{x}_k^{(i)}) \quad (7.104)$$

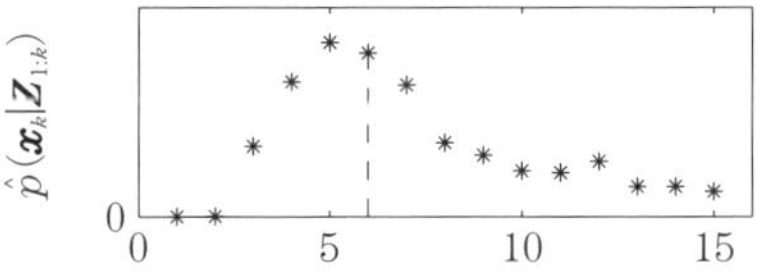

(a) 確率密度関数 $\hat{p}(\boldsymbol{x}_k|\boldsymbol{Z}_{1:k})$

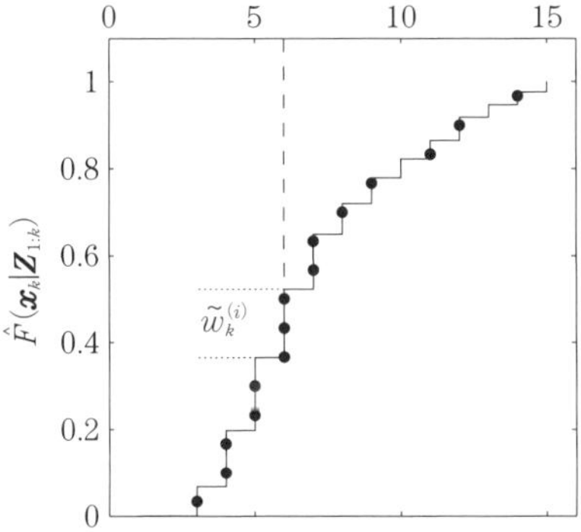

(b) 累積分布関数 $\hat{F}(\boldsymbol{x}_k|\boldsymbol{Z}_{1:k})$

図 7.10 リサンプリングの過程

ここで，$u(\cdot)$ はユニットステップ関数である。$\hat{F}(\boldsymbol{x}_k|\boldsymbol{Z}_{1:k})$ は [0,1] の範囲をとる。この図で●印で示しているように，累積分布関数に沿って，[0,1] の区間を等間隔にサンプルすることにより，新たなサンプル $\{\tilde{\boldsymbol{x}}_k^{(j)}\}$ が得られる。リサンプリングを実現するアルゴリズムとしては，systematic resampling 法[9) などがある†。リサンプリングにより，サンプルと重みのペアは，次式のように変換される。

$$\left\{\boldsymbol{x}_k^{(i)}, \tilde{w}^{(i)}\right\},\quad i=1\ldots,N_p \quad \rightarrow \quad \left\{\tilde{\boldsymbol{x}}_k^{(j)}, \frac{1}{N_p}\right\},\quad j=1,\cdots.N_p \tag{7.105}$$

7.4.7　パーティクルフィルタ・アルゴリズム

本項では，これまでに 7.4.2 項〜7.4.6 項で述べた事項をまとめ，パーティクルフィルタを構成する。パーティクルフィルタにはさまざまなバージョンがある。ここでは，最も基本的な**サンプリング・重点リサンプリング・フィルタ**（sampling importance resampling filter，SIR filter），あるいは**ブートストラップ・フィルタ**（bootstrap filter）[10) と呼ばれるアルゴリズムを紹介する。SIR フィルタでは，提案分布として，7.4.5 項で述べた事前遷移確率密度 $p(\boldsymbol{x}_k|\boldsymbol{x}_{k-1})$ を用いる[4)。

表 7.7 に SIR フィルタのアルゴリズムをまとめる。また，**図 7.11**（p.198）は，SIR フィルタの流れを模式的に示す図として，過去の文献でしばしば用いられているものである[3),4),11)。以下に，図 7.11 を用いて，SIR フィルタの流れを説明する。

(a)　サンプリング（予測）　まず図 (a) では，事前遷移確率密度 $p(\boldsymbol{x}_k|\boldsymbol{x}_{k-1})$ からサンプル $\boldsymbol{x}_k^{(i)}$ を発生させる。具体的には，プロセス雑音のサンプル $\boldsymbol{u}_{k-1}^{(i)}$ を発生させ，式 (7.2) を用いて，次式のように $\boldsymbol{x}_k^{(i)}$ を得る。

$$\boldsymbol{u}_{k-1}^{(i)} \sim p(\boldsymbol{u}_{k-1}) \tag{7.106}$$

$$\boldsymbol{x}_k^{(i)} = \boldsymbol{f}_{k-1}(\boldsymbol{x}_{k-1}^{(i)}, \boldsymbol{u}_{k-1}^{(i)}) \tag{7.107}$$

ここで，$p(\boldsymbol{u}_{k-1})$ は $\boldsymbol{u}_{k-1}$ の事前確率密度である。これにより，サンプルと重

† 実装については，文献4) の表 3.2 などが参考になる。

表 **7.7** パーティクルフィルタ（SIR フィルタ）のアルゴリズム

初期化:

$\{\boldsymbol{x}_0^{(i)}, w_0^{(i)}\}, \quad i=1,\cdots,N_p$

反復:

For $k=1,2,\cdots$

サンプリング:

$$\begin{aligned} \boldsymbol{u}_{k-1}^{(i)} &\sim p(\boldsymbol{u}_{k-1}), \quad i=1,\cdots,N_p \\ \boldsymbol{x}_k^{(i)} &= \boldsymbol{f}_{k-1}(\boldsymbol{x}_{k-1}^{(i)}, \boldsymbol{u}_{k-1}^{(i)}), \quad i=1,\cdots,N_p \end{aligned}$$

重みの更新:

$$\begin{aligned} w_k^{(i)} &= p(\boldsymbol{z}_k|\boldsymbol{x}_k^{(i)}), \quad i=1,\cdots,N_p \\ \tilde{w}_k^{(i)} &= w_k^{(i)} / \sum_{j=1}^{N_p} w_k^{(j)}, \quad i=1,\cdots,N_p \end{aligned}$$

リサンプリング:

$$\{\boldsymbol{x}_k^{(i)}, \tilde{w}_k^{(i)}\} \to \{\tilde{\boldsymbol{x}}_k^{(j)}, {N_p}^{-1}\}$$

事後確率密度推定:

$$\hat{p}(\boldsymbol{x}_k|\boldsymbol{Z}_{1:k}) = \frac{1}{N_p}\sum_{j=1}^{N_p} \delta(\boldsymbol{x}_k - \tilde{\boldsymbol{x}}_k^{(j)})$$

状態推定:

$$\hat{\boldsymbol{x}}_k = \frac{1}{N_p}\sum_{j=1}^{N_p} \tilde{\boldsymbol{x}}_k^{(j)}$$

置き換え:

$$\boldsymbol{x}_k^{(i)} = \tilde{\boldsymbol{x}}_k^{(i)}, \quad i=1,\cdots,N_p$$

End

みのペア $\{\boldsymbol{x}_k^{(i)}, {N_p}^{-1}\}$ が得られる。このステップでの $\boldsymbol{x}_k^{(i)}$ の分布は，予測確率密度 $p(\boldsymbol{x}_k|\boldsymbol{Z}_{1:k-1})$ の近似となっている。

(b) 重みの更新 続いて，図 (b) では，新たな観測値 $\boldsymbol{z}_k$ と状態の予測値 $\boldsymbol{x}_k^{(i)}$ から尤度 $p(\boldsymbol{z}_k|\boldsymbol{x}_k^{(i)})$ を計算し，式 (7.101) により重みを更新する。ここで，過去の重み $w_{k-1}^{(i)}$ は，リンサプリングにより一様な値 ${N_p}^{-1}$ となっているため，式 (7.101) は，次式のように簡略化される。

$$w_k^{(i)} \propto p(\boldsymbol{z}_k|\boldsymbol{x}_k^{(i)}) \tag{7.108}$$

$w_k^{(i)}$ を正規化し，$\tilde{w}_k^{(i)}$ を得る。このステップでのサンプルと重みのペアは，

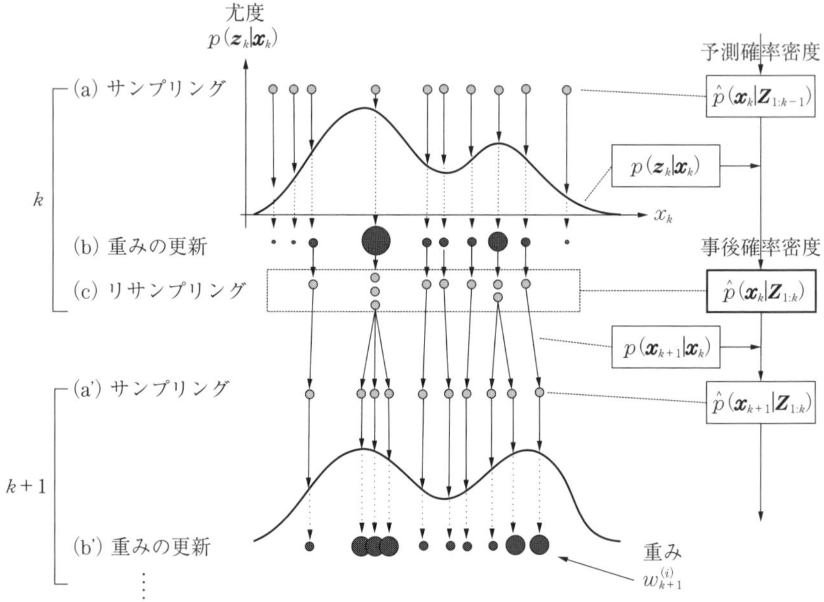

図 7.11　SIR フィルタの流れ[3),4)]。図中の●の大きさは重みの大きさを表している

$\{\boldsymbol{x}_k^{(i)}, \tilde{w}_k^{(i)}\}$ となる。

(c)　リサンプリング　　図 (c) では，7.4.6 項で述べたリサンプリングにより，均一な重み $N_p{}^{-1}$ を持つサンプル $\tilde{\boldsymbol{x}}_k^{(j)}$ を生成する。これにより，サンプルと重みのペアは，$\{\tilde{\boldsymbol{x}}_k^{(j)}, N_p{}^{-1}\}$ となる。このステップでの $\tilde{\boldsymbol{x}}_k^{(j)}$ の分布が，求めるべき事後確率密度 $p(\boldsymbol{x}_k|\boldsymbol{Z}_{1:k})$ の近似となっている。

$$\hat{p}(\boldsymbol{x}_k|\boldsymbol{Z}_{1:k}) \;=\; \frac{1}{N_p}\sum_{j=1}^{N_p}\delta(\boldsymbol{x}_k - \tilde{\boldsymbol{x}}_k^{(j)}) \tag{7.109}$$

また，時刻 k における状態の MMSE 推定値は，式 (7.85) から，次式のようになる。

$$\hat{\boldsymbol{x}}_k \;=\; \frac{1}{N_p}\sum_{j=1}^{N_p}\tilde{\boldsymbol{x}}_k^{(j)} \tag{7.110}$$

(a')　サンプリング（予測）　　時刻 $k+1$ でのサンプリングを表す図 (a')

では，再び，状態遷移により，均一な重みを持つサンプルが散らばって行く。これにより，縮退が回避される。以降，各ステップが反復される。

7.4.8 パーティクルフィルタを用いた音源追跡

本項では，前項までで述べたパーティクルフィルタを，7.2.5 項で登場した音源追跡の問題に適用してみよう。

〔1〕 尤　　　度

ここでは，6.3 節において求めたブロックデータに対する尤度（式 (6.24)）を，パーティクルフィルタの枠組みで用いることができるように書き直しておく。

観測データのモデル（式 (6.7)），および空間相関行列のモデル（式 (6.8)）を，1.4.1 項で述べたブロックデータの表記に合わせて書き換えると，次式のようになる。

$$\boldsymbol{z}_{j,k} = \boldsymbol{A}(\boldsymbol{\theta}_j)\boldsymbol{s}_{j,k} + \boldsymbol{v}_{j,k} \tag{7.111}$$

$$\boldsymbol{R}_j = E[\boldsymbol{z}_{j,k}\boldsymbol{z}_{j,k}^H] = \boldsymbol{A}(\boldsymbol{\theta}_j)\boldsymbol{\Gamma}_j\boldsymbol{A}^H(\boldsymbol{\theta}_j) + \sigma\boldsymbol{I} \tag{7.112}$$

ここで，j はブロックのインデックス，k はブロック内の観測値（フレーム）のインデックスである。$\boldsymbol{A}(\boldsymbol{\theta}_j)$ は，アレイ・マニフォールド行列であり，音源の方向 $\boldsymbol{\theta}_j = [\theta_{1,j}, \cdots, \theta_{N,j}]^T$ をパラメータに持つ。$\boldsymbol{\Gamma}_j = E[\boldsymbol{s}_{j,k}\boldsymbol{s}_{j,k}^H] = \mathrm{diag}(\gamma_{1,j}, \cdots, \gamma_{N,j})$ は，音源の相互相関行列であり，音源のブロック内のパワーをその要素に持つ。音源のパラメータ $\{\boldsymbol{\theta}_j, \boldsymbol{\Gamma}_j\}$ の時間的変化は，ブロック内では十分小さいものと仮定する。

6.3 節と同様，2.1.2 項で述べたランダム信号モデルを用い，信号 $\boldsymbol{s}_{j,k}$ および雑音 $\boldsymbol{v}_{j,k}$ がともにガウス分布に従うと仮定する。すなわち

$$\boldsymbol{s}_{j,k} \sim \mathcal{N}(\boldsymbol{0}, \boldsymbol{\Gamma}_j), \qquad \boldsymbol{v}_{j,k} \sim \mathcal{N}(\boldsymbol{0}, \sigma\boldsymbol{I}) \tag{7.113}$$

信号 $\boldsymbol{s}_{j,k}$ と雑音 $\boldsymbol{v}_{j,k}$ の線形結合である観測値 $\boldsymbol{z}_{j,k}$ は，式 (6.18) に示したように，次式のガウス分布となる。

$$p(\boldsymbol{z}_{j,k}|\boldsymbol{x}_j) = \pi^{-M}(\det(\boldsymbol{R}_j))^{-1}\exp\left(-\boldsymbol{z}_{j,k}^H\boldsymbol{R}_j^{-1}\boldsymbol{z}_{j,k}\right) \tag{7.114}$$

ここで，推定すべき状態 $\boldsymbol{x}_j$ は，次式で定義されるパラメータベクトルである[†1]。

$$\boldsymbol{x}_j \;:=\; \boldsymbol{\theta}_j \;=\; [\theta_{1,j}, \cdots, \theta_{N,j}]^T \tag{7.115}$$

続いて，観測データを第 j ブロック内の K 個のデータベクトル $\bar{\boldsymbol{z}}_j = [\boldsymbol{z}_{j,1}, \cdots, \boldsymbol{z}_{j,K}]$ に拡張する[†2]。K 個のデータがたがいに統計的に独立であると仮定すると，その尤度は，式 (6.24) と同様にして，次式のようになる。

$$\begin{aligned} p(\bar{\boldsymbol{z}}_j|\boldsymbol{x}_j) \;&=\; \prod_{k=1}^{K} p(\boldsymbol{z}_{j,k}|\boldsymbol{x}_j) \\ &\propto\; (\det(\boldsymbol{R}_j))^{-K} \exp\left(-K\mathrm{tr}(\boldsymbol{R}_j^{-1}\boldsymbol{C}_j)\right) \end{aligned} \tag{7.116}$$

ここで，$\boldsymbol{C}_j$ は次式で定義されるサンプル相関行列である。

$$\boldsymbol{C}_j \;:=\; \frac{1}{K}\sum_{k=1}^{K} \boldsymbol{z}_{j,k}\boldsymbol{z}_{j,k}^H \tag{7.117}$$

〔**2**〕 **音源追跡の概要**

続いて，本節で例として取り上げる音源追跡システムの概要を述べる。状態遷移のモデル $p(\boldsymbol{x}_k|\boldsymbol{x}_{k-1})$ には，簡単のため，カルマンフィルタの場合と同様，7.2.5 項で述べた線形–ガウスのモデル（式 (7.51)）を用いる。一方，観測系のモデルについては，上述の尤度（式 (7.116)）を用いる。ブロック内の観測値 $\bar{\boldsymbol{z}}_j = [\boldsymbol{z}_{j,1}, \cdots, \boldsymbol{z}_{j,K}]$ を用いて尤度を評価するため，尤度の算出もブロック単位である。したがって，カルマンフィルタの場合と同様に，パーティクルフィルタの時間インデックスも，$k \to j$ に変更する。推定する状態ベクトルは，7.2.5 項と同様，式 (7.53) に示したものを用いる。ただし，尤度の評価には角速度パラメータ $\{\beta_{i,j}\}$ は用いられない。**表 7.8** に，パーティクルフィルタのシステム・

[†1] 相関行列のモデル $\boldsymbol{R}_j$ は，未知パラメータ $\{\theta_{1,j}, \cdots, \theta_{N,j}\}$ および $\{\gamma_{1,j}, \cdots, \gamma_{N,j}\}$ を含むため，本来であれば推定すべきパラメータベクトルは式 (6.19) のようになるが，問題が複雑になるので，本節では，$\gamma_{1,j} = \cdots = \gamma_{N,j} = 1$ と仮定する。$\gamma_{i,j}$ がブロックごとに変動する場合は，6 章で述べたように $\gamma_{i,j}$ の同時推定が必要となる。

[†2] 6 章ではブロック内データを $\boldsymbol{Z}$ と表記したが，本章で用いている時系列データ $\boldsymbol{Z}_{1:k}$ との混同を避けるため，ブロック内の複数の観測ベクトルからなるデータを $\bar{\boldsymbol{z}}_j$ と表記する。また，本節で扱う時系列は $\boldsymbol{Z}_{1:j} = [\bar{\boldsymbol{z}}_1, \cdots, \bar{\boldsymbol{z}}_j]$ となる。

表 **7.8** パーティクルフィルタのシステム・パラメータ。
$\mathcal{U}[a,b]$ は $[a,b]$ の範囲の一様分布を表す

システム・パラメータ	値
方向の初期値 $(\theta_{1,0}^{(i)}, \theta_{2,0}^{(i)})$	$\sim \mathcal{U}[-180, +180]$
角速度の初期値 $(\beta_{1,0}^{(i)}, \beta_{2,0}^{(i)})$	(0,0)
プロセス雑音の分散 $(\sigma_{u_1}^2, \sigma_{u_2}^2)$	(1,1)
式 (7.112) における σ	0.1
粒子数 N_p	1 000
周波数	1 250 Hz

パラメータをまとめておく。また，ブロック長などの分析パラメータは，表 7.5 に示すカルマンフィルタの場合と同じである。

尤度の計算には，単一周波数 (1 250 Hz) のデータのみを用いた。特に調波構造を持つような音源の場合は，周波数ごとのパワーの変動が大きいため，空間スペクトルなどを算出する際は，周波数平均をとることが多い。本節は，パーティクルフィルタの動作を理解するのが目的であるので，式の複雑化を避けるため，あえて，単一の周波数を用いている。広帯域のデータに拡張する場合は，各周波数の観測値がたがいに独立であると仮定し，周波数ごとの尤度の積を新たな尤度として用いることが考えられる[12)]。ただし，尤度の積をとると，一般に尤度が先鋭化するため，尤度のかわりに対数尤度を重み $w_k^{(i)}$ の評価に用いるなどして，粒子の縮退をさける数値的工夫が必要な場合がある。

7.4.9 応　用　例

本節では，7.4.8 項で述べたパーティクルフィルタによる音源追跡システムを，7.2.6 項でカルマンフィルタに用いたのと同じ例題に適用し，その効果をみていく。

図 **7.12** は，パーティクルフィルタにより推定した軌跡と角速度の例である。この図から，前半の，音源 S1 の休止区間では，軌跡が多少乱れているが，後半

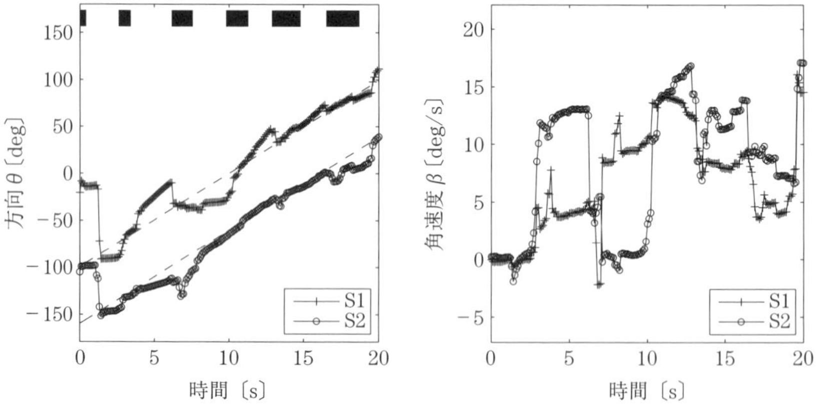

(a) 音源の軌跡 (b) 角速度

図 7.12 パーティクルフィルタによる推定結果。図 (a) の点線は，音源の軌跡の真値。図 (a) 上部の太線は，音源 S1 が発音している区間を表す

になって，速度の推定値が安定してくると，軌跡も安定し，真値に近くなっている。

図 7.13 は，あるブロックにおける粒子の分布を表している。ただし，粒子の分布がみやすいよう，この図では，状態遷移モデルにおける分散パラメータを $(\sigma_{u_1}^2, \sigma_{u_2}^2) = (10^2, 10^2)$ としてある。この図から，サンプリングにおける粒子のうち（図 (a)），周辺に分散している重みの小さい粒子がリサンプリングにより淘汰されているのがわかる（図 (b)）。一方，重みの大きい粒子の分割は，

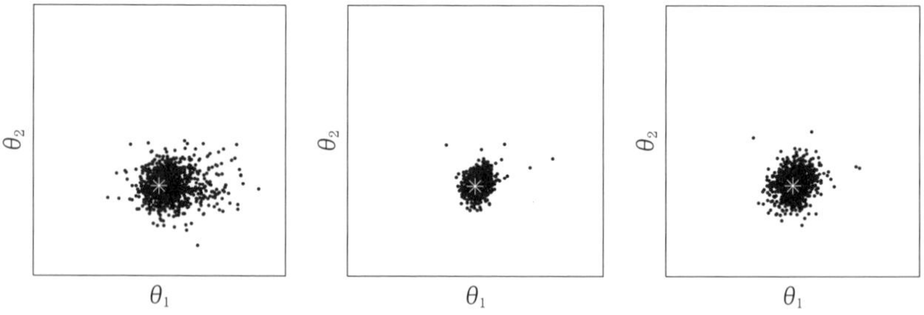

(a) 第 j ブロックでのサンプリング (b) 第 j ブロックでのリサンプリング (c) 第 $j+1$ ブロックでのサンプリング

図 7.13 粒子の分布。図中の ∗ はパラメータの真値を表す

パラメータ空間上の位置が変化しないため，この図からではわからない。図(c)はつぎのブロックにおけるサンプリングでの粒子の分布を表しており，状態遷移モデルにおけるプロセス雑音 $\boldsymbol{u}_j$ により，再び粒子の分布が広がっているのがわかる。これにより，粒子の縮退が回避される。

引用・参考文献

1) R. E. Kalman："A new approach to linear filtering and prediction problems," *Transaction of the ASME, Ser. D, Journal of Basic Engineering*, vol. 82, pp. 34～45 (1960)

2) S. Haykin (Ed.)：*Kalman filtering and neural networks*, Wiley Inter-science (2001)

3) A. Doucent, N. de Freitas, and N. Gordon (Eds.)：*Sequential Monte Carlo methods in practice*, Springer (2001)

4) B. Ristic, S. Arulampalam, and N. Gordon：*Beyond the Kalman filter*, Artech house (2004)

5) Y. Bar-shalom, X. Li, and T. Kirubarajan：*Estimation with applications to tracking and navigtion*, Wiley (2001)

6) S. Julier, J. Uhlmann, and H. F. Durrant-White："A new method for non-linear transformation of means and covariances in filters and estimators," *IEEE Trans. Automatic Control*, vol. 45, pp. 477～482, March (2000)

7) E. A. Wan and R. van der Merwe："The unscented Kalman filter," in S. Haykin, editor, *Kalman filtering and neural networks.*, Wiley (2001)

8) R.D. Yates and D.J. Goodman : *Probability and stochastic processes*, Wiley (2005)

9) G. Kitagawa："Monte carlo filter and smoother for non-gaussian non-linear state space models," *Journal of Computational and Graphical Statistics*, vol. 5, no. 1, pp. 1～25 (1996)

10) N.J. Gordon, D.J. Salmond, and A.F.M. Smith："Novel approach to nonlinear/non-Gaussian Bayesian state estimation," *IEE Proc.-F*, vol. 140, no. 2, pp. 107～113 (1993)

11) F. Zhao and L. Guibas：*Wireless sensor networks*, Elsevier (2004)

12) H. Asoh, I. Hara, F. Asano, and K. Yamamoto："Tracking human speech events using a particle filter," in *Proc. ICASSP 2005*, vol. II, pp. 1153～1156 (2005)

8 ブラインド音源分離

4 章で述べたビームフォーマでは，目的音源に対するアレイ・マニフォールド・ベクトルを既知の情報として与え，音源信号を推定した。本章で扱う**ブラインド信号源分離**（blind source separation，BSS）では，観測値のみから音源信号を分離・推定する。アレイ・マニフォールド・ベクトルなどの事前情報を使わないことから，「ブラインド」の名がある。BSS の問題では，信号の統計的独立性に着目した**独立成分分析**（independent component analysis，ICA）が用いられることが多い。ICA の理論に関しては，よい専門書[1)~6)]が多数出版されている。本章では，これらの議論に基づき，ICA の基礎と，音源分離への応用についてみていく。

8.2 節では，ICA の前処理として有効な**主成分分析**（principal component analysis，PCA）と白色化について述べる。8.3 節～8.5 節では，三つの基本的な ICA の方法について述べる。**表 8.1** に，本書で扱う ICA の方法の特徴をまとめておく。8.6 節では，ICA を音響信号の分離に適用する場合の問題について考える。

表 8.1　ICA の方法の特徴

方　法	規　範	前提・拘束条件
KLD に基づく方法	KLD 最小化	・音源信号は非ガウス分布
FastICA	エントロピー最小化 /ネゲントロピー最大化	・音源信号は非ガウス分布 ・観測信号の白色化が必要 ・分離行列はユニタリ行列に拘束
SOBI	相関行列の同時対角化	・音源信号は時間的相関を持つ ・観測信号の白色化が必要 ・分離行列はユニタリ行列に拘束

8.1 問題の定式化

1.3.2 項で述べたように，空間に N 個の音源があり，これを M 個のセンサで観測する場合，周波数領域の観測値 $\boldsymbol{z}$ は，次式のモデルで表すことができる。

$$\boldsymbol{z} = [z_1, \cdots, z_M]^T = \boldsymbol{A}\boldsymbol{s} = \sum_{i=1}^{N} \boldsymbol{a}_i s_i \tag{8.1}$$

ここで，s_i は具体的には音源信号の短区間フーリエ変換 $S_i(\omega, k)$ を，z_m はセンサにおける観測値の短区間フーリエ変換 $Z_m(\omega, k)$ を，それぞれ表す。アレイ・マニフォールド行列 $\boldsymbol{A}$ は，音源信号を混合することから，混合行列とも呼ばれる。簡単のため，本節では，音源数とセンサ数が同じ（$M = N$）であると仮定する。観測値 $\boldsymbol{z}$ に対して，次式のようなフィルタリングを行うことにより，音源信号 $\boldsymbol{s}$ を回復（分離）することを考える。

$$\boldsymbol{y} = \boldsymbol{W}\boldsymbol{z} = \boldsymbol{W}\boldsymbol{A}\boldsymbol{s} \tag{8.2}$$

式 (8.2) から，次式が成立する場合は，$\boldsymbol{y} = \boldsymbol{s}$ となり，音源信号が回復される。

$$\boldsymbol{W} = \boldsymbol{A}^{-1} \tag{8.3}$$

図 8.1 に，$M = N = 2$ の場合の混合系 $\boldsymbol{z} = \boldsymbol{A}\boldsymbol{s}$ および分離系 $\boldsymbol{y} = \boldsymbol{W}\boldsymbol{z}$ のブロック図を示す。

一般の応用では，式 (8.1) に示した単純なモデルが成り立たない場合も多い。このうち，$M > N$ の場合については，8.6.3 項で述べる。一方，$M < N$ の場合は，**過完備基底**（overcomplete bases）の問題[1),3)] と呼ばれ，通常の ICA よりも難しく，本書では扱わない。また，式 (1.39) で示した一般的なモデルのように，付加雑音 $\boldsymbol{v}$ がある場合，雑音に対する方法の拡張[3)] やデータの前処理などが必要である。このうち，簡単なデータの前処理の方法については 8.6.3 項で述べる。

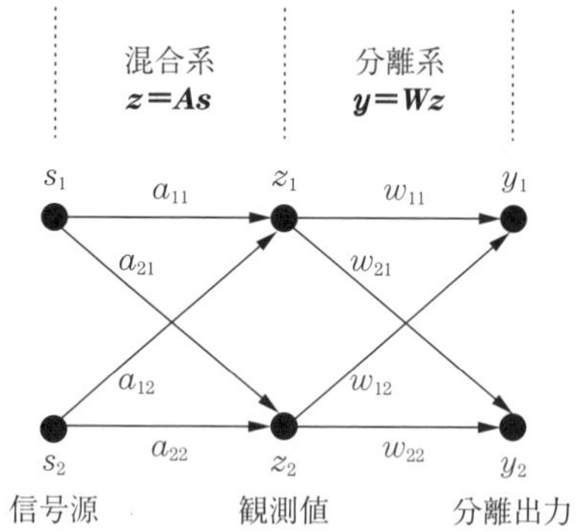

図 8.1　基本的なブラインド音源分離システム

8.2 主成分分析と白色化

8.2.1 主成分分析

観測値 $\boldsymbol{z}$ を，任意の単位ベクトル $\boldsymbol{w}_1$ 上に射影する場合を考える。ただし $E[\boldsymbol{z}] = \boldsymbol{0}$ であるとする。$\boldsymbol{w}_1$ 上に射影された $\boldsymbol{z}$ の成分は次式により与えられる（A.1.2 項参照）。

$$y_1 = \boldsymbol{w}_1^H \boldsymbol{z} \tag{8.4}$$

ここで，$\boldsymbol{w}_1$ の方向を，y_1 の分散（平均パワー）が最大となるように決定する。この場合の y_1 を，$\boldsymbol{z}$ の**第 1 主成分**（first principal component）と呼ぶ[3)]。$\boldsymbol{w}_1$ は，観測値 $\boldsymbol{z}$ からパワーが最大の成分を抽出するフィルタと考えればわかりやすい。

y_1 の分散は次式で表される。

$$E[|y_1|^2] = E[y_1 y_1^*] = \boldsymbol{w}_1^H E[\boldsymbol{z}\boldsymbol{z}^H]\boldsymbol{w}_1 = \boldsymbol{w}_1^H \boldsymbol{R}_z \boldsymbol{w}_1 \tag{8.5}$$

ここで，$\boldsymbol{R}_z = E[\boldsymbol{z}\boldsymbol{z}^H]$。以上から，$\boldsymbol{w}_1$ を決定する問題は，次式のような拘束付き最大化問題となる[3),7)]。

$$\max_{\boldsymbol{w}_1} \boldsymbol{w}_1^H \boldsymbol{R}_z \boldsymbol{w}_1 \tag{8.6}$$

$$\text{subject to} \quad \|\boldsymbol{w}_1\| = 1 \tag{8.7}$$

拘束条件（式 (8.7)）は，最大化問題において $\|\boldsymbol{w}_1\| \to \infty$ となるのを防ぐために必要である。上述の拘束付き最大化問題は，ラグランジュの未定乗数法により，次式のコスト関数 J を最大化する問題に直すことができる。

$$J = \boldsymbol{w}_1^H \boldsymbol{R}_z \boldsymbol{w}_1 + \lambda(1 - \boldsymbol{w}_1^H \boldsymbol{w}_1) \tag{8.8}$$

式 (8.8) を $\boldsymbol{w}_1^*$ で偏微分し（A.2.2 項参照），$\mathbf{0}$ とおくことにより

$$\boldsymbol{R}_z \boldsymbol{w}_1 = \lambda \boldsymbol{w}_1 \tag{8.9}$$

式 (8.9) は，式 (A.46) に示した固有値問題に帰着する。また，y_1 の分散 $E[|y_1|^2]$ は，式 (8.9) の左から $\boldsymbol{w}_1^H$ をかけることにより，次式のように固有値 λ となる。

$$E[|y_1|^2] = \boldsymbol{w}_1^H \boldsymbol{R}_z \boldsymbol{w}_1 = \lambda \tag{8.10}$$

以上から，最大固有値 λ_1 に対応する固有ベクトル $\boldsymbol{e}_1$ が，式 (8.6)，(8.7) に示した最適化問題の解となる。すなわち

$$\hat{\boldsymbol{w}}_1 = \boldsymbol{e}_1 \tag{8.11}$$

続いて，第 2 主成分 y_2 を得るためのベクトル $\boldsymbol{w}_2$ は，ノルムの拘束 $\|\boldsymbol{w}_2\| = 1$ に加え，先に選んだ $\boldsymbol{w}_1$ と直交する条件

$$\boldsymbol{w}_1^H \boldsymbol{w}_2 = 0 \tag{8.12}$$

の下で，分散 $E[|y_2|^2]$ を最大とするように決定される。この結果，2 番目に大きい固有値 λ_2 に対応した固有ベクトル $\boldsymbol{e}_2$ がこの解となる。

以上を一般化すると，観測値 $\boldsymbol{z}$ から p（$\leq M$）個の主成分を取り出すフィルタは，次式で与えられる。

$$\boldsymbol{y} = [y_1, \cdots, y_p]^T = \boldsymbol{E}_p^H \boldsymbol{z} \tag{8.13}$$

ここで

$$E_p := [e_1, \cdots, e_p] \tag{8.14}$$

E_p は，相関行列 R_z の大きいほうから p 個の固有値 $\{\lambda_1, \cdots, \lambda_p\}$ に対応した固有ベクトル $\{e_1, \cdots, e_p\}$ を列ベクトルに持つ。固有ベクトルによる対角化（式 (A.49)）から，第 i 主成分 y_i と第 j 主成分 $y_j (i \neq j)$ は無相関であることがわかる。

$$E[y_i y_j^*] = e_i^H R_z e_j = 0, \quad \text{for } i \neq j \tag{8.15}$$

主成分分析をまとめると，以下のようになる。

- データ $z = [z_1, \cdots, z_M]^T$ から分散の大きい順に p 個のたがいに無相関な成分 $y = [y_1, \cdots, y_p]^T$ が抽出される。
- その分散は p 個の固有値 $\{\lambda_1, \cdots, \lambda_p\}$ に等しい。
- 主成分を抽出するフィルタ E_p^H は相関行列 R_z の固有ベクトルから構成される。

主成分分析は，5.1.1 項で述べたカルーネン・レーベ変換と密接な関係を持つ。

8.2.2 白　色　化

まず，信号処理における白色化の意味を考えてみよう。わかりやすい例として，時間領域の信号 $z(t)$ の場合を考える。$z(t)$ が分散 σ^2 の時間的に無相関な信号であるとすると，その自己相関関数は次式のようになる。

$$r(\tau) := E[z^*(t)z(t+\tau)] = \begin{cases} \sigma^2 & \tau = 0 \\ 0 & \text{otherwise} \end{cases} \tag{8.16}$$

$r(\tau)$ のフーリエ変換は $z(t)$ のパワースペクトルであるが，$r(\tau)$ が式 (8.16) のようになる場合，パワースペクトルは全周波数にわたって一定となる。このようにスペクトルが一定であることを，白色光のスペクトルがあらゆる周波数の光を含むことになぞらえて，白色であるという[8)]。

上述の時間領域の信号の場合と同様に，M 個のデータから構成されるデータベクトル $z = [z_1, \cdots, z_M]^T$ に対して，要素がたがいに無相関であり，その相関関数 $r(i, j)$ が次式を満たす場合を白色であるという[3)]。

$$r(i,j) \ := \ E[z_i z_j^*] \ = \ \delta_{ij} \tag{8.17}$$

δ_{ij} はクロネッカーの記号（A.1.1 項参照）である。

白色化は，**無相関化**（decorrelation），あるいは**球状化**（sphering）とも呼ばれる。球状化は，後述する例 8.1 で示すように，(z_i, z_j) の分布の広がりを示す等確率楕円（B.1.2 項参照）が，単位円（多次元の場合は半径 1 の球）となることに由来する。

続いて，白色化を行うフィルタ $\boldsymbol{V}$ を求めておく。白色化の過程を次式のように表すものとする。

$$\bar{\boldsymbol{z}} \ = \ \boldsymbol{V}\boldsymbol{z} \tag{8.18}$$

式 (8.17) から，$\bar{\boldsymbol{z}}$ が白色となる条件を行列形式で書くと，次式のようになる。

$$E[\bar{\boldsymbol{z}}\bar{\boldsymbol{z}}^H] \ = \ \boldsymbol{V}E[\boldsymbol{z}\boldsymbol{z}^H]\boldsymbol{V}^H \ = \ \boldsymbol{V}\boldsymbol{R}_z\boldsymbol{V}^H \ = \ \boldsymbol{I} \tag{8.19}$$

白色化フィルタ $\boldsymbol{V}$ は後述するように一意には定まらないが，次式で定義されるものが一般によく用いられる。

$$\boldsymbol{V} \ := \ \boldsymbol{\Lambda}^{-1/2}\boldsymbol{E}^H \tag{8.20}$$

ここで

$$\boldsymbol{E} \qquad = [\boldsymbol{e}_1, \cdots, \boldsymbol{e}_M] \tag{8.21}$$

$$\boldsymbol{\Lambda}^{-1/2} = \mathrm{diag}\left(1/\sqrt{\lambda_1}, \cdots, 1/\sqrt{\lambda_M}\right) \tag{8.22}$$

$\{\boldsymbol{e}_i\}$ および $\{\lambda_i\}$ は，PCA の場合と同様に，$\boldsymbol{R}_z = E[\boldsymbol{z}\boldsymbol{z}^H]$ の固有ベクトルおよび固有値である。式 (8.20) において，$\boldsymbol{E}^H$ は $\boldsymbol{z}$ をたがいに無相関化し，$\boldsymbol{\Lambda}^{-1/2}$ は無相関化後の信号の分散を正規化する役割を持つ。

最後に，白色化フィルタが一意には定まらない点について述べておく[3),5)]。いま，任意のユニタリ行列 $\boldsymbol{U}^H$ を白色化フィルタ $\boldsymbol{V}$ に縦続接続して，フィルタリングを行うことを考える。すなわち，$\boldsymbol{y} = \boldsymbol{U}^H\boldsymbol{V}\boldsymbol{z}$。この場合も，次式に示すようにフィルタ出力 $\boldsymbol{y}$ は白色化される。

$$E[\boldsymbol{y}\boldsymbol{y}^H] = \boldsymbol{U}^H\boldsymbol{V}\boldsymbol{R}_z\boldsymbol{V}^H\boldsymbol{U} = \boldsymbol{U}^H\boldsymbol{U} = \boldsymbol{I} \tag{8.23}$$

白色化の性質をまとめるとつぎのようになる。

- データ $\boldsymbol{z} = [z_1, \cdots, z_M]^T$ をたがいに無相関な M 個の成分 $\bar{\boldsymbol{z}} = [\bar{z}_1, \cdots, \bar{z}_M]^T$ に変換する。
- 変換後の成分の分散は正規化される。すなわち，$E[|\bar{z}_i|^2] = 1$。
- 白色化フィルタは，PCA の場合と異なり，一意には定まらない。

例 8.1　白色化と ICA の違い

本節で述べた白色化は，白色化フィルタの出力を相互に無相関化する。フィルタ出力の成分が相互に無相関化されていれば，音源分離ができてもよさそうなものである。そこで，簡単な例を用いて，白色化と後述する ICA の違いをみてみよう。

図 8.2 は**散布図**（scatter plot）と呼ばれ，白色化と ICA の違いを説明するのにしばしば用いられる[1),3)]。例えば，図 (a) は，信号源のサンプル $\{\boldsymbol{s}_k = [s_{1,k},\ s_{2,k}]^T; k = 1, \cdots, K\}$ を x-y 座標系に，一つの点 $(x, y) = (s_{1,k}, s_{2,k})$ としてプロットしたものである†。この例では，信号源 $\boldsymbol{s}_k$ に音声信号を STFT したものの実部を用いた。すなわち，$\boldsymbol{s}_k = [\mathrm{Re}(S_1(\omega, k)),\ \mathrm{Re}(S_2(\omega, k))]^T$。音源数は，$N = 2$ である。これを $\boldsymbol{z}_k = \boldsymbol{A}\boldsymbol{s}_k$ により混合し，観測信号を生成した。混合行列は，次式に示す単純なものを用いた。

$$\boldsymbol{A} = \begin{bmatrix} 1 & 2 \\ 1 & 0.5 \end{bmatrix}$$

ここで，散布図の理解を助けるために，次式のような 2 入力 2 出力の一般的な変換行列 $\boldsymbol{G}$ を考える。

$$\boldsymbol{y} = \boldsymbol{G}\boldsymbol{s} \tag{8.24}$$

---

† 散布図の見方については，村田（2004）[5)] にわかりやすい解説が載っている。

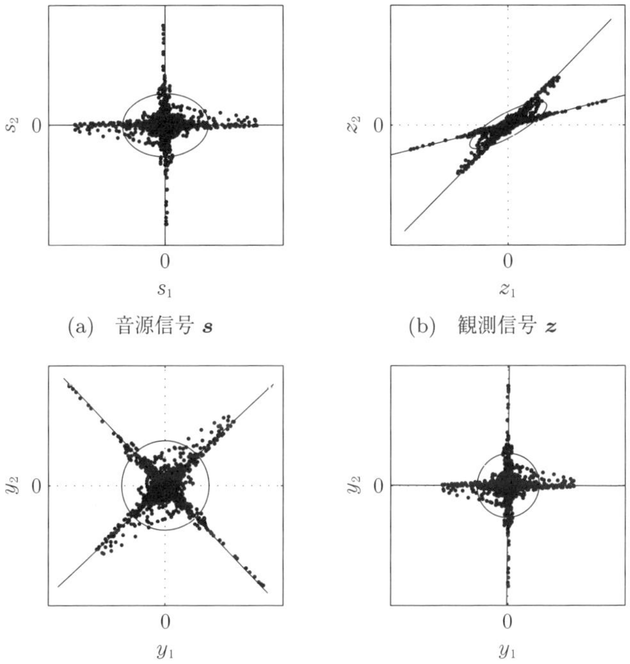

(a) 音源信号 $\boldsymbol{s}$　(b) 観測信号 $\boldsymbol{z}$

(c) 白色化後の信号 $\boldsymbol{y} = \boldsymbol{V}\boldsymbol{z}$　(d) ICA の出力 $\boldsymbol{y} = \boldsymbol{W}\boldsymbol{z}$

図 8.2 散布図。直線は $\boldsymbol{g}_1$ と $\boldsymbol{g}_2$ の方向を示す。楕円は等確率楕円を示す

式 (8.24) の要素を書き下すと，次式のようになる。

$$\begin{bmatrix} y_1 \\ y_2 \end{bmatrix} = \begin{bmatrix} g_{11} & g_{12} \\ g_{21} & g_{22} \end{bmatrix} \begin{bmatrix} s_1 \\ s_2 \end{bmatrix} = \boldsymbol{g}_1 s_1 + \boldsymbol{g}_2 s_2 \tag{8.25}$$

$\boldsymbol{g}_n$ は，$\boldsymbol{G}$ の列ベクトルであり，出力空間 $\{\boldsymbol{y} \in \mathbb{R}^2\}$ の基底ベクトルとなっている。仮に音源 s_n が単独で存在する場合，出力 $\boldsymbol{y}$ は，ベクトル $\boldsymbol{g}_n$ が示す方向の直線上に分布する。

図 (a) は，$\boldsymbol{s}$ をプロットしているので，式 (8.24) において $\boldsymbol{G} = \boldsymbol{I}$ の場合と考えることができ，ベクトル $\boldsymbol{g}_n$ の方向は，x-y 座標系の横軸および縦軸方向となる。図 (a) には，$\boldsymbol{g}_n$ の方向を示す直線も書き入れてあり，$\boldsymbol{g}_n$ に沿ったサンプルの分布がみられる。音声信号のように尖度が高く裾（すそ）の広い

優ガウス分布では，信号源の一方が 0 付近，他方が 0 から遠く外れた組合せが出現する確率が，ガウス分布に比べて高く，散布図に $\boldsymbol{g}_n$ の方向が現れることがある[5)]。

図 (b) は，混合された観測信号 $\boldsymbol{z} = \boldsymbol{A}\boldsymbol{s}$ をプロットしたものである。この場合，式 (8.24) において $\boldsymbol{y} = \boldsymbol{z}$，$\boldsymbol{G} = \boldsymbol{A}$ となり，ベクトル $\boldsymbol{g}_n$ は，混合行列 $\boldsymbol{A}$ の列ベクトルとなる。散布図をみると，$\boldsymbol{A}$ の列ベクトル方向に分布が変換されているのがわかる。

図 (c) は，観測信号に式 (8.20) で示した白色化フィルタ $\boldsymbol{V}$ を施した場合（$\boldsymbol{y} = \boldsymbol{V}\boldsymbol{z} = \boldsymbol{V}\boldsymbol{A}\boldsymbol{s}$）である。この場合，$\boldsymbol{G} = \boldsymbol{V}\boldsymbol{A}$ となる。式 (8.2) および式 (8.3) から，音源分離が達成されていれば $\boldsymbol{G} = \boldsymbol{I}$ となり，$\boldsymbol{g}_n$ の方向は，縦軸と横軸方向となるはずである。図 (c) では，$\boldsymbol{g}_n$ の方向が縦軸と横軸方向とは異なり，分離が達成できていないことがわかる。一方，$\boldsymbol{g}_1$ と $\boldsymbol{g}_2$ の方向が直交しており，白色化フィルタの効果が現れている。

図 (d) は，8.3 節で述べる ICA によるフィルタ $\boldsymbol{W}$ を用いて観測信号 $\boldsymbol{z}$ をフィルタリングした場合（$\boldsymbol{y} = \boldsymbol{W}\boldsymbol{z} = \boldsymbol{W}\boldsymbol{A}\boldsymbol{s}$）の散布図である。この場合，$\boldsymbol{G} = \boldsymbol{W}\boldsymbol{A}$ となる。この図から，$\boldsymbol{g}_1$ と $\boldsymbol{g}_2$ の方向は，縦軸と横軸方向とおおむね一致し，分離が達成されているのがわかる。

8.2.3　分離行列と白色化行列の関係

例 8.1 をみると，白色化による出力の無相関化では信号の分離が達成されず，ICA を用いてはじめて信号の分離が達成されている。それでは，白色化は，信号の分離には無意味かというと，そうではない。図 8.2(c) と図 (d) の比較からも，まず，白色化により $\boldsymbol{g}_1$ と $\boldsymbol{g}_2$ を直交させ，さらにこれらを，縦軸と横軸方向と一致するよう回転させることで信号の分離を達成できることがわかる。本節では，分離行列 $\boldsymbol{W}$ と白色化行列 $\boldsymbol{V}$ の関係について考える。

式 (8.18) に示した白色化の過程を再び書くと

$$\bar{\boldsymbol{z}} = \boldsymbol{V}\boldsymbol{z} = \boldsymbol{V}\boldsymbol{A}\boldsymbol{s} \tag{8.26}$$

ここで

$$\boldsymbol{U} = \boldsymbol{V}\boldsymbol{A} \tag{8.27}$$

とおくと，白色化の定義（式 (8.19)）から

$$E[\bar{\boldsymbol{z}}\bar{\boldsymbol{z}}^H] = \boldsymbol{U}E[\boldsymbol{s}\boldsymbol{s}^H]\boldsymbol{U}^H = \boldsymbol{U}\boldsymbol{\Gamma}\boldsymbol{U}^H = \boldsymbol{I} \tag{8.28}$$

ここで，信号源 $\boldsymbol{s}$ が正規化されているものと仮定する[3),4)]。すなわち

$$\boldsymbol{\Gamma} = \mathrm{diag}(\gamma_1, \cdots, \gamma_N) = \boldsymbol{I} \tag{8.29}$$

これにより，式 (8.28) は $\boldsymbol{U}\boldsymbol{U}^H = \boldsymbol{I}$ となり，$\boldsymbol{U}$ はユニタリ行列となる。信号源正規化の仮定（式 (8.29)）は，実際の応用を考えると，奇異な感じを受けるが，音源の平均振幅を表す項 $\sqrt{\gamma_i}$ を，次式のようにアレイ・マニフォールド・ベクトル $\boldsymbol{a}_i$ のほうに組み入れると考えれば，わかりやすい[9)]。

$$\boldsymbol{z} = \sum_{i=1}^{N} \boldsymbol{a}_i s_i = \sum_{i=1}^{N} (\sqrt{\gamma_i}\boldsymbol{a}_i)\frac{s_i}{\sqrt{\gamma_i}} \tag{8.30}$$

特に，ICA の枠組みでは，8.6.2 項で述べるように，振幅の不定性が許容されており，平均振幅 $\sqrt{\gamma_i}$ は ICA の枠組みの外で別途決定されるため，式 (8.29) の仮定は，ICA の問題を解く上での障害とはならない。

式 (8.27) および式 (8.3) から，分離行列 $\boldsymbol{W}$ は次式のように書くことができる。

$$\boldsymbol{W} = \boldsymbol{A}^{-1} = \boldsymbol{U}^H\boldsymbol{V} \tag{8.31}$$

式 (8.31) のうち，$\boldsymbol{V}$ は 8.2.2 項で決定されているので，分離行列推定の問題は，ユニタリ行列 $\boldsymbol{U}^H$ を決定する問題に帰着する。この場合，解空間が $\{\boldsymbol{W} \in \mathbb{C}^{N\times N}\} \rightarrow \{\boldsymbol{U} \in \mathbb{C}^{N\times N} | \boldsymbol{U}^H\boldsymbol{U} = \boldsymbol{I}\}$ のように限定されるため，最適化問題を解く上での探索空間も狭くなり，解を効率的にみつけられる可能性がある。Hyvärinen *et al.* (2001)[3)] は，式 (8.31) を，「白色化により ICA の問題の前半分を解くことができる。」と表現している。後述する ICA の三つの方法のうち，8.4 節および 8.5 節で述べる方法は，$\boldsymbol{U}^H$ を決定するものである。また，8.3 節で述べる白色化を前提としない方法でも，白色化を前処理として用いることで，

フィルタの学習の収束が早くなるなどの効果が期待される。

8.3 KL 情報量に基づく方法

8.3.1 KL 情 報 量

B.4.2 項で述べるように，**KL 情報量**（Kullback-Leibler divergence, KLD） $D_{\mathrm{KL}}(p(\boldsymbol{x}), q(\boldsymbol{x}))$ は，任意の確率密度 $p(\boldsymbol{x})$ と $q(\boldsymbol{x})$ との統計的距離の尺度として用いられ，つねに $D_{\mathrm{KL}} \geqq 0$ となり，$p(\boldsymbol{x}) = q(\boldsymbol{x})$ のときに限って 0 となる[7]。

KL 情報量に基づいた ICA では，分離システムの出力 $\boldsymbol{y}(= \boldsymbol{W}\boldsymbol{z})$ の同時分布 $p(\boldsymbol{y}) = p(y_1, \cdots, y_N)$ と，周辺分布の積 $\prod_{i=1}^{N} p_i(y_i)$ との KL 情報量を考える。

$$D_{\mathrm{KL}}\left(p(\boldsymbol{y}), \prod_{i=1}^{N} p_i(y_i)\right) = \int p(\boldsymbol{y}) \log \frac{p(\boldsymbol{y})}{\prod_{i=1}^{N} p_i(y_i)}\, d\boldsymbol{y} \tag{8.32}$$

B.1.1 項〔4〕で述べる独立性の定義から，$p(\boldsymbol{y}) = \prod_{i=1}^{N} p_i(y_i)$ となる場合，$\{y_1, \cdots, y_N\}$ はたがいに統計的に独立となる。このことから，KL 情報量（式 (8.32)）は，独立性の尺度として用いられる。

式 (8.32) は，次式のように，エントロピーの形で書くこともできる[4]。

$$\begin{aligned} D_{\mathrm{KL}} &= \int p(\boldsymbol{y}) \log p(\boldsymbol{y})\, d\boldsymbol{y} - \sum_{i=1}^{N} \int p(\boldsymbol{y}) \log p_i(y_i)\, d\boldsymbol{y} \\ &= \int p(\boldsymbol{y}) \log p(\boldsymbol{y})\, d\boldsymbol{y} - \sum_{i=1}^{N} \int p_i(y_i) \log p_i(y_i)\, dy_i \\ &= -H(\boldsymbol{y}) + \sum_{i=1}^{N} H(y_i) \end{aligned} \tag{8.33}$$

ここで，$H(\boldsymbol{y})$ および $H(y_i)$ は，次式で定義される**エントロピー**（entropy）である。

$$H(y_i) \ := \ -\int p_i(y_i) \log p_i(y_i)\, dy_i \ = \ -E\left[\log p_i(y_i)\right] \tag{8.34}$$

$$H(\boldsymbol{y}) \ := \ -\int p(\boldsymbol{y}) \log p(\boldsymbol{y})\, d\boldsymbol{y} \ = \ -E\left[\log p(\boldsymbol{y})\right] \tag{8.35}$$

確率変数 $\boldsymbol{z}$ と $\boldsymbol{y}$ が線形変換 $\boldsymbol{y} = \boldsymbol{W}\boldsymbol{z}$ の関係にあるとき，そのエントロピーには，式 (B.47) から，次式の関係が成り立つ。

$$H(\boldsymbol{y}) = H(\boldsymbol{z}) + \log|\det(\boldsymbol{W})| \tag{8.36}$$

式 (8.33) に式 (8.36) および式 (8.34) を代入すると

$$D_{\mathrm{KL}} = -H(\boldsymbol{z}) - \log|\det(\boldsymbol{W})| - \sum_{i=1}^{N} E[\log p_i(y_i)] \tag{8.37}$$

8.3.2 学　習　則

KL 情報量を最小とする $\boldsymbol{W}$ は，一般に直接は求められないので，勾配法などの反復法を用いて解くことになる。勾配を求めるため，式 (8.37) をフィルタ行列の複素共役 $\boldsymbol{W}^*$ について偏微分する（A.2.2 項参照）。第 1 項 $H(\boldsymbol{z})$ は $\boldsymbol{W}^*$ に無関係なのでその偏微分は 0 となる。第 2 項の偏微分は次式のようになる。

$$\begin{aligned}
\frac{\partial \log|\det(\boldsymbol{W})|}{\partial \boldsymbol{W}^*} &= \frac{\partial \log(\det(\boldsymbol{W}) \det(\boldsymbol{W})^*)^{1/2}}{\partial \boldsymbol{W}^*} \\
&= \frac{1}{2} \frac{1}{\det(\boldsymbol{W}) \det(\boldsymbol{W})^*} \frac{\partial \det(\boldsymbol{W}) \det(\boldsymbol{W}^*)}{\partial \boldsymbol{W}^*} \\
&= \frac{1}{2} \frac{1}{\det(\boldsymbol{W}) \det(\boldsymbol{W})^*} \det(\boldsymbol{W}) \det(\boldsymbol{W}^*) \boldsymbol{W}^{-H} \\
&= \frac{1}{2} \boldsymbol{W}^{-H}
\end{aligned} \tag{8.38}$$

ここで，式 (A.15) および式 (A.78) が用いられている。

第 3 項の偏微分を求めるために，まず第 3 項を個々のフィルタ係数の複素共役 $[\boldsymbol{W}]_{ij}^* = w_{ij}^*$ について偏微分すると，次式のようになる。

$$\frac{\partial}{\partial w_{ij}^*}\sum_{l=1}^{N} E\left[\log p_l(y_l)\right] = E\left[\frac{\partial \log p_i(y_i)}{\partial y_i^*}\frac{\partial y_i^*}{\partial w_{ij}^*}\right]$$
$$= E\left[\frac{\partial \log p_i(y_i)}{\partial y_i^*}\frac{\partial \sum_{k=1}^{N} w_{ik}^* z_k^*}{\partial w_{ij}^*}\right]$$
$$= E\left[\frac{\partial \log p_i(y_i)}{\partial y_i^*} z_j^*\right]$$
$$= -E[\varphi_i(y_i) z_j^*] \tag{8.39}$$

ここで

$$\varphi_i(y_i) \ := \ -\frac{\partial \log p_i(y_i)}{\partial y_i^*} \tag{8.40}$$

式 (8.39) を行列形式で書くことにより，第 3 項の偏微分は次式のようになる。

$$\frac{\partial}{\partial \boldsymbol{W}^*}\sum_{l=1}^{N} E\left[\log p_l(y_l)\right] \ = \ -E\left[\boldsymbol{\varphi}(\boldsymbol{y})\boldsymbol{z}^H\right] \tag{8.41}$$

$$\boldsymbol{\varphi}(\boldsymbol{y}) \ = \ [\varphi_1(y_1), \cdots, \varphi_N(y_N)]^T \tag{8.42}$$

以上から

$$\frac{\partial D_{\mathrm{KL}}}{\partial \boldsymbol{W}^*} \ = \ -\frac{1}{2}\boldsymbol{W}^{-H} + E\left[\boldsymbol{\varphi}(\boldsymbol{y})\boldsymbol{z}^H\right] \tag{8.43}$$

3.3 節で述べた通常の最急降下法では，式 (8.43) を勾配として用いるが，Amari *et al.* (1996)[10] は，KL 情報量を減少させるための最適な勾配として，式 (8.43) の右から $\boldsymbol{W}^H\boldsymbol{W}$ をかけた，次式の**自然勾配** (natural gradient)[11] を導入した。

$$\frac{\partial D_{\mathrm{KL}}}{\boldsymbol{W}^*}\boldsymbol{W}^H\boldsymbol{W} = -\frac{1}{2}\boldsymbol{W} + E\left[\boldsymbol{\varphi}(\boldsymbol{y})\boldsymbol{z}^H\right]\boldsymbol{W}^H\boldsymbol{W}$$
$$= -\left(\frac{1}{2}\boldsymbol{I} - E\left[\boldsymbol{\varphi}(\boldsymbol{y})\boldsymbol{y}^H\right]\right)\boldsymbol{W} \tag{8.44}$$

最終的な $\boldsymbol{W}$ の更新式は，次式となる。

$$\boldsymbol{W}_l = \boldsymbol{W}_{l-1} + \eta\left(\frac{1}{2}\boldsymbol{I} - E[\boldsymbol{\varphi}(\boldsymbol{y})\boldsymbol{y}^H]\right)\boldsymbol{W}_{l-1} \tag{8.45}$$

ここで，η は学習の速度を制御するための定数である。l は反復のインデックスである。式 (8.45) の学習則は，**自然勾配アルゴリズム**（natural gradient algorithm）[4] と呼ばれる。

最後に，細かい点だが，式 (8.45) の $\boldsymbol{I}$ にかかる係数 1/2 について述べておく。この係数は，A.2.2 項で述べるように，複素数について偏微分する際に，$\boldsymbol{W}$ を定数として扱い，その複素共役 $\boldsymbol{W}^*$ について偏微分することにより現れるものである。したがって，$\boldsymbol{W}$ が実数の場合，あるいは $\boldsymbol{W}$ の実部と虚部について別々に偏微分する場合には，この係数は現れない。この場合，式 (8.45) は，次式のようになる。

$$\boldsymbol{W}_l = \boldsymbol{W}_{l-1} + \eta \left(\boldsymbol{I} - E[\boldsymbol{\varphi}(\boldsymbol{y})\boldsymbol{y}^H]\right) \boldsymbol{W}_{l-1} \tag{8.46}$$

$$\varphi_i(y_i) = -\left(\frac{\partial \log p_i(y_i)}{\partial \mathrm{Re}(y_i)} + j\frac{\partial \log p_i(y_i)}{\partial \mathrm{Im}(y_i)}\right) \tag{8.47}$$

また，複素共役 $\boldsymbol{W}^*$ についての偏微分を用いた場合は，式 (8.44) の第 2 項 $E[\boldsymbol{\varphi}(\boldsymbol{y})\boldsymbol{y}^H]$ にかかるべき係数 1/2 は，次節で述べるように，式 (8.40) の偏微分を実際に行うところで現れる。

8.3.3 スコア関数

式 (8.40) で登場した関数 $\varphi_i(y_i)$ は，**スコア関数**（score function）[5] と呼ばれる。ICA による信号源分離が成功すれば，分離出力 $\boldsymbol{y}$ には，信号源 $\boldsymbol{s}$ が出力されるはずである（厳密には，後述する振幅と交換の不定性があるが，分布の形状は保存される）。したがって，分離出力の確率密度 $p_i(y_i)$ は，信号源の確率密度 $p_i(s_i)$ と考えることができる。信号源の確率密度 $p_i(s_i)$ が既知であれば，スコア関数 $\varphi_i(y_i)$ を導出することができる。しかし，実際の応用では，信号源の確率密度 $p_i(s_i)$ が既知である場合は少ないため，扱いやすい適当な関数を用いて信号源の確率密度を近似することが多い。

表 8.2 に，実数の場合について，代表的な確率密度関数と，これに対応するスコア関数の例を示す。また，**図 8.3** に，これを図示したものを示す。複素数への拡張は，各関数ごとに個別にみていく。なお，さまざまな確率密度とそのスコ

表 8.2　確率変数 y が実数の場合の確率密度関数 $p(y)$ と対応するスコア関数 $\varphi(y)$[4)]

関数名	$p(y)$	$\varphi(y)$
(a) ガウス	$\frac{1}{\sqrt{2\pi\sigma^2}}\exp\left(-\frac{\lvert y\rvert^2}{2\sigma^2}\right)$	$\frac{y}{\sigma^2}$
(b) 双曲線余弦	$\frac{1}{\pi\cosh(y/\sigma^2)}$	$\tanh\left(\frac{y}{\sigma^2}\right)$
(c) ラプラス	$\frac{1}{2\sigma}\exp\left(-\frac{\lvert y\rvert}{\sigma}\right)$	$\frac{1}{\sigma}\mathrm{sgn}(y)=\frac{1}{\sigma}\frac{y}{\lvert y\rvert}$

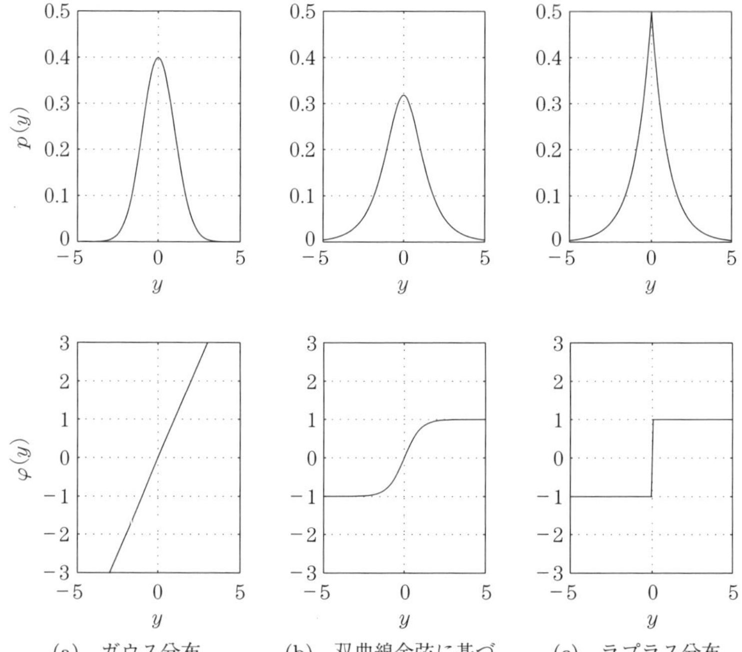

(a)　ガウス分布　　(b)　双曲線余弦に基づいた分布　　(c)　ラプラス分布

図 8.3　確率密度関数 $p(y)$（上段）と対応するスコア関数 $\varphi(y)$（下段）

ア関数については，Cichocki *et al.* (2002)[4)] の表 6.1 に詳しく述べられている。また，多様な分布の信号源に対応するため，**一般化ガウス分布**（generalized Gaussian distribution）のような一般的な確率密度関数のモデルを用いて信号源の確率密度を近似し，モデルのパラメータもオンラインで学習するアルゴリズムも提案されている[4)]。

〔1〕 ガウス分布の場合

まず，確率密度関数 $p_i(y_i)$ がガウス分布の場合をみてみよう。この場合，スコア関数は

$$\varphi_i(y_i) \;=\; -\frac{\partial}{\partial y_i^*}\log\exp\left(-\frac{y_i^* y_i}{2\sigma^2}\right) \;=\; \frac{y_i}{2\sigma^2} \tag{8.48}$$

となる。これにより，式 (8.45) における $E[\boldsymbol{\varphi}(\boldsymbol{y})\boldsymbol{y}^H]$ は次式のようになる。

$$E[\boldsymbol{\varphi}(\boldsymbol{y})\boldsymbol{y}^H] \;=\; \frac{1}{2\sigma^2}E[\boldsymbol{y}\boldsymbol{y}^H] \;=\; \frac{1}{2\sigma^2}\boldsymbol{R}_y \tag{8.49}$$

このことから，更新式 (8.45) は 2 次の統計量である相関行列 $\boldsymbol{R}_y$ のみに依存するようになり，出力の白色化，すなわち $\dfrac{1}{\sigma^2}\boldsymbol{R}_y \to \boldsymbol{I}$ だけが行われる。したがって，式 (8.48) は，ICA におけるスコア関数としては用いられない。

〔2〕 双曲線余弦に基づいた分布の場合

続いて，確率密度関数 $p(y_i)$ が双曲線余弦（hyperbolic cosine）に基づいたものをみてみよう。y_i が実数の場合，スコア関数は，次式のようになる。

$$\varphi_i(y_i) = \tanh\left(\frac{y_i}{\sigma^2}\right) \tag{8.50}$$

図 8.3 からわかるように，$\varphi(y_i)$ は非線形関数であり，$\varphi(y_i)$ の出力波形の振幅が制限される。$\tanh(y)$ は次式のようにテイラー級数展開される。

$$\tanh(y) = y - \frac{1}{3}y^3 + \frac{2}{15}y^5 - \cdots \tag{8.51}$$

このことから，$E[\boldsymbol{\varphi}(\boldsymbol{y})\boldsymbol{y}^T]$ には高次の統計量（モーメント）が現れるのがわかる。

y_i が複素数の場合は，式 (8.50) を実部および虚部に拡張した次式[5),12)]

$$\varphi_i(y_i) = \tanh\left(\frac{\mathrm{Re}(y_i)}{\sigma^2}\right) + j\tanh\left(\frac{\mathrm{Im}(y_i)}{\sigma^2}\right) \tag{8.52}$$

あるいは，極座標系に拡張した次式[13)] が用いられる。

$$\varphi_i(y_i) = \tanh\left(\frac{|y_i|}{\sigma^2}\right)\exp\left(j\arg y_i\right) \tag{8.53}$$

$\arg y$ は y の偏角を表す。この場合，更新式は，式 (8.46) を用いる。

〔3〕 ラプラス分布の場合

ラプラス分布の確率密度関数 $p_i(y_i)$ に対応するスコア関数は次式のようになる。

$$\varphi_i(y_i) \;=\; -\frac{\partial}{\partial y_i^*}\log\exp\left(-\frac{(y_i y_i^*)^{1/2}}{\sigma}\right) \;=\; \frac{1}{2\sigma}\frac{y_i}{|y_i|} \tag{8.54}$$

ラプラス分布は，本書で扱う音声や音楽信号の分布に近いとされる。

8.3.4 最尤法による導出

KL 情報量に基づいて導出した式 (8.45) と同じ更新式は，最尤法から導くこともできる[3),5)]。8.3.1 項で述べたように，分離出力 $\boldsymbol{y}$ を独立成分に分離することができていれば，分離出力の同時確率密度 $p(\boldsymbol{y})$ は，次式のように周辺確率密度の積となる。

$$p(\boldsymbol{y}) = \prod_{i=1}^{N} p_i(y_i) \tag{8.55}$$

分離出力 $\boldsymbol{y}$ と観測値 $\boldsymbol{z}$ が線形変換の関係 $\boldsymbol{y} = \boldsymbol{W}\boldsymbol{z}$ にあるとすると，式 (B.9) に示すように，それぞれの確率密度関数 $p(\boldsymbol{y})$ と $q(\boldsymbol{z})$ の間には次式が成り立つ。

$$q(\boldsymbol{z}) = |\det(\boldsymbol{W})|p(\boldsymbol{y}) \tag{8.56}$$

式 (8.56) は，$\boldsymbol{W}$ を推定すべきパラメータとすると，$\boldsymbol{W}$ の尤度関数と考えることができる。ここで，観測値および分離出力を次式のようなブロックデータに拡張する。

$$\begin{aligned}
\boldsymbol{Z} &= [\boldsymbol{z}_1, \cdots, \boldsymbol{z}_K], \quad \boldsymbol{z}_k \;=\; [z_{1,k}, \cdots, z_{N,k}]^T \\
\boldsymbol{Y} &= [\boldsymbol{y}_1, \cdots, \boldsymbol{y}_K], \quad \boldsymbol{y}_k \;=\; [y_{1,k}, \cdots, y_{N,k}]^T
\end{aligned} \tag{8.57}$$

$z_{i,k}$ および $y_{i,k}$ は，i 番目のチャネルにおける時刻 k での観測値および分離出力を表す。観測値 $\{\boldsymbol{z}_k; k = 1, \cdots, K\}$ がたがいに統計的に独立であるとすると，式 (8.55) および式 (8.56) から，ブロックデータ $\boldsymbol{Z}$ に対する尤度関数は次式のようになる。

$$q(\boldsymbol{Z}|\boldsymbol{W}) = \prod_{k=1}^{K}\left[|\det(\boldsymbol{W})|\prod_{i=1}^{N}p_i(y_{i,k})\right] \tag{8.58}$$

式 (8.58) の対数をとって，便宜上両辺を K で割り，対数尤度関数を求めると，次式のようになる。

$$LL(\boldsymbol{W}) = \frac{1}{K}\log q(\boldsymbol{Z}|\boldsymbol{W}) = \log|\det(\boldsymbol{W})| + \frac{1}{K}\sum_{k=1}^{K}\sum_{i=1}^{N}\log p_i(y_{i,k}) \tag{8.59}$$

式 (8.59) のサンプル平均 $\frac{1}{K}\sum_{k=1}^{K}$ を期待値 $E[\cdot]$ に置き換え，$\boldsymbol{W}^*$ で偏微分することにより，式 (8.43) と同様の勾配が導出される。

8.4 エントロピー最小化に基づく方法（FastICA）

FastICA は，Hyvärinen（1999）[14] により提案され，その名のとおり，少ない反復により学習が収束する特徴を持つ。

8.4.1 エントロピー最小化

8.3.1 項で述べた KL 情報量（式 (8.37)）を再び書くと

$$D_{\mathrm{KL}} = -H(\boldsymbol{z}) - \log|\det(\boldsymbol{W})| + \sum_{i=1}^{N}H(y_i) \tag{8.60}$$

$\log|\det(\boldsymbol{W})|$ が一定であるという拘束を設けることにより，式 (8.60) の最小化は，分離出力の各成分のエントロピー $H(y_i)$ の最小化に帰着する[5]。

$\log|\det(\boldsymbol{W})|$ を一定とする拘束としては，$\boldsymbol{W}$ をユニタリ行列とする拘束がしばしば用いられる。$\boldsymbol{W}$ の固有値を $\{\lambda_i; i=1,\cdots,N\}$ とすると，式 (A.53) および式 (A.30) から，$\boldsymbol{W}$ がユニタリ行列である場合は次式が成り立つ。

$$|\det(\boldsymbol{W})| \;=\; \left|\prod_{i=1}^{N}\lambda_i\right| \;=\; 1 \tag{8.61}$$

一方，8.2.3 項で述べたように，白色化された観測値 $\tilde{\boldsymbol{z}} = \boldsymbol{V}\boldsymbol{z}$ に対しては，ユ

ニタリ行列 $\boldsymbol{U}^H$ を用いて，音源分離を行うことができる。以上から，問題を整理すると，分離出力の各成分のエントロピーの最小化は，次式のようになる。

$$\min_{\boldsymbol{U}} \sum_{i=1}^{N} E[G(y_i)] \tag{8.62}$$

$$\text{subject to} \quad \boldsymbol{U}^H \boldsymbol{U} = \boldsymbol{I} \tag{8.63}$$

ここで，出力 $\boldsymbol{y} = [y_1, \cdots, y_N]^T$ は次式のように表される。

$$\boldsymbol{y} = \boldsymbol{U}^H \bar{\boldsymbol{z}} = \boldsymbol{U}^H \boldsymbol{V} \boldsymbol{z} \tag{8.64}$$

また，関数 $G_i(y_i)$ は，出力の確率密度 $p_i(y_i)$ を用いて次式で定義される。

$$G(y_i) := -\log p_i(y_i) \tag{8.65}$$

8.4.2 中心極限定理とネゲントロピー

式 (8.62) と同様の最適化問題は，非ガウス性を最大とする規範から導くこともできる。

非ガウス性の規範を説明するために，まず，その基礎となる**中心極限定理** (central limit theorem) について述べておく。確率変数 $\{s_1, \cdots, s_N\}$ がたがいに独立である場合，その線形和

$$z = \sum_{j=1}^{N} a_j s_j \tag{8.66}$$

の確率分布は，$N \to \infty$ で，ガウス分布となる。これを中心極限定理という[15)]。

式 (8.66) から，混合系（式 (8.1)）において，複数の信号源が混合された観測値 z_i の分布は，信号源の数 N の増加とともにガウス分布に近づくことになる。実際には，N が比較的小さくても，ガウス分布に近くなることが経験的に知られている[3)]。

中心極限定理の逆を考えれば，分離出力 y_i の分布が最もガウス分布から遠くなるよう，すなわち非ガウス性が最大となるよう分離フィルタを決定すれば，混合を解消し，独立成分を取り出せることになる。非ガウス性の尺度としては，

エントロピーを用いることができる。エントロピー $H(y_i)$ は y_i のランダム性を表し，等しい分散を持つ確率変数のうちでは，ガウス分布を持つもののエントロピーが最大となることが知られている[3)]。この性質から，分離出力のエントロピーを最小化することにより，分離出力の非ガウス性を最大化する。具体的には，次式で定義される，エントロピーをガウス分布のエントロピーで正規化した**ネゲントロピー**（negentropy）が用いられる[3)]。

$$J(y_i) = H(y_G) - H(y_i) \tag{8.67}$$

ここで，y_G は，y_i と等しい分散を持つガウス分布の確率変数である。この正規化により，ネゲントロピーはつねに $J(y_i) \geqq 0$ となり，y_i がガウス分布となるときに限って 0 となる。ネゲントロピー $J(y_i)$ は，尖度を用いて近似計算できることが示されており，これから，式 (8.62) に示したのと同様の最適化問題†が導かれる[3),14)]。

8.4.3 学　習　則

ここでは，最適化問題（式 (8.62)）を解くための準備として，空間的に白色化された観測値 $\bar{\boldsymbol{z}}$ から，単一の独立成分 y_i を取り出す方法について述べる。この場合の最適化問題は，次式のようになる。

$$\min_{\boldsymbol{u}_i} E[G(y_i)] \tag{8.68}$$

$$\text{subject to} \quad \|\boldsymbol{u}_i\| = 1 \tag{8.69}$$

ここで，分離出力 y_i は，白色化された観測値を次式のようにフィルタリングしたものである。

$$y_i = \boldsymbol{u}_i^H \bar{\boldsymbol{z}} \tag{8.70}$$

式 (8.68) の最適解は，ラグランジュの未定乗数法により導出することができる[3),4)]。ラグランジュの未定乗数法におけるコスト関数は次式のようになる。

† ネゲントロピーをコスト関数として用いた場合は，最大化問題となる。

$$J(\boldsymbol{u}_i) = E[G(y_i)] + \lambda(1 - \boldsymbol{u}_i^H \boldsymbol{u}_i) \tag{8.71}$$

J を $\boldsymbol{u}_i^*$ について偏微分すると（A.2.2 項参照），次式を得る。

$$\nabla J = \frac{\partial J}{\partial \boldsymbol{u}_i^*} = E[g(y_i)\bar{\boldsymbol{z}}] - \lambda \boldsymbol{u}_i \tag{8.72}$$

ここで，$g(y_i)$ は次式で定義される。

$$g(y_i) \ := \ \frac{\partial G(y_i)}{\partial y_i} \tag{8.73}$$

続いて，3.4 節で述べたニュートン法を用いるために，ヘシアン行列を求めると，次式のようになる。

$$\nabla^2 J = \frac{\partial}{\partial \boldsymbol{u}_i^T} \frac{\partial J}{\partial \boldsymbol{u}_i^*} = E[g'(y_i)\bar{\boldsymbol{z}}\bar{\boldsymbol{z}}^H] - \lambda \boldsymbol{I} \tag{8.74}$$

式 (8.74) の導出には，次式の変形が用いられている。

$$\frac{\partial g(y_i)}{\partial \boldsymbol{u}_i^T} \ = \ \frac{\partial g(y_i)}{\partial y_i^*} \frac{\partial y_i^*}{\partial \boldsymbol{u}_i^T} \ = \ g'(y_i) \frac{\partial \bar{\boldsymbol{z}}^H \boldsymbol{u}_i}{\partial \boldsymbol{u}_i^T} \ = \ g'(y_i)\bar{\boldsymbol{z}}^H \tag{8.75}$$

$g'(y_i)$ は次式で定義される。

$$g'(y_i) \ := \ \frac{\partial g(y_i)}{\partial y_i^*} \tag{8.76}$$

さらに，$E[g'(y_i)\bar{\boldsymbol{z}}\bar{\boldsymbol{z}}^H] \simeq E[g'(y_i)]E[\bar{\boldsymbol{z}}\bar{\boldsymbol{z}}^H]$ の近似を用い，また $E[\bar{\boldsymbol{z}}\bar{\boldsymbol{z}}^H] = \boldsymbol{I}$ であることから，ヘシアン行列は，次式のように簡略化される。

$$\nabla^2 J = (E[g'(y_i)] - \lambda)\boldsymbol{I} \tag{8.77}$$

以上から，ニュートン法によるフィルタの更新式は，次式のようになる。

$$\begin{aligned} \boldsymbol{u}_{i,l} &= \boldsymbol{u}_{i,l-1} - \{\nabla^2 J(\boldsymbol{u}_{i,l-1})\}^{-1} \nabla J(\boldsymbol{u}_{i,l-1}) \\ &= \boldsymbol{u}_{i,l-1} - \frac{1}{E[g'(y_i)] - \lambda} \{E[g(y_i)\bar{\boldsymbol{z}}] - \lambda \boldsymbol{u}_{i,l-1}\} \end{aligned} \tag{8.78}$$

l は反復のインデックスである。ここで, 式を簡略化するため, 両辺に $-(E[g'(y_i)] - \lambda)$ をかけ，これを再び新たな係数ベクトル $\boldsymbol{u}_{i,l}$ として置き直すと，次式のようになる。

$$\boldsymbol{u}_{i,l} \;=\; E[g(y_i)\bar{\boldsymbol{z}}] - E[g'(y_i)]\boldsymbol{u}_{i,l-1} \tag{8.79}$$

式 (8.79) に示す更新により，拘束条件（式 (8.69)）が満たされなくなっているので，更新のあとには，次式の正規化を施しておく。

$$\boldsymbol{u}_{i,l} \;\leftarrow\; \frac{\boldsymbol{u}_{i,l}}{\|\boldsymbol{u}_{i,l}\|} \tag{8.80}$$

ここで，$\leftarrow$ は置換を表す。

8.4.4 複数成分の分離への拡張

前節では，白色化された観測値 $\bar{\boldsymbol{z}}$ から，単一の独立成分の推定値 y_i を得るアルゴリズムについて述べた。ここでは，前節のアルゴリズムを拡張し，複数の独立成分を同時に推定する方法[3] について述べる。N 個の独立成分を，式 (8.64) に示したフィルタリングにより推定する。フィルタ行列 $\boldsymbol{U}$ は，前節で述べた単一チャネルのフィルタ $\boldsymbol{u}_i$ を用いて次式のように構成される。

$$\boldsymbol{U} \;=\; [\boldsymbol{u}_1, \cdots, \boldsymbol{u}_N] \tag{8.81}$$

フィルタの学習では，前節で述べた単一チャネルの更新式 (8.79) を，並列にすべてのチャネル $\{y_i; i = 1, \cdots, N\}$ に適用し，新たなフィルタ行列 $\boldsymbol{U}_l = [\boldsymbol{u}_{1,l}, \cdots, \boldsymbol{u}_{N,l}]$ を求める。その後，$\boldsymbol{U}_l$ がユニタリ行列の拘束を満たすよう，次式を用いて，$\boldsymbol{U}_l$ の列ベクトルをたがいに正規直交化しておく[3]。

$$\boldsymbol{U}_l \;\leftarrow\; \boldsymbol{U}_l \left(\boldsymbol{U}_l^H \boldsymbol{U}_l\right)^{-1/2} \tag{8.82}$$

ここで，$\left(\boldsymbol{U}_l^H \boldsymbol{U}_l\right)^{-1/2}$ は，$\boldsymbol{U}_l^H \boldsymbol{U}_l$ の行列平方根（A.1.1 項〔10〕参照）の逆行列であり，次式により求められる。

$$\left(\boldsymbol{U}_l^H \boldsymbol{U}_l^H\right)^{-1/2} \;=\; \boldsymbol{E}_u \boldsymbol{\Lambda}_u^{-1/2} \boldsymbol{E}_u^H \tag{8.83}$$

ここで，$\boldsymbol{E}_u$ および $\boldsymbol{\Lambda}_u$ は $\boldsymbol{U}_l^H \boldsymbol{U}_l$ の固有ベクトル行列および固有値行列である。$\boldsymbol{\Lambda}^{-1/2}$ の定義は，式 (8.22) を参照してほしい。この正規直交化は，前項の学習則（式 (8.79)）を並列に適用した場合に，すべてのチャネルが同一の最適解に

表 8.3　FastICA アルゴリズム

初期化:

$$\boldsymbol{U}_0 = \boldsymbol{I}$$

白色化:

相関行列の固有値分解:

$$\boldsymbol{R}_z = \boldsymbol{E}\boldsymbol{\Lambda}\boldsymbol{E}^H$$

白色化フィルタ:

$$\boldsymbol{V} = \boldsymbol{\Lambda}^{-1/2}\boldsymbol{E}^H$$

白色化:

$$\bar{\boldsymbol{z}} = \boldsymbol{V}\boldsymbol{z}$$

FastICA:

For $l = 1, 2, \cdots,$

フィルタリング:

$$\boldsymbol{y} = \boldsymbol{U}_{l-1}^H \bar{\boldsymbol{z}}$$

フィルタベクトルの更新:

$$\boldsymbol{u}_{i,l} = E[g(y_i)\bar{\boldsymbol{z}}] - E[g'(y_i)]\boldsymbol{u}_{i,l-1} \qquad i = 1, \cdots, N$$

フィルタ行列のユニタリ化

$$\boldsymbol{U}_l = [\boldsymbol{u}_{1,l}, \cdots, \boldsymbol{u}_{N,l}]$$

$$\boldsymbol{U}_l \leftarrow \boldsymbol{U}_l \left(\boldsymbol{U}_l^H \boldsymbol{U}_l\right)^{-1/2}$$

End

収束するのを防ぐ働きを持つ。最後に，FastICA のアルゴリズムを**表 8.3** にまとめておく。

8.4.5　関数 $G(y_i)$ の選択

エントロピー $H(y_i)$ を最小化する規範では，$G(y_i)$ は次式のように信号源の分布 $p_i(s_i)$ の近似となることが望ましい。

$$G(y_i) = -\log p_i(y_i) \simeq -\log p_i(s_i) \tag{8.84}$$

また，更新式では，$G(y_i)$ の複素数についての 1 次偏微分と 2 次偏微分が用いられるため，これらが計算可能であることが求められる。Sawada *et al.* (2007)[6] は，音声などを信号源として想定し，次式で定義される関数 $G(y_i)$ とその偏微分を用いている。

$$G(y_i) = \sqrt{|y_i|^2 + \alpha} \tag{8.85}$$

$$g(y_i) = \frac{\partial G(y_i)}{\partial y_i} = \frac{y_i^*}{2\sqrt{|y_i|^2 + \alpha}} \tag{8.86}$$

$$g'(y_i) = \frac{\partial g(y_i)}{\partial y_i^*} = \frac{1}{2\sqrt{|y_i|^2 + \alpha}} \left(1 - \frac{1}{2} \frac{|y_i|^2}{|y_i|^2 + \alpha}\right) \tag{8.87}$$

ここで，α は正の定数である。この場合，信号源分布として，次式の分布を仮定していることになる。

$$p_i(y_i) \propto \exp\left(-\frac{\sqrt{|y_i|^2 + \alpha}}{\sigma}\right) \tag{8.88}$$

式 (8.88) は，ラプラス分布を一般化したものと考えることができる。分離出力 y_i の分散が正規化されることから，式 (8.85)～式 (8.87) では，$\sigma = 1$ としてある。

8.5 空間相関行列の同時対角化による方法（SOBI）

本節では，2 次の統計量である空間相関行列を用いて分離行列を求める方法について述べる。この方法は，音源信号 $\boldsymbol{s}_k$ が時間的に相関を持つことを前提としており，この仮定の下で，次節で定義する観測信号 $\boldsymbol{z}_k$ とこれを τ だけシフトした $\boldsymbol{z}_{k+\tau}$ との相互相関行列†を対角化することにより，分離行列を決定する。$\tau = 0$ の場合，相関行列の対角化は，8.2.2 項で述べた白色化となる。8.2.2 項で述べたように，白色化行列 $\boldsymbol{V}$ は一意に定まらず，このため，例 8.1 でみたように，音源分離が達成される保証もない。この手法では，$\tau = 0$ の相関行列に加え，$\tau \neq 0$ の場合の相関行列を対角化することにより，分離行列を一意に定める。この方法は，**SOBI**（second-order blind identification）[9] と呼ばれる。

8.5.1 分離行列の導出

音源信号 $\boldsymbol{s}_k$，および白色化された観測値 $\bar{\boldsymbol{z}}_k = \boldsymbol{V}\boldsymbol{z}_k$ に対して，次式の相関行列を定義する。

† 正確には，8.5.1 項で述べるように，白色化された観測値 $\bar{\boldsymbol{z}}_k$ の相互相関行列を対角化する。

$$\boldsymbol{\Gamma}(\tau) \;:=\; E[\boldsymbol{s}_{k+\tau}\boldsymbol{s}_k^H] \tag{8.89}$$

$$\bar{\boldsymbol{R}}(\tau) \;:=\; E[\bar{\boldsymbol{z}}_{k+\tau}\bar{\boldsymbol{z}}_k^H] \tag{8.90}$$

式 (8.28) に示したように，音源信号が正規化されている場合 ($\boldsymbol{\Gamma}(0) = E[\boldsymbol{s}_k\boldsymbol{s}_k^H] = \boldsymbol{I}$)，白色化行列 $\boldsymbol{V}$ と混合行列 $\boldsymbol{A}$ の積 $\boldsymbol{U} = \boldsymbol{V}\boldsymbol{A}$ は，ユニタリ行列となる。白色化された観測値は，$\boldsymbol{U}$ を用いて，次式のように表される。

$$\bar{\boldsymbol{z}}_k \;=\; \boldsymbol{V}\boldsymbol{A}\boldsymbol{s}_k \;=\; \boldsymbol{U}\boldsymbol{s}_k \tag{8.91}$$

式 (8.90) に式 (8.91) を代入して，次式を得る。

$$\bar{\boldsymbol{R}}(\tau) \;=\; \boldsymbol{U}\boldsymbol{\Gamma}(\tau)\boldsymbol{U}^H \tag{8.92}$$

$\boldsymbol{U}$ はユニタリ行列であるから，式 (8.92) の左から $\boldsymbol{U}^H$，右から $\boldsymbol{U}$ をかけることにより次式を得る。

$$\boldsymbol{U}^H\bar{\boldsymbol{R}}(\tau)\boldsymbol{U} \;=\; \boldsymbol{\Gamma}(\tau) \tag{8.93}$$

音源がたがいに無相関であると仮定すると，$\boldsymbol{\Gamma}(\tau)$ は対角行列となる。すなわち，$\boldsymbol{\Gamma}(\tau) = \mathrm{diag}(\gamma_1(\tau), \cdots, \gamma_N(\tau))$。ここで，$\gamma_i(\tau) = E[s_{i,k+\tau}s_{i,k}^*]$ は，i 番目の音源信号 $s_{i,k}$ の自己相関関数であり，仮定から非零である。

一方，相関行列 $\bar{\boldsymbol{R}}(\tau)$ の固有ベクトル行列を $\hat{\boldsymbol{U}}$，固有値行列を $\boldsymbol{\Lambda} = \mathrm{diag}(\lambda_1, \cdots, \lambda_N)$ と表すものとする。$\bar{\boldsymbol{R}}(\tau)$ はエルミート行列であるから，式 (A.49) から次式が成り立つ。

$$\hat{\boldsymbol{U}}^H\bar{\boldsymbol{R}}(\tau)\hat{\boldsymbol{U}} \;=\; \boldsymbol{\Lambda} \tag{8.94}$$

$\hat{\boldsymbol{U}}$ はユニタリ行列となるように選ぶことができる。式 (8.93) と式 (8.94) を比較することにより

$$\hat{\boldsymbol{U}}^H \;=\; \boldsymbol{P}\boldsymbol{U}^H, \qquad \boldsymbol{\Lambda} \;=\; \boldsymbol{P}\boldsymbol{\Gamma}(\tau) \tag{8.95}$$

ここで，$\boldsymbol{P}$ は交換行列である。以上から，$\bar{\boldsymbol{R}}(\tau)$ の対角化問題（固有値問題）により，交換の不定性を残して，$\boldsymbol{U}$ を決定することができる。最終的な分離行列 $\boldsymbol{W}$ は，式 (8.31) から，$\boldsymbol{W} \;=\; \hat{\boldsymbol{U}}^H\boldsymbol{V}$ となる。

続いて，$\hat{\boldsymbol{U}}$ が一意に定まる条件について考える。$\boldsymbol{\Gamma}(\tau)$ の各要素が

$$\gamma_i(\tau) \neq \gamma_j(\tau), \quad \forall i \neq j \tag{8.96}$$

となる場合，固有値 $\{\lambda_1, \cdots, \lambda_N\}$ もすべて異なる値となり，$\hat{\boldsymbol{U}}$ は一意に決定される。しかしながら，式 (8.96) がつねに成り立つとは限らない。このため，式 (8.94) を複数の遅延時間 $\{\tau_l; l = 1, \cdots, L_D\}$ に拡張した，次式の**同時対角化** (joint diagonalization) 問題の解として $\hat{\boldsymbol{U}}$ を決定することが提案されている[9]。

$$\hat{\boldsymbol{U}}^H \bar{\boldsymbol{R}}(\tau_l)\hat{\boldsymbol{U}} = \boldsymbol{\Lambda}_l, \quad l = 1, \cdots, L_D \tag{8.97}$$

8.5.2 空間相関行列の同時対角化

本項では，回転行列による，空間相関行列の同時対角化の方法をまとめておく。

まず，同時対角化法の出発点となる，単一の対称行列を対角化する**ヤコビ法** (Jacobi method)[16] について述べる。任意の実数の $N \times N$ 対称行列 $\boldsymbol{B}$ から抜き出した 2×2 の行列を，次式のように対角化する場合を考える。

$$\begin{bmatrix} \tilde{b}_{ii} & 0 \\ 0 & \tilde{b}_{jj} \end{bmatrix} = \begin{bmatrix} c & s \\ -s & c \end{bmatrix}^T \begin{bmatrix} b_{ii} & b_{ij} \\ b_{ji} & b_{jj} \end{bmatrix} \begin{bmatrix} c & s \\ -s & c \end{bmatrix} \tag{8.98}$$

ここで，$b_{ij} = [\boldsymbol{B}]_{ij}$。対角化を行う回転行列は，次式のようになる。

$$\begin{bmatrix} c & s \\ -s & c \end{bmatrix} = \begin{bmatrix} \cos\theta & \sin\theta \\ -\sin\theta & \cos\theta \end{bmatrix} \tag{8.99}$$

θ は回転角を表し，$c^2 + s^2 = 1$ を満たす。(c, s) は以下のように定まる。

$$\begin{aligned} \zeta &= \frac{b_{jj} - b_{ii}}{2b_{ij}} \\ \rho &= \begin{cases} -\zeta + \sqrt{1+\zeta^2}, & \zeta \geqq 0 \\ -\zeta - \sqrt{1+\zeta^2}, & \zeta < 0 \end{cases} \\ c &= 1/\sqrt{1+\rho^2}, \quad s = \rho c \end{aligned} \tag{8.100}$$

式 (8.98) を，他の行列要素も含めて行列形式で表すと，次式のようになる。

$$\tilde{\boldsymbol{B}} = \boldsymbol{\Phi}(i,j,c,s)^T \boldsymbol{B}\boldsymbol{\Phi}(i,j,c,s) \tag{8.101}$$

ここで，$\boldsymbol{\Phi}(i,j,c,s)$ は次式で定義される回転行列であり，**ギブンス回転**（Givens rotation）あるいは**ヤコビ回転**（Jacobi rotation）と呼ばれる。

$$\boldsymbol{\Phi}(i,j,c,s) := \begin{bmatrix} 1 & \cdots & 0 & \cdots & 0 & \cdots & 0 \\ \vdots & \ddots & \vdots & & \vdots & & \vdots \\ 0 & \cdots & c & \cdots & s & \cdots & 0 \\ \vdots & & \vdots & \ddots & \vdots & & \vdots \\ 0 & \cdots & -s & \cdots & c & \cdots & 0 \\ \vdots & & \vdots & & \vdots & \ddots & \vdots \\ 0 & \cdots & 0 & \cdots & 0 & \cdots & 1 \end{bmatrix} \begin{matrix} \\ \\ i \\ \\ j \\ \\ \\ \end{matrix} \tag{8.102}$$
$$\qquad\qquad i \qquad\qquad j$$

$\tilde{\boldsymbol{B}}$ は，$\boldsymbol{B}$ の要素の一部を式 (8.98) のように置換した行列である。ヤコビ法では，選択された (i,j) に対して式 (8.101) の回転を実行し，$\boldsymbol{B}$ を $\tilde{\boldsymbol{B}}$ で上書きしながら反復する。この過程で，次式の非対角成分の二乗和が順次減少していく。

$$\mathrm{off}(\boldsymbol{B}) := \sum_{i \neq j} |b_{ij}|^2 \tag{8.103}$$

(i,j) の選択法に関しては，非対角成分 $|b_{ij}|$ が最大となる (i,j) を選ぶ**古典ヤコビ法**（classical Jacobi algorithm），$i<j$ となるすべての (i,j) を選択する**巡回ヤコビ法**（cyclic Jacobi algorithm）などがある。

Cardoso *et al.*（1996）[17] は，ヤコビ法を拡張し，複数のエルミート行列 $\{\boldsymbol{B}_l; l=1,\cdots,L_D\}$ を同時対角化する方法を提案した。この方法では，非対角成分の二乗和

$$J(c,s) = \sum_{l=1}^{L_D} \mathrm{off}\left(\boldsymbol{\Phi}(i,j,c,s)\boldsymbol{B}_l\boldsymbol{\Phi}^H(i,j,c,s)\right) \tag{8.104}$$

を最小化する回転行列 $\boldsymbol{\Phi}(i,j,c,s)$ を求める[†1]。$\boldsymbol{\Phi}(i,j,c,s)$ は，ギブンス回転行列（式 (8.102)）と同様，単位行列のうち下記の成分を置き換えたものである。

$$\begin{bmatrix} \phi_{ii} & \phi_{ij} \\ \phi_{ji} & \phi_{jj} \end{bmatrix} = \begin{bmatrix} c & s^* \\ -s & c^* \end{bmatrix} \tag{8.105}$$

$J(c,s)$ を最小化する (c,s) は，次式で与えられる[†2]。

$$c = \sqrt{\frac{x+r}{2r}}, \quad s = \frac{y - \mathrm{j}z}{\sqrt{2r(x+r)}}, \quad r = \sqrt{x^2+y^2+z^2} \tag{8.106}$$

$[x,y,z]^T$ は，次式で定義される行列 $\boldsymbol{G}$ の最大固有値に対する固有ベクトルとして与えられる。

$$\boldsymbol{G} := \mathrm{Re}\left(\sum_{l=1}^{L_D} \boldsymbol{h}^H(\boldsymbol{B}_l)\boldsymbol{h}(\boldsymbol{B}_l)\right) \tag{8.107}$$

$$\boldsymbol{h}(\boldsymbol{B}) := [\ b_{ii}-b_{jj}, \quad b_{ij}+b_{ji}, \quad \mathrm{j}(b_{ji}-b_{ij})\ ] \tag{8.108}$$

P 回の反復の過程で得られた回転行列を $\{\boldsymbol{\Phi}(i_p,j_p,c_p,s_p); p=1,\cdots,P\}$ で表すものとし，最終的な回転行列は次式で与えられる。

$$\boldsymbol{\Phi} = \prod_{p=1}^{P} \boldsymbol{\Phi}(i_p,j_p,c_p,s_p) \tag{8.109}$$

前節で定義したユニタリ行列 $\hat{\boldsymbol{U}}$ は，$\{\bar{\boldsymbol{R}}(\tau_l);,l=1,\cdots,L_D\}$ を同時対角化する回転行列 $\boldsymbol{\Phi}$ を用いて，$\hat{\boldsymbol{U}}^H = \boldsymbol{\Phi}$ となる。

8.6 音響における問題

8.6.1 交換の不定性

独立成分分析では，出力 $\boldsymbol{y}$ に信号源の推定値がどのような順序で現れるかを定

†1 ヤコビ法では回転行列を $\boldsymbol{\Phi}^T\boldsymbol{B}\boldsymbol{\Phi}$ のように作用させる表記になっているのに対し，Cardoso *et al.* の方法では $\boldsymbol{\Phi}\boldsymbol{B}\boldsymbol{\Phi}^H$ のように回転行列を作用させる表記となっており，整合性が悪いが，それぞれの文献の表記に従った。

†2 式 (8.106) および式 (8.108) では，行列要素のインデックス j との混同をさけるため，虚数単位を j と記述している。

めることはできない。このことを**交換の不定性** (permutation ambiguity) という。例えば, 音源数 $N = 2$, センサ数 $M = 2$ の場合, 信号源の推定値 $\hat{\boldsymbol{s}} = [\hat{s}_1, \hat{s}_2]$ が, $\hat{s}_1 \to y_1, \hat{s}_2 \to y_2$ のように出力されても, 逆転して $\hat{s}_1 \to y_2, \hat{s}_2 \to y_1$ となっても, 出力間の独立性は変わらない。

瞬時混合や狭帯域信号の場合は, 出力が交換されても問題ない場合も多い。しかし, 本書で扱っているように, 広帯域信号を一旦フーリエ変換により複素の瞬時混合の問題に直している場合は, 出力の順序が各周波数で異なると, 逆フーリエ変換により時間領域の信号に再構成した際に, 再び混ざり合ってしまう。

周波数間で出力の順序を統一するには, 分離出力 $\boldsymbol{y}$, あるいは分離フィルタ行列 $\boldsymbol{W}$ に含まれるなんらかの物理的な手がかりを利用して, 出力の順序を決定する必要がある。例えば, 分離フィルタには, 音源の到来方向や, 音源から各センサまでの到達時間の情報が含まれている。分離が理想的に行われれば, 分離フィルタ $\boldsymbol{W}$ は混合行列 $\boldsymbol{A}$ の逆行列となり, さらにその逆行列は, 混合行列の推定値となる。すなわち, $\boldsymbol{W}^{-1} \simeq [\boldsymbol{A}^{-1}]^{-1} = \boldsymbol{A}$。混合行列 $\boldsymbol{A}$ は, 1.2 節で述べたように, アレイ・マニフォールド・ベクトルを列ベクトルにもち, 式 (1.16) に示すように音源の空間周波数 $\boldsymbol{k}$ や, 音源から各センサまでの到達時間 τ_m などの情報が含まれている。

Sawada *et al.* (2007)[6] には, 上述の手がかりを利用するものを含め, 交換の不定性を解く方法が体系的にまとめられている。以下に, それらのうちのいくつかを示す。

- 分離出力 $\boldsymbol{y}$ に含まれる手がかり
  - 分離出力のエンベロープの周波数間での連続性[18]
- 分離フィルタ $\boldsymbol{W}$ に含まれる手がかり
  - $\boldsymbol{W}$ の指向性パターン[19)~21]
  - 音源から各センサまでの相対的遅延時間[6]
  - $\boldsymbol{W}^{-1}$ の列ベクトルの周波数間での連続性[22]

上述の方法により出力の順序が決定されたら, 交換行列 $\boldsymbol{P}$ により, 出力の順序を交換しておく。

$$\boldsymbol{y}^{(P)} = \boldsymbol{P}\boldsymbol{y} = \boldsymbol{P}\boldsymbol{W}\boldsymbol{z} \tag{8.110}$$

$\cdot^{(P)}$ は，出力の交換を施したことを表す。例えば，上述の $M = N = 2$ の場合で，出力を入れ替える交換行列は，次式のようになる。

$$\boldsymbol{P} = \begin{bmatrix} 0 & 1 \\ 1 & 0 \end{bmatrix} \tag{8.111}$$

8.6.2 振幅の不定性

ICA の出力 $\boldsymbol{y} = [y_1, \cdots, y_N]^T$ がたがいに統計的に独立であれば，その任意の定数倍 $[\alpha_1 y_1, \cdots, \alpha_N y_N]^T$ もまた，たがいに独立である。このように，独立性だけでは出力信号の振幅が定まらないことを**振幅の不定性**（amplitude ambiguity）という。交換の不定性と同様，入力が単一の周波数成分であれば問題ないが，すべての周波数成分から，逆フーリエ変換により時間領域の信号を再構成する際に，各周波数の出力が原信号の任意の定数倍となっていると，再構成された信号には，周波数ひずみが生じる。例えば，8.4 節および 8.5 節で述べた白色化を前提とする方法では，次式のように，出力の相関行列も正規化される。

$$\boldsymbol{R}_y = E[\boldsymbol{y}\boldsymbol{y}^H] = \boldsymbol{U}^H E[\bar{\boldsymbol{z}}\bar{\boldsymbol{z}}^H]\boldsymbol{U} = \boldsymbol{U}^H\boldsymbol{U} = \boldsymbol{I} \tag{8.112}$$

周波数領域の ICA では，分離出力が周波数成分 $y_i = Y_i(\omega)$ となっていることから，式 (8.112) は，分離出力の長時間平均パワースペクトルが次式のように正規化され，平坦（白色）になることを意味する。

$$P_{y_i}(\omega) = E[Y_i(\omega)Y_i^*(\omega)] = 1 \quad \forall\omega \tag{8.113}$$

この周波数歪みを回避するために，分離出力 y_i が得られたあとに，分離行列の逆行列で再び y_i を個別にフィルタリングする方法[18] がしばしば用いられる。ここで，i 番目の音源 s_i に対する観測値を次式のように書くものとする。

$$\boldsymbol{z}^{(i)} := \boldsymbol{a}_i s_i \tag{8.114}$$

これを分離フィルタ $\boldsymbol{W}$ に入力すると，分離が完全に行われていれば，次式のように，i 番目のチャネルのみに音源信号 s_i に対応した分離出力 y_i $(= \alpha_i s_i)$ が現れる。

$$[0, \cdots, 0, y_i, 0, \cdots, 0]^T \;=\; \boldsymbol{W}\boldsymbol{z}^{(i)} \tag{8.115}$$

これから，音源 s_i に対する観測値 $\boldsymbol{z}^{(i)}$ は，次式のように回復される。

$$\hat{\boldsymbol{z}}^{(i)} \;=\; \boldsymbol{W}^{-1}[0, \cdots, 0, y_i, 0, \cdots, 0]^T \tag{8.116}$$

$\hat{\boldsymbol{z}}^{(i)}$ は，式 (8.114) に示すように，音源信号 s_i にアレイ・マニフォールド・ベクトルがかかったものではあるが，上述のような分離過程で生じる白色化の影響などは，式 (8.116) により取り除くことができる。また，センサにおける観測値 $\hat{\boldsymbol{z}}^{(i)}$ を回復することで，これを積極的にバイノーラルシステムなどに応用する方法も提案されている[23)]。一方，音声認識などの応用では，単一センサにおける観測値を回復すればよい。j 番目のセンサにおける観測値は，次式により回復される。

$$\boldsymbol{y}^{(S)} \;=\; [\hat{z}_j^{(1)}, \cdots, \hat{z}_j^{(N)}]^T \;=\; \boldsymbol{\Omega}\boldsymbol{y} \tag{8.117}$$

$$\boldsymbol{\Omega} \;:=\; \mathrm{diag}([\boldsymbol{W}^{-1}]_{j1}, \cdots, [\boldsymbol{W}^{-1}]_{jN}) \tag{8.118}$$

ここで，$\hat{z}_j^{(i)}$ は，$\hat{\boldsymbol{z}}^{(i)}$ の j 番目の要素を表す。また，$\cdot^{(S)}$ は，分離出力 $\boldsymbol{y}$ に式 (8.118) による振幅の補正を施したことを表す。

8.6.3 反　射・残　響

1.3.2 項で述べたように，直接音に対する遅延時間が分析窓長よりも長い反射音は，直接音との相関が低下する。このため，信号源とは相関の低い仮想的な雑音源が多数存在する状況となり，音源分離を行うフィルタ $\boldsymbol{W}$ を式 (8.3) に示すような単純な逆問題の解として得ることはできない。本項では，ICA の前処理として，PCA を用いて雑音部分空間に存在する雑音を除去し，そのあとで，混合したままの主成分を ICA により分離する方法[22)] について述べる。

まず，実際の音源数 N よりも数の多い観測センサを用意する（例えば $N=2$ に対し，センサ数 $M=8$）。5 章の議論から，センサ数 M が多いほど，雑音部分空間に雑音（残響）のエネルギーが広がり，雑音部分空間を除去することによる SNR 改善効果も増す。これは，4.2 節で述べた DS ビームフォーマにおいて，センサ数を増やすと SNR が改善するのと同じ原理である。続いて，相関行列 $\boldsymbol{R}_z = E[\boldsymbol{z}\boldsymbol{z}^H]$ の固有値分解により得られた固有値 $\{\lambda_i; i=1,\cdots,M\}$ および固有ベクトル $\{\boldsymbol{e}_i; i=1,\cdots,M\}$ から，信号部分空間に属する，大きいほうから N 個の固有値およびこれに対応した固有ベクトルを抜き出す。

$$\boldsymbol{\Lambda}_s = \mathrm{diag}(\lambda_1,\cdots,\lambda_N), \qquad \boldsymbol{E}_s = [\boldsymbol{e}_1,\cdots,\boldsymbol{e}_N] \tag{8.119}$$

式 (8.119) を用いて，次式のフィルタを構成する。

$$\boldsymbol{V}_s := \boldsymbol{\Lambda}_s^{-1/2}\boldsymbol{E}_s^H \tag{8.120}$$

式 (8.120) を式 (8.20) で定義した白色化フィルタの代わりに用いることにより，PCA による雑音・残響抑圧効果と，白色化の効果を同時に得ることができる。フィルタ $\boldsymbol{V}_s$ は，M 入力 N 出力であるため，後段の ICA の分離行列 $\boldsymbol{U}^H$ は，$N \times N$ となる。5 章での議論からわかるように，フィルタ $\boldsymbol{V}_s$ は，観測信号を固有空間に変換したのち，信号部分空間に属するものを取り出し，雑音部分空間に属するものを除去する。したがって，信号部分空間に存在する雑音・残響までは除去されない。また，PCA の観点からいえば，式 (8.120) のフィルタは N 個の主成分を取り出すことになる。したがって，目的信号が主成分とならないような非常に高雑音・高残響の環境では，この方法を用いることはできない。

8.6.4 周波数領域の ICA の概要

ここでは，これまでに述べた方法をまとめ，周波数領域の ICA の概要を述べる。**図 8.4** は，周波数領域の ICA のブロック図である。時間領域の観測信号 $\boldsymbol{z}(t)$ は，短区間フーリエ変換（STFT）により周波数領域の観測ベクトル $\boldsymbol{z}$ に変換される。続いて，8.2 節で述べた白色化フィルタ $\boldsymbol{V}$（$M > N$ の場合は 8.6.3

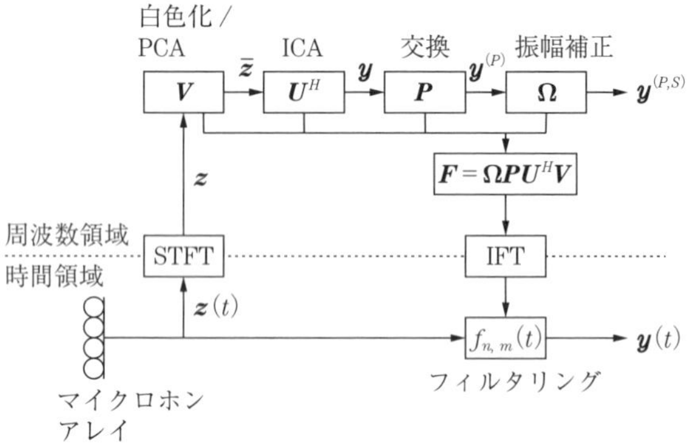

図 **8.4**　周波数領域の ICA のブロック図

項で述べた $\boldsymbol{V}_s$）を用いて，観測ベクトル $\boldsymbol{z}$ を白色化する。つぎに，8.3〜8.5 節で述べた ICA の方法を用いて分離フィルタ $\boldsymbol{U}^H$ を求め，分離出力 $\boldsymbol{y}$ を得る†。その後，8.6.1 項および 8.6.2 項で述べた方法で交換・振幅の不定性を解き，最終的な周波数領域の分離出力 $\boldsymbol{y}^{(P,S)}$ を得る。これを逆フーリエ変換（IFT）により時間領域に戻してもよい。また，図 8.4 に示すように，分離系の行列を次式のようにまとめ

$$\boldsymbol{F} = \boldsymbol{\Omega P U}^H \boldsymbol{V} \tag{8.121}$$

これを逆フーリエ変換により時間領域のフィルタ $\{f_{n,m}(t); m = 1, \cdots, M,\ n = 1, \cdots, N\}$ に変換して，時間領域でフィルタ処理をする方法でもよい。

8.6.5　応用例—基本的な性能

まず，ICA の基本的性能を理解するため，式 (8.1) により観測ベクトル $\boldsymbol{z}$ を生成して，雑音・残響のない理想的なモデル環境を作り，ICA による音源分離の効果を，おもに空間的特性の面からみていく。

混合行列の列ベクトルであるアレイ・マニフォールド・ベクトルには，図 1.11

† 8.3 節で述べた KLD に基づく方法は，白色化を前提としないが，白色化を前処理として用いる場合は，入力を $\boldsymbol{z} \to \bar{\boldsymbol{z}}$ として学習則（式 (8.45)）を適用し，得られた最適フィルタ $\boldsymbol{W}_{\mathrm{KLD}}$ を $\boldsymbol{W}_{\mathrm{KLD}} \to \boldsymbol{U}^H$ として用いればよい。

に示したロボット頭部に搭載されたマイクロホンアレイを用いて実測したものを用いた。マイクロホン#3と#6のみを使用し，$M = 2$である。音源信号には，音声信号を短区間フーリエ変換したものを用いた。音源数は$N = 2$，音源方向は，$(\theta_1, \theta_2) = (0°, 40°)$である。分析パラメータは，表8.4に示してある。ICAを用いる前に，8.2.2項で述べた白色化を施してある。KLDに基づく方法では，スコア関数として，式(8.52)を用いた。FastICAでは，関数$G(y_i)$とその偏微分に，式(8.85)〜式(8.87)を用いた。これらの関数におけるパラメータも**表8.4**に示してある。

表8.4 フィルタの学習に用いたパラメータ

(a)

分析パラメータ	値
フレーム長	32 ms（512 ポイント）
フレームシフト	2 ms（32 ポイント）
データ長	3.0 s（48 000 ポイント）
平均回数	1 484 回
周波数	1 500 Hz

(b)

学習パラメータ	値
η (KLD)	0.01
σ (KLD)	0.1
α (FastICA)	0.1

続いて，本節で用いる，分離フィルタの評価指標を述べておく。本節では，おもにフィルタの空間的特性をみていく。白色化フィルタ$\boldsymbol{V}$とICAによるフィルタ$\boldsymbol{U}^H$を縦続接続した分離系を，次式のような行ベクトル形式で表すものとする。

$$\boldsymbol{W} = \begin{bmatrix} \boldsymbol{w}_1^H \\ \boldsymbol{w}_2^H \end{bmatrix} = \boldsymbol{U}^H \boldsymbol{V} \tag{8.122}$$

ビームフォーマの場合（式(4.16)）と同様にして，第nチャネルの空間特性（ビームパターン）は次式で表される。

$$\Psi_n(\theta) = \boldsymbol{w}_n^H \boldsymbol{a}(\theta) \tag{8.123}$$

ここで，$\boldsymbol{a}(\theta)$は，音波の入射方向がθのアレイ・マニフォールド・ベクトルである。また，直接音に対する音源分離の効果の指標として，式(8.24)で用いた，分離系と混合系全体を表す行列$\boldsymbol{G}$を次式のように求めた。

$$
\boldsymbol{G} = \begin{bmatrix} g_{11} & g_{12} \\ g_{21} & g_{22} \end{bmatrix} = \boldsymbol{W}\boldsymbol{A} \tag{8.124}
$$

行列 $\boldsymbol{G}$ の要素の比

$$
\mathrm{SIR}_1 = g_{11}/g_{12}, \quad \mathrm{SIR}_2 = g_{22}/g_{21} \tag{8.125}
$$

は出力 y_1 および y_2 における信号対妨害音比 (signal-to-interference ratio, SIR) に相当する。この場合の妨害音とは，二つある音源のうち，一方を目的音とした場合の，他方の音源を意味する。

図 **8.5** および図 **8.6** は，KLD に基づく ICA および FastICA により得られ

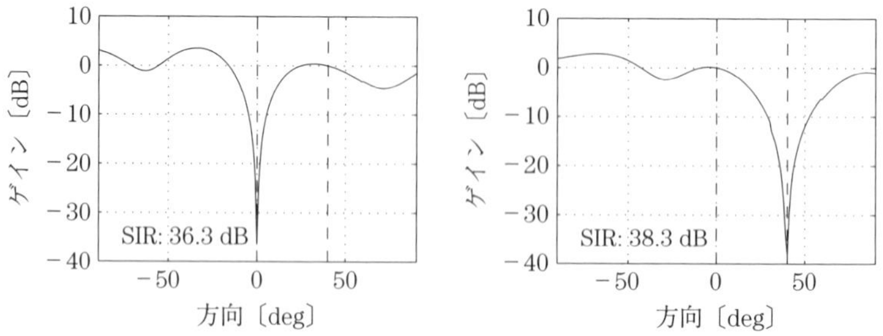

(a)　Ch.1　(b)　Ch.2

図 8.5　KLD に基づく ICA により得られたフィルタの空間特性。観測値 $\boldsymbol{z}$ は式 (8.1) により生成し，反射・残響成分はない。縦の点線は音源方向を表す

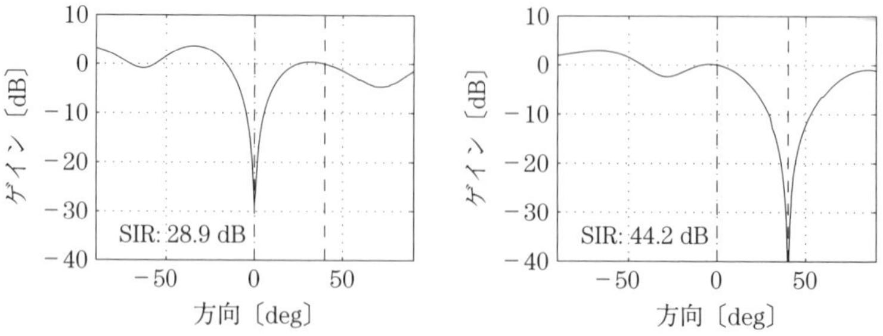

(a)　Ch.1　(b)　Ch.2

図 8.6　FastICA により得られたフィルタの空間特性。観測値 $\boldsymbol{z}$ は式 (8.1) により生成し，反射・残響成分はない。縦の点線は音源方向を表す

たフィルタの空間特性 $20\log_{10}|\Psi_n(\theta)|$ である。この図から，いずれの場合も，二つある音源のうち，一方を抑制する指向性の死角が形成されているのがわかる。同図には，SIR の値も書き込んである。この値をみると，高い妨害音抑制効果が得られている。

図 8.7 は，反復による SIR の変化を描いたものである。この図から，KLD に基づく方法では数十回程度，FastICA では数回程度の反復で SIR が収束している。この曲線は，システムのパラメータ（例えば KLD における η や FastICA における α など）を変えることにより大きく変化するが，学習の収束の目安として示してある。

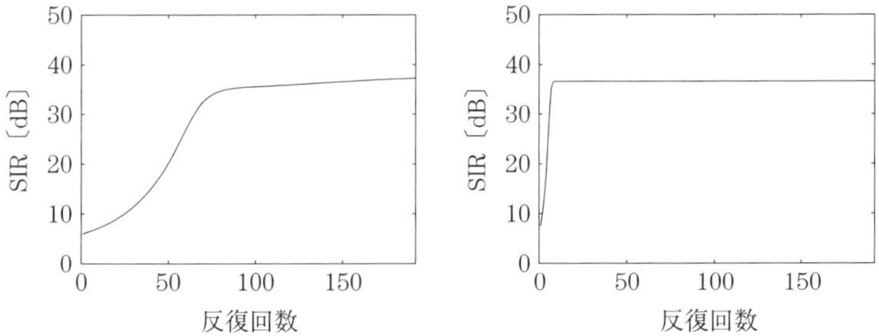

(a) KLD に基づく ICA　(b) FastICA

図 8.7 反復による SIR の変化。出力 y_1 および y_2 における SIR の平均値をプロットしてある

図 8.8 は，SOBI により得られたフィルタの空間特性である。同時対角化に用いた相関行列の数は $L_D = 5$ である。この場合，空間相関行列 $\{\bar{\boldsymbol{R}}(\tau_i); \tau_i = 1, \cdots, 5\}$ を同時対角化している。τ_i はフレームのインデックス k における遅延であり，実際の遅延時間は，これにフレームシフト T_{shift}（$=2\,\text{ms}$）をかけた量となる。したがって，$\tau_i = 1, \cdots, 5$ の遅延は，時間に換算して $2, \cdots, 10\,\text{ms}$ の遅延に相当する。図 8.8 から，図 8.5 および図 8.6 に比較して，SIR の値は多少低下しているものの，妨害音方向に死角が形成されているのがわかる。同図の点線の曲線は，白色化のみを行った場合，すなわち $\boldsymbol{R}_z$ のみを対角化した場合を示している。これから，複数の空間相関行列を同時対角化することによ

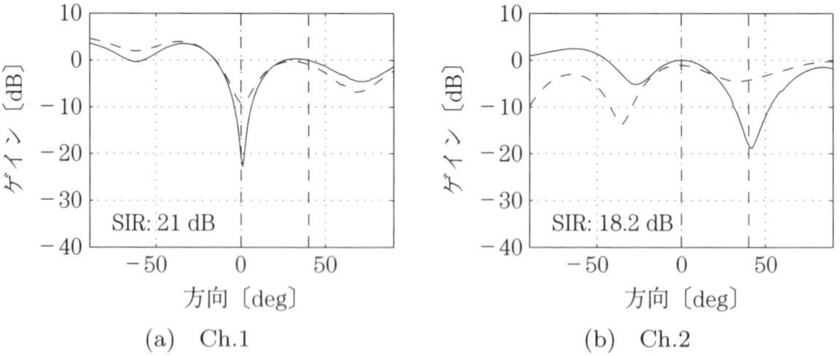

図 8.8　SOBI により得られたフィルタの空間特性。観測値 $\boldsymbol{z}$ は式 (8.1) により生成し，反射・残響成分はない。点線の空間特性は白色化のみを行った場合を示す。縦の点線は音源方向を表す

り，8.2.2 項で述べたように，分離行列のうちのユニタリ行列 $\boldsymbol{U}^H$ が絞り込まれ，分離性能が向上しているのがわかる。

図 8.9(a) は，この例題で音源信号として用いている，音声信号の STFT から構成される時系列 $S(\omega, k)$ の自己相関関数 $\gamma(\tau) = E[S(\omega, k+\tau)S^*(\omega, k)]$ を表している。この図から，音声の STFT の場合，τ の増加に伴い相関が低下しているのがわかる。

図 (b) は，異なる L_D に対する SIR の値を求めたものである。$L_D = 0$ の場合は，白色化のみを行ったことを表す。この図から，図 (a) における信号源の

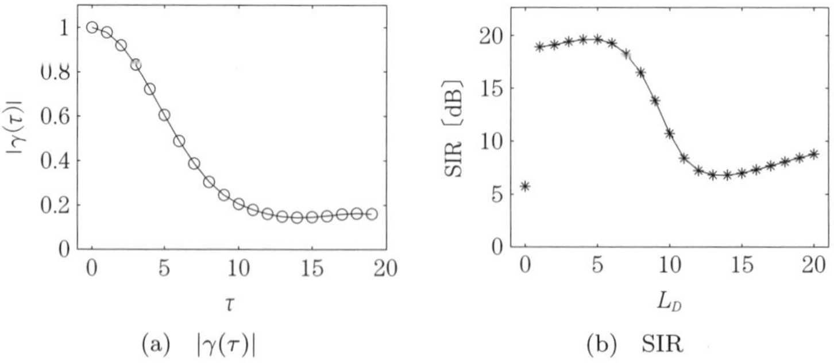

図 8.9　(a) 信号源の自己相関関数の絶対値 $|\gamma(\tau)|$ と，(b) 同時対角化数 L_D を変化させた場合の SIR。$\boldsymbol{z}$ はモデル式 (8.1) により生成し，反射・残響成分はない

自己相関値 $\gamma(\tau)$ が高い範囲の空間相関行列を同時対角化に用いた場合に，高いSIR が得られているのがわかる。

8.6.6　応用例──実環境での性能

ここでは，反射・残響を含む実環境に ICA を適用した場合についてみてみよう。観測値 $\boldsymbol{z}$ は，実際の部屋で測定したインパルス応答に，音源信号である音声を畳み込んでマイクロホン入力を生成し，これに短区間フーリエ変換を施して求めた。インパルス応答の測定に用いた部屋は，例 1.1 で述べた残響時間 0.5 s 程度の会議室である。用いたマイクロホンアレイ（$M=2$）や分析パラメータは，8.6.5 項と同様である。ICA には，KLD に基づく方法を用いた。

図 8.10 に反射・残響がある場合の ICA の空間特性を示す。反射・残響がない場合の図 8.5 と比較すると，SIR が低下している[†]。SIR の低下は，部屋の残響がおもに加法性雑音として働き，フィルタの学習を妨げたことによるものと考えられる。

続いて，8.6.3 項で述べた信号部分空間に対応する PCA フィルタ $\boldsymbol{V}_s$ と ICA によるフィルタ $\boldsymbol{U}^H$ を縦続接続する方法について，その効果をみてみよう。こ

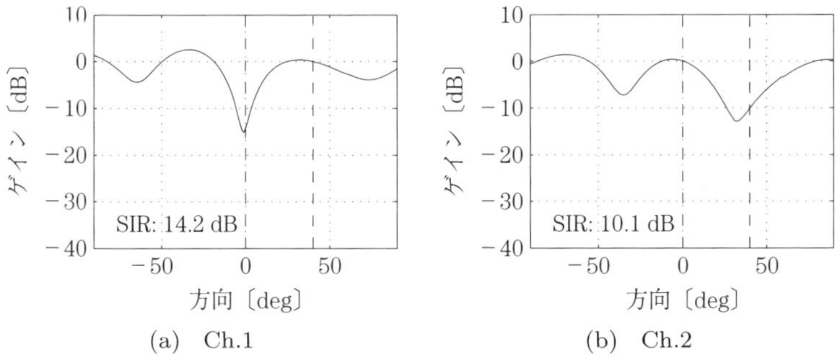

図 8.10　KLD に基づく ICA により得られたフィルタの空間特性。観測値 $\boldsymbol{z}$ は実測したインパルス応答を音声信号に畳み込み，これを STFT することにより生成した。観測値には，部屋の反射・残響が含まれる

† 式 (8.125) で定義した SIR は，直接音のみについての信号対妨害音比である。

れまでの例とは異なり，ここでは，マイクロホン数を $M=8$ としている。

まず，初段の PCA の部分の効果についてみてみよう。式 (8.120) に示した PCA フィルタ $\boldsymbol{V}_s$ は，式 (8.20) に示した白色化フィルタ $\boldsymbol{V}$ のうち，信号部分空間に相当する部分を抜き出したものである。**図 8.11** は，白色化フィルタ $\boldsymbol{V}$ の空間特性を，すべてのチャネルについて示したものである。チャネル 1（以降 Ch.1 と表記する）から，固有値の大きな順に並んでいる。固有値分布は，図 (i) に示してある。音源数 $N=2$ であるから，Ch.1 と Ch.2 のフィルタが信号部分空間に，他のチャネルのフィルタが雑音部分空間に対応する。まず，Ch.1 の特性をみると，音源 S_1 の方向（$\theta=0°$）にビームを持つフィルタとなってい

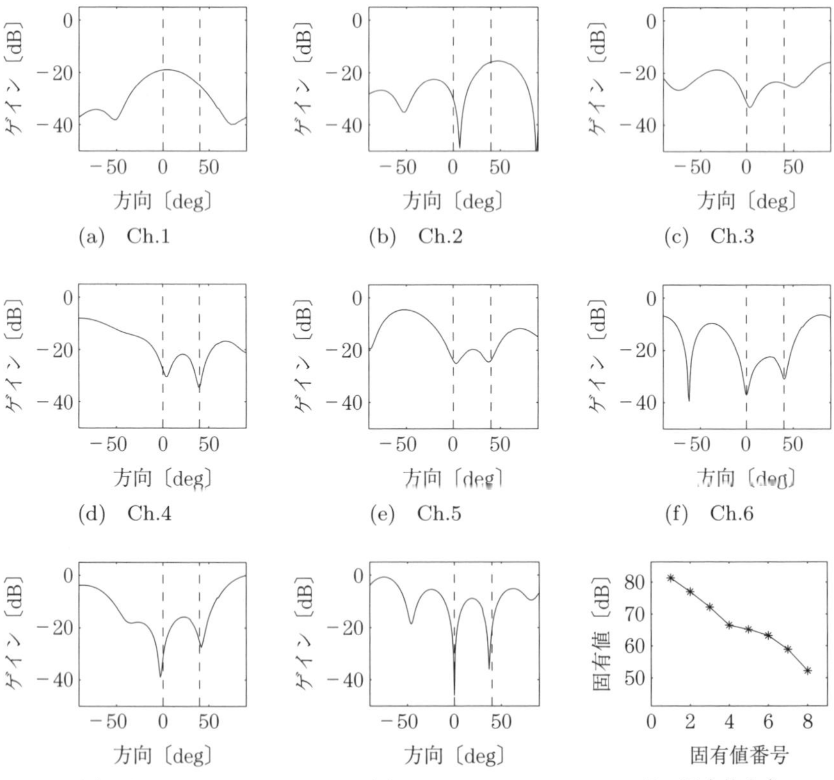

(a)　Ch.1　(b)　Ch.2　(c)　Ch.3　(d)　Ch.4　(e)　Ch.5　(f)　Ch.6　(g)　Ch.7　(h)　Ch.8　(i)　固有値分布

図 8.11　白色化フィルタ $\boldsymbol{V}$ の空間特性と空間相関行列の固有値分布

る。これは，音源 S_1 が観測信号中の第 1 主成分，すなわち最大パワーを持つ成分であったことに由来する。続いて，Ch.2 は，Ch.1 との直交性から，音源 S_1 付近に死角を作り，音源 S_2 にビームを向けた特性となっている。一方，雑音部分空間に属する Ch.3-8 のフィルタは，音源 S_1 と S_2 の方向に死角をもち，他の方向のゲインが高く，空間に存在する雑音（この場合は残響成分）を収集するフィルタとなっていることがわかる。このことから，信号部分空間に属する Ch.1 と Ch.2 の出力だけを，次段の ICA の入力とすることで，ICA の入力段での SNR を高めることができる。SNR の改善効果は，おおむね DS ビームフォーマ程度である。8.6.3 項で述べた PCA フィルタ $\boldsymbol{V}_s$ は，このように SNR の高い主成分を選択する働きを持つ。

図 8.12 は，PCA フィルタ $\boldsymbol{V}_s$ と ICA フィルタ $\boldsymbol{U}^H$ を縦続接続したフィルタ $\boldsymbol{W} = \boldsymbol{U}^H\boldsymbol{V}_s$ の空間特性である。図 8.10 と比較すると，SIR が改善しているのがわかる。これは，観測するセンサ数を増やし，白色化フィルタ $\boldsymbol{V}$ を PCA フィルタ $\boldsymbol{V}_s$ に変更したことにより，残響が低減され，ICA の入力段における SNR が改善したことによるものである。また，音源方向以外のゲインが，図 8.10 に比べ，抑えられている。これは，図 8.11 で示したように，PCA フィルタ $\boldsymbol{V}_s$ によりビームフォーマが形成されているためである。

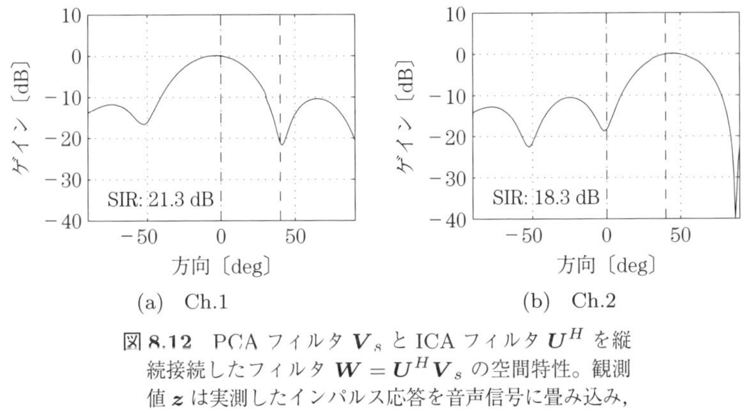

図 8.12 PCA フィルタ $\boldsymbol{V}_s$ と ICA フィルタ $\boldsymbol{U}^H$ を縦続接続したフィルタ $\boldsymbol{W} = \boldsymbol{U}^H\boldsymbol{V}_s$ の空間特性。観測値 $\boldsymbol{z}$ は実測したインパルス応答を音声信号に畳み込み，これを STFT することにより生成した。観測値には，部屋の反射・残響が含まれる

引用・参考文献

1) T. W. Lee：*Independent Component Analysis*, Kluwer Academic Publishers, Boston (1998)
2) S. Haykin (Ed.)：*Unsupervised adaptive filtering, Vol.I*, Wiley Interscience Publication, New York (2000)
3) A. Hyvärinen, J. Karhunen, and E. Oja：*Independent component analysis*, Wiley (2001)
4) A. Cichocki and S. Amari：*Adaptive blind signal and image processing*, Wiley (2002)
5) 村田昇：入門 独立成分分析，東京電機大学出版局 (2004)
6) H. Sawada, S. Araki, and S. Makino：“Frequency-domain blind source separation,” in S. Makino, T.-W. Lee and H. Sawada, editors, *Blind Speech Separation*, pp. 47～78, Springer (2007)
7) C. Bishop：*Pattern recognition and machine learning*, Springer (2006)
8) 川嶋弘尚，酒井英昭：現代スペクトル解析，森北出版 (1988)
9) A. Belouchrani, K. Abed-Meraim, J. F. Cardoso, and E. Moulines：“A blind source separation technique using second-order statistics,” *IEEE Trans. Signal Process*, vol. 45, no. 2, pp. 434～443, Feb. (1997)
10) S. Amari, A. Cichocki, and H.H. Yang：“A new learning algorithm for blind signal separation,” In *Advances in Neural Information Processing Systems 1995*, MIT Press, vol. 8, pp. 757～763 (1996)
11) S. Douglas and S. Amari：“Natural-gradient adaptation,” in S. Haykin, editor, *Unsupervized adaptive filtering*, Vol.I, pp. 13～61, Wiley (2000)
12) P. Smaragdis：“Blind separation of convolved mixtures in the frequency domain,” *Neurocomputing*, vol. 22, no. 1 3, pp. 21～34 (1998)
13) H. Sawada, R. Mukai, S. Araki, and S. Makino：“Polar coordinate based nonlinear function for frequency domain blind source separation,” *IEICE Trans. Fundamentals*, vol. E86-A, no. 3, pp. 590～596 (2003)
14) A. Hyvärinen：“Fast and robust fixed-point algorithm for independent component analysis,” *IEEE Trans. on Neural Networks*, vol. 10, no. 3, pp. 626～634 (1999)
15) J. S. ベンダット，A. G. ピアソル：ランダムデータの統計的処理，培風館 (1976)
16) G. H. Golub and C. F. VanLoan：*Matrix Computations*, The Johns Hopkins University Press, 3rd edition (1996)
17) J. F. Cardoso and A. Souloumiac：“Jacobi angles for simultaneous diagnal-

ization," *SIAM J. Matrix Anal. Appl.*, vol. 17, no. 1, pp. 161～164 (1996)

18) N. Murata, S. Ikeda, and A. Ziehe：“An approach to blind source separation based on temporal structure of speech signals,” *Neurocomputing*, vol. 41, pp. 1～24 (2001)

19) H. Saruwatari, S. Kurita, K. Takeda, F. Itakura, T. Nishikawa, and K. Shikano：“Blind source separation combining independent component analysis and beamforming,” *EURASIP jouranl on Applied Signal Processing*, vol. 2003, no. 11, pp. 1135～1146, Nov. (2003)

20) M. Z. Ikuram and D. R. Morgan：“Permutation inconsistency in blind speech separation:investigation and solutions,” *IEEE Trans. Speech Audio Processing,*, vol. 13, no. 1, pp. 1～13, Jan. (2005)

21) H. Sawada, R. Mukai, S.Araki, and S. Makino：“A robust and precise method for solving the permutation problem of the frequency domain blind source separation,” *IEEE Trans. Speech and Audio Processing*, vol. 12, no. 5, pp. 530～538 (2004)

22) F. Asano, S. Ikeda, M. Ogawa, H. Asoh, and N. Kitawaki：“Combined approach of array processing and independent component analysis for blind separation of acoustic signals,” *IEEE Trans. Speech and Audio Processing*, vol. 11, no. 3, pp. 204～215, May (2003)

23) T. Takatani, T. Nishikawa, H. Saruwatari, and K. Shikano：“High-fidelity blind separation of acoustic signals using simo-model-based independent component analysis,” *IEICE Trans. fundamentals*, vol. E87-A, no. 8, pp. 2063～2072 (2004)

付　　　　　　録

A.　線形代数の基礎知識

A.1　ベクトル・行列演算

A.1.1　基本的な定義と性質

〔1〕　対称行列・エルミート行列

行列 $\boldsymbol{A} \in \mathbb{C}^{M \times N}$ の (i,j) 要素を $[\boldsymbol{A}]_{ij} = a_{ij}$ と表すものとする。$\mathbb{C}^{M \times N}$ はすべての $M \times N$ の複素行列からなる空間を表す。行列の**転置**（transpose）を $\boldsymbol{A}^T$ で表す。また，**エルミート転置**（Hermitian transpose）を $\boldsymbol{A}^H$ で表す。転置／エルミート転置は，次式の性質がある。

$$(\boldsymbol{A}\boldsymbol{B})^T = \boldsymbol{B}^T \boldsymbol{A}^T \tag{A.1}$$

$$(\boldsymbol{A}\boldsymbol{B})^H = \boldsymbol{B}^H \boldsymbol{A}^H \tag{A.2}$$

実数の**正方行列**（square matrix）$\boldsymbol{A} \in \mathbb{R}^{N \times N}$ において，$\boldsymbol{A}^T = \boldsymbol{A}$ となる場合を**対称行列**（symmetric matrix），複素数の正方行列 $\boldsymbol{A} \in \mathbb{C}^{N \times N}$ において，$\boldsymbol{A}^H = \boldsymbol{A}$ となる場合を**エルミート行列**（Hermitian matrix）と呼ぶ。エルミート行列では，$a_{ij} = a_{ji}^*$ となる。ここで，a^* は，a の**複素共役**（complex conjugate）を表す。

〔2〕　ベクトルの内積

ベクトル $\boldsymbol{x} = [x_1, \cdots, x_N]^T \in \mathbb{C}^N$ と $\boldsymbol{y} = [y_1, \cdots, y_N]^T \in \mathbb{C}^N$ の**内積**（inner product）が次式のように 0 となる場合，$\boldsymbol{x}$ と $\boldsymbol{y}$ は**直交**（orthogonal）しているという。

$$\boldsymbol{x}^H \boldsymbol{y} = x_1^* y_1 + \cdots + x_N^* y_N = 0 \tag{A.3}$$

また，K 個のベクトル $\{\boldsymbol{x}_i; i = 1, \cdots, K\}$ が $\boldsymbol{x}_i^H \boldsymbol{x}_j = \delta_{ij}$ となる場合，$\{\boldsymbol{x}_i\}$ はたがいに**正規直交**（orthonormal）しているという。δ_{ij} は，次式に示す**クロネッカーの記号**（Kronecker symbol）である。

$$\delta_{ij} = \begin{cases} 1 & i = j \\ 0 & \text{otherwise} \end{cases} \tag{A.4}$$

〔3〕 ト レ ー ス

正方行列 $\boldsymbol{A}$ の**トレース**（trace）は次式で定義される。

$$\mathrm{tr}(\boldsymbol{A}) := \sum_{i=1}^{N} a_{ii} \tag{A.5}$$

:= は記号の定義を表す。トレースはつぎの性質を持つ。

$$\mathrm{tr}(\boldsymbol{A}+\boldsymbol{B}) = \mathrm{tr}(\boldsymbol{A}) + \mathrm{tr}(\boldsymbol{B}) \tag{A.6}$$

$$\mathrm{tr}(\boldsymbol{ABC}) = \mathrm{tr}(\boldsymbol{CAB}) = \mathrm{tr}(\boldsymbol{BCA}) \tag{A.7}$$

(A.7) の特殊型である次式は，ベクトルと行列の積の順序を交換するのによく用いられる。$\boldsymbol{x}, \boldsymbol{y} \in \mathbb{C}^N$，$\boldsymbol{A} \in \mathbb{C}^{N\times N}$ に対して

$$\boldsymbol{x}^H \boldsymbol{Ay} = \mathrm{tr}(\boldsymbol{x}^H \boldsymbol{Ay}) = \mathrm{tr}(\boldsymbol{yx}^H \boldsymbol{A}) = \mathrm{tr}(\boldsymbol{Ayx}^H) \tag{A.8}$$

〔4〕 ラ ン ク

行列 $\boldsymbol{A}$ の**ランク**（rank）は次式で定義される。

$$\mathrm{rank}(\boldsymbol{A}) := \dim(\mathcal{R}(\boldsymbol{A})) \tag{A.9}$$

$\mathcal{R}(\boldsymbol{A})$ については本節〔9〕を参照。ランクにはつぎの性質がある。

$$\mathrm{rank}(\boldsymbol{AB}) \leqq \min\{\mathrm{rank}(\boldsymbol{A}), \mathrm{rank}(\boldsymbol{B})\} \tag{A.10}$$

〔5〕 ノ ル ム

ベクトル $\boldsymbol{x} \in \mathbb{C}^N$ の **2-ノルム**（2-norm）は次式で定義される。本書では，ベクトルの 2-ノルムを単純にノルムと呼ぶ。

$$\|\boldsymbol{x}\| := \sqrt{\sum_{i=1}^{N} |x_i|^2} = (\boldsymbol{x}^H \boldsymbol{x})^{1/2} \tag{A.11}$$

行列 $\boldsymbol{A} \in \mathbb{C}^{M\times N}$ の**フロベニス・ノルム**（Frobenius norm）は次式で定義される。

$$\|\boldsymbol{A}\|_F := \sqrt{\sum_{i=1}^{M}\sum_{j=1}^{N} |a_{ij}|^2} \tag{A.12}$$

〔6〕 行 列 式

$\boldsymbol{A} \in \mathbb{C}^{N\times N}$ の行列式 $\det(\boldsymbol{A})$ にはつぎの性質がある[1)]。

$$\det(\boldsymbol{AB}) = \det(\boldsymbol{A})\det(\boldsymbol{B}) \tag{A.13}$$

$$\det(\boldsymbol{A}^T) = \det(\boldsymbol{A}) \tag{A.14}$$

$$\det(\boldsymbol{A}^*) = \det(\boldsymbol{A})^* \tag{A.15}$$

$$\det(c\boldsymbol{A}) = c^N \det(\boldsymbol{A}) \tag{A.16}$$

$$\det(\boldsymbol{A}) \neq 0 \Leftrightarrow \boldsymbol{A}\text{ は特異ではない（逆行列が存在する）} \tag{A.17}$$

c はスカラーの定数を表す。

〔**7**〕 **逆　　行　　列**

正方行列 $\boldsymbol{A}$ の**逆行列**（matrix inverse）は $\boldsymbol{A}^{-1}$ と表され，$\boldsymbol{A}^{-1}\boldsymbol{A} = \boldsymbol{A}\boldsymbol{A}^{-1} = \boldsymbol{I}$ を満たす。ここで，$\boldsymbol{I} = \mathrm{diag}(1, \cdots, 1)$ は**単位行列**（identity matrix）である。逆行列にはつぎの性質がある。

$$\left(\boldsymbol{A}^H\right)^{-1} = \left(\boldsymbol{A}^{-1}\right)^H := \boldsymbol{A}^{-H} \tag{A.18}$$

$$(\boldsymbol{A}\boldsymbol{B})^{-1} = \boldsymbol{B}^{-1}\boldsymbol{A}^{-1} \tag{A.19}$$

正方行列 $\boldsymbol{A}$ が次式のように部分行列に分割されるとする。

$$\boldsymbol{A} = \begin{bmatrix} \boldsymbol{A}_{11} & \boldsymbol{A}_{12} \\ \boldsymbol{A}_{21} & \boldsymbol{A}_{22} \end{bmatrix} \tag{A.20}$$

この場合，逆行列は次式のようになる。

$$\boldsymbol{A}^{-1} = \boldsymbol{B} = \begin{bmatrix} \boldsymbol{B}_{11} & \boldsymbol{B}_{12} \\ \boldsymbol{B}_{21} & \boldsymbol{B}_{22} \end{bmatrix} \tag{A.21}$$

ここで

$$\boldsymbol{B}_{11} = (\boldsymbol{A}_{11} - \boldsymbol{A}_{12}\boldsymbol{A}_{22}^{-1}\boldsymbol{A}_{21})^{-1} \tag{A.22}$$

$$\boldsymbol{B}_{12} = -\boldsymbol{B}_{11}\boldsymbol{A}_{12}\boldsymbol{A}_{22}^{-1} \tag{A.23}$$

$$\boldsymbol{B}_{21} = -\boldsymbol{B}_{22}\boldsymbol{A}_{21}\boldsymbol{A}_{11}^{-1} \tag{A.24}$$

$$\boldsymbol{B}_{22} = (\boldsymbol{A}_{22} - \boldsymbol{A}_{21}\boldsymbol{A}_{11}^{-1}\boldsymbol{A}_{12})^{-1} \tag{A.25}$$

逆行列に関しては，つぎに示す**逆行列の補助定理**（matrix inversion lemma）がしばしば用いられる。

$$(\boldsymbol{A} + \boldsymbol{B}\boldsymbol{C}\boldsymbol{D})^{-1} = \boldsymbol{A}^{-1} - \boldsymbol{A}^{-1}\boldsymbol{B}\left(\boldsymbol{D}\boldsymbol{A}^{-1}\boldsymbol{B} + \boldsymbol{C}^{-1}\right)^{-1}\boldsymbol{D}\boldsymbol{A}^{-1} \tag{A.26}$$

この特殊型である次式は，Woodbury's identity と呼ばれ，本書でしばしば用いられる。

$$\left(\boldsymbol{A}+\boldsymbol{x}\boldsymbol{x}^H\right)^{-1} = \boldsymbol{A}^{-1} - \frac{\boldsymbol{A}^{-1}\boldsymbol{x}\boldsymbol{x}^H\boldsymbol{A}^{-1}}{1+\boldsymbol{x}^H\boldsymbol{A}^{-1}\boldsymbol{x}} \tag{A.27}$$

また，逆行列の補助定理には，いくつかのバリエーションがあり[2)]，次式はその一例である。

$$\left(\boldsymbol{A}^{-1}+\boldsymbol{B}^H\boldsymbol{C}^{-1}\boldsymbol{B}\right)^{-1}\boldsymbol{B}^H\boldsymbol{C}^{-1} = \boldsymbol{A}\boldsymbol{B}^H\left(\boldsymbol{B}\boldsymbol{A}\boldsymbol{B}^H+\boldsymbol{C}\right)^{-1} \tag{A.28}$$

〔8〕 ユニタリ行列

$\boldsymbol{U} \in \mathbb{C}^{N\times N}$ が次式を満たす場合，$\boldsymbol{U}$ を**ユニタリ行列**（unitary matrix）と呼ぶ。

$$\boldsymbol{U}^H\boldsymbol{U} = \boldsymbol{U}\boldsymbol{U}^H = \boldsymbol{I} \tag{A.29}$$

式 (A.29) から，$\boldsymbol{U}^{-1} = \boldsymbol{U}^H$。ユニタリ行列による変換により，ベクトルの長さは保存される。すなわち，$\|\boldsymbol{U}\boldsymbol{x}\|^2 = \|\boldsymbol{x}\|^2$。また，ユニタリ行列の固有値 λ_i は複素平面の単位円上にある。すなわち

$$|\lambda_i| = 1, \quad i = 1, \cdots, N \tag{A.30}$$

〔9〕 行列 $\boldsymbol{A}$ に関する四つの部分空間

$M\times N$ の行列 $\boldsymbol{A} = [\boldsymbol{a}_1, \cdots, \boldsymbol{a}_N]$ に対して，(1) 列空間，(2) 左零空間，(3) 行空間，(4) 零空間の四つの部分空間がしばしば用いられる[3)]。本書では，このうち，次式で定義される**列空間**（column space）$\mathcal{R}(\boldsymbol{A})$ と，**左零空間**（left nullspace）$\mathcal{N}(\boldsymbol{A}^H)$ の関係が，5 章における信号部分空間と雑音部分空間の関係を理解する上で重要である。

$$\begin{aligned} \mathcal{R}(\boldsymbol{A}) &:= \mathrm{span}(\boldsymbol{a}_1, \cdots, \boldsymbol{a}_N) = \{\boldsymbol{y} \in \mathbb{C}^M | \boldsymbol{y} = \boldsymbol{A}\boldsymbol{x},\ \boldsymbol{x} \in \mathbb{C}^N\} \\ \mathcal{N}(\boldsymbol{A}^H) &:= \{\boldsymbol{y} \in \mathbb{C}^M | \boldsymbol{A}^H\boldsymbol{y} = 0\} \end{aligned} \tag{A.31}$$

列空間 $\mathcal{R}(\boldsymbol{A})$ と左零空間 $\mathcal{N}(\boldsymbol{A}^H)$ は $\mathbb{C}^M$ の部分空間であり，たがいに**直交補空間**の関係にある。これは，次式のように表される。

$$\mathcal{R}(\boldsymbol{A}) = \mathcal{N}(\boldsymbol{A}^H)^\perp \tag{A.32}$$

また，$\mathcal{R}(\boldsymbol{A})$ と $\mathcal{N}(\boldsymbol{A}^H)$ の次元には次式の関係がある。

$$\dim(\mathcal{R}(\boldsymbol{A})) + \dim(\mathcal{N}(\boldsymbol{A}^H)) = r + (M-r) = M \tag{A.33}$$

ここで，$r = \mathrm{rank}(\boldsymbol{A})$。$\dim(\mathcal{S})$ は，部分空間 $\mathcal{S}$ の次元，すなわち $\mathcal{S}$ を張る基底ベクトルの数を表す。

〔10〕 正 定 値 行 列

行列 $\boldsymbol{A} \in \mathbb{C}^{N \times N}$ が次式を満たすとき，$\boldsymbol{A}$ は**正定値**（positive definite）であるという。

$$\boldsymbol{x}^H \boldsymbol{A} \boldsymbol{x} > 0 \quad \forall \boldsymbol{x}(\neq \boldsymbol{0}) \tag{A.34}$$

$\boldsymbol{x}^H \boldsymbol{A} \boldsymbol{x}$ は**2 次形式**（quadratic form）と呼ばれる。式 (A.34) において等号がはいる場合（$\boldsymbol{x}^H \boldsymbol{A} \boldsymbol{x} \geqq 0$）を，$\boldsymbol{A}$ は**半正定値**（positive semidefinite）であるという。

行列 $\boldsymbol{A}$ がエルミート行列であり，かつ正定値であれば，その固有値 $\{\lambda_1, \cdots, \lambda_N\}$ はすべて正となる。また，$\boldsymbol{A}$ を次式のように分解できる行列 $\boldsymbol{R}$ が存在する[3)]。

$$\boldsymbol{A} = \boldsymbol{R}^H \boldsymbol{R} \tag{A.35}$$

$\boldsymbol{R}$ は一意には定まらないが，代表的な例としては，つぎのものがある。

1) $\boldsymbol{R} = \boldsymbol{D}^{1/2} \boldsymbol{L}^H$
$\boldsymbol{D}$ および $\boldsymbol{L}$ は，**コレスキー分解**（Cholesky decomposition）$\boldsymbol{A} = \boldsymbol{L}\boldsymbol{D}\boldsymbol{L}^H$ により与えられる。

2) $\boldsymbol{R} = \boldsymbol{\Lambda}^{1/2} \boldsymbol{E}^H$
$\boldsymbol{\Lambda}$ および $\boldsymbol{E}$ は，固有値分解 $\boldsymbol{A} = \boldsymbol{E}\boldsymbol{\Lambda}\boldsymbol{E}^H$ により与えられる。

3) $\boldsymbol{R} = \boldsymbol{E}\boldsymbol{\Lambda}^{1/2} \boldsymbol{E}^H$
$\boldsymbol{\Lambda}$ および $\boldsymbol{E}$ は，2) と同様，固有値分解により与えられる。この場合，$\boldsymbol{A} = \boldsymbol{R}\boldsymbol{R}$ も成立し，$\boldsymbol{R}$ は $\boldsymbol{A}$ の**行列平方根**（matrix square root）と呼ばれる。行列平方根は一意に定まる。

ここで，$\boldsymbol{D}$ および $\boldsymbol{\Lambda}$ は対角行列であり，$\boldsymbol{D} = \mathrm{diag}(d_1, \cdots, d_N)$ の場合，$\boldsymbol{D}^{1/2} = \mathrm{diag}(\sqrt{d_1}, \cdots, \sqrt{d_N})$。

A.1.2 射　　影

ベクトル $\boldsymbol{b}$ のベクトル $\boldsymbol{a}$ への**射影**（projection）は，次式で与えられる。

$$\boldsymbol{p} = \frac{\boldsymbol{a}^H \boldsymbol{b}}{\boldsymbol{a}^H \boldsymbol{a}} \boldsymbol{a} \tag{A.36}$$

ベクトル $\boldsymbol{b}$ の，行列 $\boldsymbol{A} \in \mathbb{C}^{M \times N}$ の列空間 $\mathcal{R}(\boldsymbol{A}) = \mathrm{span}(\boldsymbol{a}_1, \cdots, \boldsymbol{a}_N)$ への射影は，次式のようになる。

$$\boldsymbol{p} = \boldsymbol{A}(\boldsymbol{A}^H \boldsymbol{A})^{-1} \boldsymbol{A}^H \boldsymbol{b} \;=\; \boldsymbol{P}\boldsymbol{b} \tag{A.37}$$

$\boldsymbol{P} = \boldsymbol{A}(\boldsymbol{A}^H \boldsymbol{A})^{-1} \boldsymbol{A}^H$ は**射影行列**（projection matrix）と呼ばれる。

行列 $\boldsymbol{Q} \in \mathbb{C}^{M \times N}$ の列ベクトルが正規直交する場合（$\boldsymbol{Q}^H \boldsymbol{Q} = \boldsymbol{I}$），$\boldsymbol{b}$ の列空間 $\mathrm{span}(\boldsymbol{q}_1, \cdots, \boldsymbol{q}_N)$ への射影は次式のように簡略化される。

$$\boldsymbol{p} = \boldsymbol{Q}\boldsymbol{Q}^H\boldsymbol{b} \tag{A.38}$$

射影 $\boldsymbol{p}$ は，次式のように，列ベクトル $\{\boldsymbol{q}_1, \cdots, \boldsymbol{q}_N\}$ の線形結合として表すこともできる。

$$\boldsymbol{p} = \boldsymbol{Q}\boldsymbol{c} \tag{A.39}$$

$$\boldsymbol{c} = \boldsymbol{Q}^H\boldsymbol{b} = [\boldsymbol{q}_1^H\boldsymbol{b}, \cdots, \boldsymbol{q}_N^H\boldsymbol{b}]^T \tag{A.40}$$

特に $M = N$ の場合，$\boldsymbol{Q}$ はユニタリ行列となり，射影行列は単位行列 $\boldsymbol{P} = \boldsymbol{I}$ に，射影は $\boldsymbol{p} = \boldsymbol{b}$ になる。この場合，式 (A.39) は，次式のように $\boldsymbol{b}$ の直交基底 $\{\boldsymbol{q}_1, \cdots, \boldsymbol{q}_N\}$ による展開となる。

$$\boldsymbol{b} = (\boldsymbol{q}_1^H\boldsymbol{b})\boldsymbol{q}_1 + \cdots + (\boldsymbol{q}_N^H\boldsymbol{b})\boldsymbol{q}_N \tag{A.41}$$

直交基底による展開の代表的な例としては，つぎの例に示す離散フーリエ変換や，5.1.1項で述べたカルーネン・レーベ展開などがある。

例 A.1　離散フーリエ変換

ここでは，直交基底への射影の例として，**離散フーリエ変換**（discrete Fourier transform，DFT）を取り上げる。時系列 $\boldsymbol{z} = [z_0, \cdots, z_{N-1}]^T$ の離散フーリエ変換は次式で表される。

$$c_k = \sum_{n=0}^{N-1} z_n W^{kn}, \qquad k = 0, \cdots, N-1 \tag{A.42}$$

$$W = \exp(-j2\pi/N) \tag{A.43}$$

式 (A.42) をベクトル形式で表すと次式のようになる。

$$c_k = \boldsymbol{f}_k^H\boldsymbol{z} \tag{A.44}$$

ここで，$\boldsymbol{f}_k = [W^0, W^{-k}, \cdots, W^{-k(N-1)}]^T$ は，正規化周波数 $\omega_k = 2\pi k/N$ の複素正弦波 $\{\exp(j2\pi kn/N); n = 0, \cdots, N-1\}$ をその要素に持つ。フーリエ係数 c_k は，$\boldsymbol{z}$ を基底ベクトル $\boldsymbol{f}_k$ 上に射影した場合の係数である†。$\boldsymbol{F} = [\boldsymbol{f}_0, \cdots, \boldsymbol{f}_{N-1}]$ および $\boldsymbol{c} = [c_0, \cdots, c_{N-1}]^T$ を用いて式 (A.44) を行列形式で表すと，次式のように式 (A.40) と同じ形式となる。

$$\boldsymbol{c} = \boldsymbol{F}^H\boldsymbol{z} \tag{A.45}$$

$\dfrac{1}{N}\boldsymbol{F}^H\boldsymbol{F} = \boldsymbol{I}$ となり，$\boldsymbol{F}$ の列ベクトルは直交する。

---

† $\boldsymbol{f}_k$ は正規化されていないので，厳密には $\boldsymbol{f}_k^H\boldsymbol{f}_k = N$ で割る必要がある。

A.1.3 固有値分解

〔1〕 標準固有値分解

行列 $\boldsymbol{A} \in \mathbb{C}^{N\times N}$ の**固有値**（eigenvalue）を $\{\lambda_1, \cdots, \lambda_N\}$，**固有ベクトル**（eigenvector）を $\{\boldsymbol{e}_1, \cdots, \boldsymbol{e}_N\}$ と表すものとすると，固有値および固有ベクトルは，次式を満たす。

$$\boldsymbol{A}\boldsymbol{e}_i = \lambda_i \boldsymbol{e}_i \tag{A.46}$$

固有値行列 $\boldsymbol{\Lambda} = \mathrm{diag}(\lambda_1, \cdots, \lambda_N)$ および固有ベクトル行列 $\boldsymbol{E} = [\boldsymbol{e}_1, \cdots, \boldsymbol{e}_N]$ を用いて，行列 $\boldsymbol{A}$ は次式のように対角化される。

$$\boldsymbol{E}^{-1}\boldsymbol{A}\boldsymbol{E} = \boldsymbol{\Lambda} \tag{A.47}$$

また，$\boldsymbol{A}$ は次式のように分解される。

$$\boldsymbol{A} = \boldsymbol{E}\boldsymbol{\Lambda}\boldsymbol{E}^{-1} \tag{A.48}$$

$\boldsymbol{A}$ がエルミート行列 $(\boldsymbol{A} = \boldsymbol{A}^H)$ である場合，つぎの性質がある。

- 固有値は実数となる。
- 固有ベクトルは，正規直交するように選ぶことができる。すなわち，$\boldsymbol{E}^H\boldsymbol{E} = \boldsymbol{I}$。

この場合，$\boldsymbol{A}$ は次式のように対角化される。

$$\boldsymbol{E}^H\boldsymbol{A}\boldsymbol{E} = \boldsymbol{\Lambda} \tag{A.49}$$

また，$\boldsymbol{A}$ は次式のように分解される。

$$\boldsymbol{A} = \boldsymbol{E}\boldsymbol{\Lambda}\boldsymbol{E}^H = \sum_{i=1}^{N} \lambda_i \boldsymbol{e}_i \boldsymbol{e}_i^H \tag{A.50}$$

$\boldsymbol{A}$ が正則の場合，その逆行列は，次式のようになる。

$$\boldsymbol{A}^{-1} = \boldsymbol{E}\boldsymbol{\Lambda}^{-1}\boldsymbol{E}^H = \sum_{i=1}^{N} \lambda_i^{-1} \boldsymbol{e}_i \boldsymbol{e}_i^H \tag{A.51}$$

行列 $\boldsymbol{A}$ の固有値および固有ベクトルにはつぎの性質がある。

1) α を定数とした場合，$\alpha\boldsymbol{A}$ の固有値は，$\alpha\lambda_i$ となる。
2) m を正の整数とした場合，$\boldsymbol{A}^m$ の固有値は，λ_i^m となる。
3) 固有値の和

$$\mathrm{tr}(\boldsymbol{A}) = \sum_{i=1}^{N} \lambda_i \tag{A.52}$$

4) 固有値の積

$$\det(\boldsymbol{A}) = \prod_{i=1}^{N} \lambda_i \tag{A.53}$$

5) 対角に定数を足した行列 $\boldsymbol{A} + \sigma \boldsymbol{I}$ の固有値は $\lambda_i + \sigma$ となり，固有ベクトルは $\boldsymbol{A}$ の固有ベクトルと変わらない。

〔2〕 一般化固有値分解

行列のペア $(\boldsymbol{A}, \boldsymbol{B})$ に対する一般化固有値分解は，次式を満たす。

$$\boldsymbol{A}\boldsymbol{e}_i = \lambda_i \boldsymbol{B}\boldsymbol{e}_i \tag{A.54}$$

ここで，$\boldsymbol{A} \in \mathbb{C}^{N \times N}$ はエルミート行列，$\boldsymbol{B} \in \mathbb{C}^{N \times N}$ はエルミート行列でかつ正定値であるとする。A.1.1 項〔10〕から，$\boldsymbol{B} = \boldsymbol{\Phi}^H \boldsymbol{\Phi}$ のように分解される。これを式 (A.54) に代入すると，$\boldsymbol{A}\boldsymbol{e}_i = \lambda_i \boldsymbol{\Phi}^H \boldsymbol{\Phi}\boldsymbol{e}_i$。ここで

$$\boldsymbol{f}_i = \boldsymbol{\Phi}\boldsymbol{e}_i \tag{A.55}$$

とおき，左から $\boldsymbol{\Phi}^{-H}$ をかけると

$$\boldsymbol{\Phi}^{-H} \boldsymbol{A} \boldsymbol{\Phi}^{-1} \boldsymbol{f}_i = \lambda_i \boldsymbol{f}_i \tag{A.56}$$

となり，新たな行列 $\boldsymbol{\Phi}^{-H} \boldsymbol{A} \boldsymbol{\Phi}^{-1}$ に対する標準固有値分解に置き換えることができる。両者において，固有値は共通であり，固有ベクトルには，式 (A.55) の関係がある。

$\boldsymbol{A}$ がエルミート行列であれば，$\boldsymbol{\Phi}^{-H} \boldsymbol{A} \boldsymbol{\Phi}^{-1}$ もエルミート行列となることから，固有値 λ_i は実数となり，固有ベクトル $\{\boldsymbol{f}_i\}$ はたがいに正規直交するように選ぶことができる†。これから

$$\boldsymbol{e}_i^H \boldsymbol{B} \boldsymbol{e}_j = \boldsymbol{e}_i^H \boldsymbol{\Phi}^H \boldsymbol{\Phi} \boldsymbol{e}_j \ = \ \boldsymbol{f}_i^H \boldsymbol{f}_j \ = \ \delta_{ij} \tag{A.57}$$

$$\boldsymbol{e}_i^H \boldsymbol{A} \boldsymbol{e}_j = \lambda_j \boldsymbol{e}_i \boldsymbol{B} \boldsymbol{e}_j \ = \ \lambda_j \delta_{ij} \tag{A.58}$$

式 (A.57) および式 (A.58) を行列形式で書くと

$$\boldsymbol{E}^H \boldsymbol{B} \boldsymbol{E} = \boldsymbol{I} \tag{A.59}$$

$$\boldsymbol{E}^H \boldsymbol{A} \boldsymbol{E} = \boldsymbol{\Lambda} \tag{A.60}$$

式 (A.59) および式 (A.60) は，行列 $(\boldsymbol{A}, \boldsymbol{B})$ の**同時対角化**（joint diagonalization）と呼ばれる。

† 固有ベクトル $\{\boldsymbol{e}_i\}$ は，必ずしもたがいに正規直交ではないことに注意する。

A.1.4 特異値分解

〔1〕 特異値分解

固有値分解の場合は対象が正方行列に限られていたが，**特異値分解**（singular value decomposition，SVD）では，行列 $\boldsymbol{A} \in \mathbb{C}^{M \times N}$ が次式のように分解される。

$$\boldsymbol{A} = \boldsymbol{U}\boldsymbol{\Sigma}\boldsymbol{V}^H \tag{A.61}$$

ここで，$\boldsymbol{U}(M \times M)$ および $\boldsymbol{V}(N \times N)$ はユニタリ行列，$\boldsymbol{\Sigma}$ は次式の $M \times N$ の対角行列である。

$$\boldsymbol{\Sigma} = \mathrm{diag}(\sigma_1, \cdots, \sigma_p) \tag{A.62}$$

ここで，$p = \min(M, N)$。$\{\sigma_1, \cdots, \sigma_p\}$ を**特異値**（singular value）と呼ぶ。特異値は非負の実数であり，$r = \mathrm{rank}(\boldsymbol{A})$ とすると

$$\sigma_1 \geqq \cdots \geqq \sigma_r > \sigma_{r+1} = \cdots = \sigma_p = 0 \tag{A.63}$$

式 (A.61) から

$$\boldsymbol{A}^H\boldsymbol{A} = \boldsymbol{V}\boldsymbol{\Sigma}^H\boldsymbol{\Sigma}\boldsymbol{V}^H, \quad \boldsymbol{A}\boldsymbol{A}^H = \boldsymbol{U}\boldsymbol{\Sigma}\boldsymbol{\Sigma}^H\boldsymbol{U}^H \tag{A.64}$$

これから，$\boldsymbol{V}$ は $\boldsymbol{A}^H\boldsymbol{A}$ の，$\boldsymbol{U}$ は $\boldsymbol{A}\boldsymbol{A}^H$ の固有ベクトル行列である。また，非零の特異値 $\{\sigma_1, \cdots, \sigma_r\}$ は，$\boldsymbol{A}^H\boldsymbol{A}$ および $\boldsymbol{A}\boldsymbol{A}^H$ の非零の固有値の平方根である。

〔2〕 疑似逆行列

$\boldsymbol{A}$ が正方・正則でない場合は，逆行列は定義できない。この場合，次式の**疑似逆行列**（pseudo-inverse）がしばしば用いられる[1]。

$$\boldsymbol{A}^+ = \boldsymbol{V}\boldsymbol{\Sigma}^+\boldsymbol{U}^H \tag{A.65}$$

$\boldsymbol{\Sigma}^+$ は，次式に示す $N \times M$ の対角行列である。

$$\boldsymbol{\Sigma}^+ = \mathrm{diag}\left(\frac{1}{\sigma_1}, \cdots, \frac{1}{\sigma_r}, 0, \cdots, 0\right) \tag{A.66}$$

最小 2 乗問題 $\boldsymbol{A}\boldsymbol{x} = \boldsymbol{b}$ の解は，疑似逆行列 $\boldsymbol{A}^+$ を用いて，次式で与えられる。

$$\hat{\boldsymbol{x}}^+ = \boldsymbol{A}^+\boldsymbol{b} \tag{A.67}$$

$\boldsymbol{A}$ がランク落ちしている場合 $(r < \min(M, N))$ は，$\boldsymbol{A}\boldsymbol{x} = \boldsymbol{b}$ の解 $\hat{\boldsymbol{x}} = \arg\min_{\boldsymbol{x}} \|\boldsymbol{A}\boldsymbol{x} - \boldsymbol{b}\|$ は無数に存在する（不定）。式 (A.67) の解 $\hat{\boldsymbol{x}}^+$ は，無数の解のうち，そのノルム $\|\hat{\boldsymbol{x}}\|$ が最小のものである。これは**最小ノルム解**（minimum norm solution）と呼ばれ，一意に決定される。**表 A.1** に，逆行列をまとめておく。

表 A.1 逆行列

逆行列の種類	式	条件	$\boldsymbol{Ax}=\boldsymbol{b}$ の解
逆行列	$\boldsymbol{A}^{-1}$	$r=M=N$	$\boldsymbol{x}=\boldsymbol{A}^{-1}\boldsymbol{b}$
左逆行列	$\boldsymbol{B}=(\boldsymbol{A}^H\boldsymbol{A})^{-1}\boldsymbol{A}^H$	$r=N<M$	$\hat{\boldsymbol{x}}=\boldsymbol{Bb}$（最小二乗解）
右逆行列	$\boldsymbol{C}=\boldsymbol{A}^H(\boldsymbol{AA}^H)^{-1}$	$r=M<N$	$\hat{\boldsymbol{x}}=\boldsymbol{Cb}$（最小ノルム解）
疑似逆行列	$\boldsymbol{A}^+$	$r<\min(M,N)$	$\hat{\boldsymbol{x}}=\boldsymbol{A}^+\boldsymbol{b}$（最小二乗最小ノルム解）

A.2 微 分

A.2.1 実数ベクトル・行列についての偏微分

〔1〕 ベクトルについての偏微分

実数のスカラー関数 $g(\boldsymbol{x})$ の，ベクトル $\boldsymbol{x}$ についての偏微分は，次式で定義される。

$$\frac{\partial g}{\partial \boldsymbol{x}} := \left[\frac{\partial g}{\partial x_1}, \cdots, \frac{\partial g}{\partial x_N}\right]^T \tag{A.68}$$

以下に有用な例を示しておく[2),4)]。$\boldsymbol{A}$ は対称行列である。

$$\frac{\partial}{\partial \boldsymbol{x}}\boldsymbol{x}^T = \boldsymbol{I} \tag{A.69}$$

$$\frac{\partial}{\partial \boldsymbol{x}}\boldsymbol{x}^T\boldsymbol{a} = \frac{\partial}{\partial \boldsymbol{x}}\boldsymbol{a}^T\boldsymbol{x} = \boldsymbol{a} \tag{A.70}$$

$$\frac{\partial}{\partial \boldsymbol{x}}\boldsymbol{x}^T\boldsymbol{Ax} = 2\boldsymbol{Ax} \tag{A.71}$$

〔2〕 行列についての偏微分

実数のスカラー関数 $g(\boldsymbol{X})$ の，行列 $\boldsymbol{X}$ についての偏微分は，次式で定義される。

$$\frac{\partial g}{\partial \boldsymbol{X}} := \begin{bmatrix} \frac{\partial g}{\partial x_{11}} & \cdots & \frac{\partial g}{\partial x_{1N}} \\ \vdots & & \vdots \\ \frac{\partial g}{\partial x_{M1}} & \cdots & \frac{\partial g}{\partial x_{MN}} \end{bmatrix} \tag{A.72}$$

以下に有用な例を示しておく[2),4)]。

$$\frac{\partial}{\partial \boldsymbol{X}}\mathrm{tr}(\boldsymbol{X}) = \boldsymbol{I} \tag{A.73}$$

$$\frac{\partial}{\partial \boldsymbol{X}}\mathrm{tr}(\boldsymbol{AX}) = \boldsymbol{A}^T \tag{A.74}$$

$$\frac{\partial}{\partial \boldsymbol{X}}\mathrm{tr}(\boldsymbol{AX}^T) = \boldsymbol{A} \tag{A.75}$$

$$\frac{\partial}{\partial \boldsymbol{X}} \mathrm{tr}(\boldsymbol{A}\boldsymbol{X}\boldsymbol{B}) = \boldsymbol{A}^T \boldsymbol{B}^T \tag{A.76}$$

$$\frac{\partial}{\partial \boldsymbol{X}} \mathrm{tr}(\boldsymbol{A}\boldsymbol{X}^T\boldsymbol{B}) = \boldsymbol{B}\boldsymbol{A} \tag{A.77}$$

$$\frac{\partial}{\partial \boldsymbol{X}} \det(\boldsymbol{X}) = \det(\boldsymbol{X}) \left(\boldsymbol{X}^{-1}\right)^T \tag{A.78}$$

$$\frac{\partial}{\partial \boldsymbol{X}} \log\det(\boldsymbol{X}) = \left(\boldsymbol{X}^{-1}\right)^T \tag{A.79}$$

A.2.2 複素ベクトルについての偏微分

実数のスカラー関数 $g(\boldsymbol{z})$ の，複素ベクトル $\boldsymbol{z} = \boldsymbol{x} + j\boldsymbol{y}$ についての偏微分を求めるには，つぎの二つの方法が考えられる。

1) 関数 g を，$\boldsymbol{x}$ と $\boldsymbol{y}$ を独立変数に持つ関数 $g(\boldsymbol{x}, \boldsymbol{y})$ と考え，$(\boldsymbol{x}, \boldsymbol{y})$ の一方を定数として扱い，他方について偏微分をとる。
2) 関数 g を，$\boldsymbol{z}$ とその複素共役 $\boldsymbol{z}^*$ を独立変数に持つ関数 $g(\boldsymbol{z}, \boldsymbol{z}^*)$ と考え，$(\boldsymbol{z}, \boldsymbol{z}^*)$ の一方を定数として扱い，他方についての偏微分をとる。

方法 1 は，関数 g を実部と虚部に分けて考えるのが難しい場合が多い。そこで，方法 2 をとるのが一般的である[2),5)~8)]。

まず，簡単のため複素のスカラー $z = x + jy$ の場合について考える。z および z^* についての偏微分演算子を次式のように定義する。

$$\frac{\partial}{\partial z} := \frac{1}{2}\left(\frac{\partial}{\partial x} - j\frac{\partial}{\partial y}\right) \tag{A.80}$$

$$\frac{\partial}{\partial z^*} := \frac{1}{2}\left(\frac{\partial}{\partial x} + j\frac{\partial}{\partial y}\right) \tag{A.81}$$

これらの偏微分演算子は次式の関係を満たす。

$$\frac{\partial z}{\partial z} = \frac{\partial z^*}{\partial z^*} = 1 \tag{A.82}$$

$$\frac{\partial z^*}{\partial z} = \frac{\partial z}{\partial z^*} = 0 \tag{A.83}$$

例として，式 (A.80) および式 (A.81) を用いて，$g(z, z^*) = |z|^2$ を z および z^* について偏微分すると次式のようになる。

$$\frac{\partial |z|^2}{\partial z} = \frac{\partial z z^*}{\partial z} = z^*, \quad \frac{\partial |z|^2}{\partial z^*} = \frac{\partial z z^*}{\partial z^*} = z$$

続いて，これらをベクトルに拡張する。$\boldsymbol{z}$ についての偏微分演算子を次式のように定義する。

$$\frac{\partial}{\partial \boldsymbol{z}} := \left[\frac{\partial}{\partial z_1}, \cdots, \frac{\partial}{\partial z_N}\right]^T \tag{A.84}$$

$$\frac{\partial}{\partial z_n} := \frac{1}{2}\left(\frac{\partial}{\partial x_n} - j\frac{\partial}{\partial y_n}\right), \quad n = 1, \cdots, N \tag{A.85}$$

同様に，$\boldsymbol{z}^*$ についての偏微分演算子を次式のように定義する。

$$\frac{\partial}{\partial \boldsymbol{z}^*} := \left[\frac{\partial}{\partial z_1^*}, \cdots, \frac{\partial}{\partial z_N^*}\right]^T \tag{A.86}$$

$$\frac{\partial}{\partial z_n^*} := \frac{1}{2}\left(\frac{\partial}{\partial x_n} + j\frac{\partial}{\partial y_n}\right), \quad n = 1, \cdots, N \tag{A.87}$$

式 (A.82) および式 (A.83) に相当する関係は，次式のようになる。

$$\frac{\partial}{\partial \boldsymbol{z}}\boldsymbol{z}^T = \boldsymbol{I}_{N\times N}, \qquad \frac{\partial}{\partial \boldsymbol{z}^*}\boldsymbol{z}^H = \boldsymbol{I}_{N\times N} \tag{A.88}$$

$$\frac{\partial}{\partial \boldsymbol{z}}\boldsymbol{z}^H = \boldsymbol{0}_{N\times N}, \qquad \frac{\partial}{\partial \boldsymbol{z}^*}\boldsymbol{z}^T = \boldsymbol{0}_{N\times N} \tag{A.89}$$

ここで，$\boldsymbol{0}_{N\times N}$ はすべての要素が 0 の行列である。コスト関数の勾配を求める場合などは，通常 $\partial/\partial\boldsymbol{z}^*$ が用いられる[6)]。上述の結果を用いて，本書でよく用いられる偏微分の例をつぎに示す。

$$\begin{aligned} \frac{\partial}{\partial \boldsymbol{z}^*}\boldsymbol{a}^H\boldsymbol{z} &= \boldsymbol{0}, \quad \frac{\partial}{\partial \boldsymbol{z}^*}\boldsymbol{z}^H\boldsymbol{a} = \boldsymbol{a}, \\ \frac{\partial}{\partial \boldsymbol{z}^*}\boldsymbol{z}^H\boldsymbol{z} &= \boldsymbol{z}, \quad \frac{\partial}{\partial \boldsymbol{z}^*}\boldsymbol{z}^H\boldsymbol{R}\boldsymbol{z} = \boldsymbol{R}\boldsymbol{z} \end{aligned} \tag{A.90}$$

A.2.3 ヘシアン行列

ヘシアン行列（Hessian matrix）は次式で定義される[8)]。

$$\nabla^2 g = \frac{\partial^2 g}{\partial \boldsymbol{z}^T \partial \boldsymbol{z}^*} := \begin{bmatrix} \dfrac{\partial^2 g}{\partial z_1^* \partial z_1} & \cdots & \dfrac{\partial^2 g}{\partial z_1^* \partial z_N} \\ \vdots & \ddots & \vdots \\ \dfrac{\partial^2 g}{\partial z_N^* \partial z_1} & \cdots & \dfrac{\partial^2 g}{\partial z_N^* \partial z_N} \end{bmatrix} \tag{A.91}$$

ここで, $\partial/\partial\boldsymbol{z}^T$ の表記は必ずしも一般的ではないが, 本書では偏微分後のベクトルが行ベクトルとなることを示すために用いている。例として，2 次形式 $g(\boldsymbol{z}, \boldsymbol{z}^*) = \boldsymbol{z}^H\boldsymbol{R}\boldsymbol{z}$ に対するヘシアン行列は次式のようになる。

$$\frac{\partial^2 g}{\partial \boldsymbol{z}^T \partial \boldsymbol{z}^*} = \boldsymbol{R} \tag{A.92}$$

A.3 最適化問題

A.3.1 拘束なし最適化

拘束なしの最小化問題は，一般に次式のようになる。

$$\min_{\boldsymbol{w}} J(\boldsymbol{w}) \tag{A.93}$$

ここで，$J(\boldsymbol{w})$ は実数のスカラー関数であり，**コスト関数**（cost function）と呼ばれる。$\boldsymbol{w}$ はパラメータである。$J(\boldsymbol{w})$ が下に**凸**（convex）である場合，コスト関数を最小化するパラメータの最適値は次式を満たす[2),5),6)]。

$$\frac{\partial J(\boldsymbol{w})}{\partial \boldsymbol{w}^*} = \boldsymbol{0} \tag{A.94}$$

最小化問題を反復法で解く場合は，パラメータの微少な変化 $\Delta\boldsymbol{w}$ によりコスト関数が最も大きく減少するよう，パラメータを次式のように変化させる。

$$\boldsymbol{w}_l = \boldsymbol{w}_{l-1} + \Delta\boldsymbol{w} \tag{A.95}$$

ここで，l は反復のインデックスである。例えば，3.3 節で述べた最急降下法の場合，$\Delta\boldsymbol{w}$ は次式で与えられる。

$$\Delta\boldsymbol{w} \propto -\nabla J(\boldsymbol{w}_{l-1}) := -\left.\frac{\partial J(\boldsymbol{w})}{\partial \boldsymbol{w}^*}\right|_{\boldsymbol{w}=\boldsymbol{w}_{l-1}} \tag{A.96}$$

$\nabla J(\boldsymbol{w}) = \dfrac{\partial J(\boldsymbol{w})}{\partial \boldsymbol{w}^*}$ は**勾配ベクトル**（gradient vector）と呼ばれる。

例 A.2

ウィナーフィルタ（3.1 節）で登場したコスト関数（式 (3.8)）を例としてみてみよう。式 (3.8) を簡略化して再び書くと

$$J(\boldsymbol{w}) = \sigma^2 - \boldsymbol{w}^H\boldsymbol{r} - \boldsymbol{r}^H\boldsymbol{w} + \boldsymbol{w}^H\boldsymbol{R}\boldsymbol{w} \tag{A.97}$$

これを $\boldsymbol{w}^*$ について偏微分することにより，勾配ベクトルは次式のようになる。

$$\frac{\partial J(\boldsymbol{w})}{\partial \boldsymbol{w}^*} = -\boldsymbol{r} + \boldsymbol{R}\boldsymbol{w} \tag{A.98}$$

図 **A.1** は，実数パラメータ $\boldsymbol{w} = [w_1, w_2]^T$ の場合のコスト関数 $J(\boldsymbol{w})$ の例を示したものである。図 (a) から，$J(\boldsymbol{w})$ は下に凸の曲面となっていることがわかる。図 (b) は等高線表示であり，式 (A.98) を用いて求めた勾配ベクトルに負号をつけた方向を矢印で示してある。最急降下法では，曲面の勾配をその都度測りながら，最適点を目指してパラメータを更新していく。

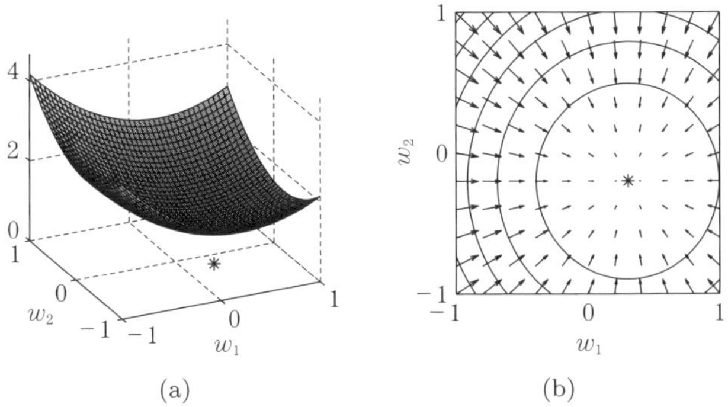

図 A.1　拘束なし最適化問題のコスト関数 $J(\boldsymbol{w})$。パラメータの最適点は $*$ で示してある

A.3.2　拘束付き最適化

次式は，拘束付き最適化の典型的な例である。

$$\begin{aligned} &\min_{\boldsymbol{w}} J(\boldsymbol{w}) \\ &\text{subject to } \boldsymbol{g}(\boldsymbol{w}) \;=\; \boldsymbol{0} \end{aligned} \tag{A.99}$$

コスト関数 $J(\boldsymbol{w})$ は，前節同様，実数のスカラー関数である。一方，拘束条件における関数 $\boldsymbol{g}(\boldsymbol{w})$ はベクトルであってもよい。ベクトル関数の場合，複数の拘束条件を表す。この最適化問題の古典的解法として，**ラグランジュの未定乗数法**（method of Lagrange multipliers）がある。この方法では，次式の新たなコスト関数を用いることで，拘束付き最適化問題を，拘束なし最適化問題に変換している。

$$J_L(\boldsymbol{w}, \boldsymbol{\lambda}) \;:=\; J(\boldsymbol{w}) + \boldsymbol{\lambda}^H \boldsymbol{g}(\boldsymbol{w}) \tag{A.100}$$

$\boldsymbol{\lambda}$ は**ラグランジュ乗数**（Lagrange multiplier）と呼ばれる。最適解は，次式のように $J_L(\boldsymbol{w}, \boldsymbol{\lambda})$ を $\boldsymbol{w}^*$ で偏微分し，$\boldsymbol{0}$ とおくことで得られる。

$$\frac{\partial}{\partial \boldsymbol{w}^*} J_L(\boldsymbol{w}, \boldsymbol{\lambda}) \;=\; \boldsymbol{0} \tag{A.101}$$

例 **A.3**

ここでは，4.5 節で登場する次式の拘束付き最適化問題を，ラグランジュの未定乗数法を用いて解いてみよう。

$$\min_{\boldsymbol{w}} \boldsymbol{w}^H \boldsymbol{R} \boldsymbol{w} \tag{A.102}$$

$$\text{subject to} \quad \boldsymbol{C}^H \boldsymbol{w} = \boldsymbol{f} \tag{A.103}$$

この例では，拘束条件 $\boldsymbol{C}^H \boldsymbol{w} = \boldsymbol{f}$ が複素ベクトルであるので，コスト関数を次式のように実数化する。

$$\begin{aligned} J_L &= \boldsymbol{w}^H \boldsymbol{R} \boldsymbol{w} + 2\mathrm{Re}(\boldsymbol{\lambda}^H (\boldsymbol{C}^H \boldsymbol{w} - \boldsymbol{f})) \\ &= \boldsymbol{w}^H \boldsymbol{R} \boldsymbol{w} + \boldsymbol{\lambda}^H (\boldsymbol{C}^H \boldsymbol{w} - \boldsymbol{f}) + (\boldsymbol{w}^H \boldsymbol{C} - \boldsymbol{f}^H) \boldsymbol{\lambda} \end{aligned} \tag{A.104}$$

式 (A.104) を $\boldsymbol{w}^*$ について偏微分することにより，次式を得る。

$$\frac{\partial J_L}{\partial \boldsymbol{w}^*} = \boldsymbol{R} \boldsymbol{w} + \boldsymbol{C} \boldsymbol{\lambda} \tag{A.105}$$

これを $\boldsymbol{0}$ とおくことにより

$$\boldsymbol{w} = -\boldsymbol{R}^{-1} \boldsymbol{C} \boldsymbol{\lambda} \tag{A.106}$$

これを拘束条件式 (A.103) に代入すると

$$-\boldsymbol{C}^H \boldsymbol{R}^{-1} \boldsymbol{C} \boldsymbol{\lambda} = \boldsymbol{f} \tag{A.107}$$

これを $\boldsymbol{\lambda}$ について解き，式 (A.106) に代入すると

$$\boldsymbol{w} = \boldsymbol{R}^{-1} \boldsymbol{C} \left(\boldsymbol{C}^H \boldsymbol{R}^{-1} \boldsymbol{C} \right)^{-1} \boldsymbol{f} \tag{A.108}$$

図 A.2 は，図 A.1 と同様に，実数パラメータ $\boldsymbol{w} = [w_1, w_2]^T$ の場合のコスト関数 $J(\boldsymbol{w}) = \boldsymbol{w}^H \boldsymbol{R} \boldsymbol{w}$ の例を示したものである。コスト関数 $J(\boldsymbol{w})$ は図 A.1 の場

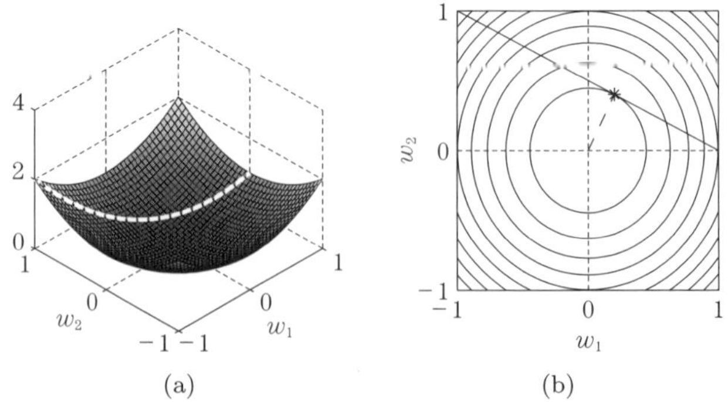

図 A.2　拘束付き最適化問題のコスト関数 $J(\boldsymbol{w})$。パラメータの最適点は $*$ で示してある。(a) の白線および (b) の実線の直線は拘束条件 $\boldsymbol{c}^H \boldsymbol{w} = f$ を表す。

合と同様，$\boldsymbol{w}$ についての 2 次関数であるので，その形状も同様であるが，$\boldsymbol{w}=\boldsymbol{0}$ に自明の解を持つ。一方，図 A.2 の例では，単一の拘束条件 $\boldsymbol{c}^H\boldsymbol{w}=f$ により解は拘束されているものとする。ここでは，$\boldsymbol{c}=[0.5,\ 1]^T$，$f=0.5$ としてある。図 (a) の白線，および図 (b) の実線の直線が，拘束条件を満たす解空間を示している。また，図 (b) において原点から伸びている点線の直線は，拘束ベクトル $\boldsymbol{c}$ の方向を表し，$\boldsymbol{c}$ と解空間は直交する。図中の $*$ は，式 (A.108) で求められる最適解を示している。

A.4　その他の有用な事項

A.4.1　テイラー級数展開

関数 $f(x)$ が $x=x_0$ の近傍で解析的であれば，次式が成り立つ。

$$\begin{aligned} f(x) &= \sum_{n=0}^{\infty} \frac{f^{(n)}(x_0)}{n!}(x-x_0)^n \\ &= f(x_0) + f'(x_0)(x-x_0) + \frac{1}{2}f''(x_0)(x-x_0)^2 + \cdots \end{aligned} \tag{A.109}$$

これを**テイラー級数展開**（Taylor series expansion）という。$f^{(n)}(x_0)$ は $x=x_0$ における $f(x)$ の n 次微分係数である。変数が複素ベクトルの場合，式 (A.109) は次式のように拡張される[7)]。

$$f(\boldsymbol{x}) \ = \ f(\boldsymbol{x}_0) + (\boldsymbol{x}-\boldsymbol{x}_0)^H \nabla f(\boldsymbol{x}_0) + \frac{1}{2}(\boldsymbol{x}-\boldsymbol{x}_0)^H \nabla^2 f(\boldsymbol{x}_0)(\boldsymbol{x}-\boldsymbol{x}_0) + \cdots \tag{A.110}$$

ここで，$\nabla f(\boldsymbol{x})$ は勾配，$\nabla^2 f(\boldsymbol{x})$ はヘシアンである。

$$\nabla f(\boldsymbol{x}_0) \ = \ \left.\frac{\partial f}{\partial \boldsymbol{x}^*}\right|_{\boldsymbol{x}=\boldsymbol{x}_0}, \quad \nabla^2 f(\boldsymbol{x}_0) \ = \ \left.\frac{\partial^2 f}{\partial \boldsymbol{x}^T \partial \boldsymbol{x}^*}\right|_{\boldsymbol{x}=\boldsymbol{x}_0} \tag{A.111}$$

A.4.2　ディラックのデルタ関数

ディラックのデルタ関数（Dirac delta function）は，次式で定義される[9)]。

$$\delta(x) \ := \ \begin{cases} 1/\Delta & -\Delta/2 \leqq x \leqq \Delta/2 \\ 0 & \text{otherwise} \end{cases} \tag{A.112}$$

ただし，$\Delta \to 0$。$\delta(x)$ は次式を満たす。

$$\int_{-\infty}^{\infty} \delta(x)\,dx = 1 \tag{A.113}$$

また，任意の関数 $f(x)$ に対して，次式が成り立つ。

$$\int_{-\infty}^{\infty} f(x)\delta(x - x_0)\,dx \;=\; f(x_0) \tag{A.114}$$

引用・参考文献

1) G. H. Golub and C. F. VanLoan : *Matrix Computations*, The Johns Hopkins University Press, 3rd edition (1996)
2) H. L. Van Trees : *Optimum Array Processing*, Wiley (2002)
3) G. Strang : *Linear Algebra and Its Application*, Harcourt Brace Jovanovich Inc., Orlando (1988)
4) A. Cichocki and S. Amari : *Adaptive blind signal and image processing*, Wiley (2002)
5) D. H. Brandwood : "A complex gradient operator and its application in adaptive array theory," *Proc. IEE, Special issue on adaptive arrays*, vol. 130, pp. 11～17 (1983)
6) D. H. Johnson and D. E. Dudgeon : *Array signal processing*, Prentice Hall, Englewood Cliffs NJ (1993)
7) S. Haykin : *Adaptive filter theory*, Prentice Hall, fourth edition (2002)
8) A. H. Sayed : *Adaptive filters*, Wiely (2008)
9) R. D. Yates and D. J. Goodman : *Probability and stochastic processes*, Wiley (2005)

B. 確率・統計の基礎

B.1 確 率 分 布

B.1.1 基本的な定義と性質

〔1〕 同時確率密度と周辺確率密度

2 つの確率変数 $\{x, y\}$ からなるベクトル $\boldsymbol{z} = [x, y]^T$ を考える。$\boldsymbol{z}$ の**確率密度関数**（probability density function，PDF）

$$p(\boldsymbol{z}) = p(x, y) \tag{B.1}$$

は，x と y の**同時確率密度関数**（joint density function）と呼ばれる。

同時確率密度関数を，次式のように一方の変数について積分したものを**周辺確率密度関数**（marginal density function）と呼ぶ。

$$p(x) = \int_{-\infty}^{\infty} p(x, y)\, dy, \qquad p(y) = \int_{-\infty}^{\infty} p(x, y)\, dx \tag{B.2}$$

〔2〕 条件付き確率密度とベイズの定理

y が与えられた場合の x の**条件付き確率密度関数**（conditional density function）は，次式で定義される。

$$p(x|y) := \frac{p(x, y)}{p(y)} \tag{B.3}$$

条件付き確率密度 $p(x|y)$ と，同時確率密度 $p(x, y)$ および周辺確率密度 $p(x)$，$p(y)$ の間には，次式の関係がある。

$$p(x, y) = p(x|y)p(y) = p(y|x)p(x) \tag{B.4}$$

これから，次式が成り立つ。

$$p(y|x) = \frac{p(x|y)p(y)}{p(x)} \tag{B.5}$$

これを**ベイズの定理**（Bayes' theorem）と呼ぶ。式 (B.5) の分母 $p(x)$ は，式 (B.2) と式 (B.4) を用いて

$$p(x) = \int_{-\infty}^{\infty} p(x|y)p(y)\, dy \tag{B.6}$$

と書くことができる。これより，ベイズの定理（式 (B.5)）は，次式のように書き直すことができる。

$$p(y|x) = \frac{p(x|y)p(y)}{\displaystyle\int_{-\infty}^{\infty} p(x|y)p(y)\,dy} \tag{B.7}$$

この式から，式 (B.7) の分母は，分子を正規化するものであることがわかる。多変数の場合のベイズの定理は，次式のように，式 (B.5) の単純な拡張となる。

$$p(\boldsymbol{y}|\boldsymbol{x}) = \frac{p(\boldsymbol{x}|\boldsymbol{y})p(\boldsymbol{y})}{p(\boldsymbol{x})} \tag{B.8}$$

ここで，$\boldsymbol{x} = [x_1, \cdots, x_N]^T$，$\boldsymbol{y} = [y_1, \cdots, y_N]^T$。

〔3〕 線形変換の確率密度関数

確率変数 $\boldsymbol{x}$ と $\boldsymbol{y}$ が線形変換 $\boldsymbol{y} = \boldsymbol{A}\boldsymbol{x}$ の関係にある場合，$\boldsymbol{x}$ と $\boldsymbol{y}$ の確率密度関数 $p(\boldsymbol{x})$ と $p(\boldsymbol{y})$ は次式の関係となる。

$$p(\boldsymbol{y}) = \frac{1}{|\det(\boldsymbol{A})|} p(\boldsymbol{x}) \tag{B.9}$$

〔4〕 統計的独立性

確率変数 $\boldsymbol{x} = [x_1, \cdots, x_N]^T$ に対して，その同時確率密度 $p(\boldsymbol{x})$ が，次式に示すように周辺確率密度 $p(x_i)$ の積に分解される場合，$\{x_i\}$ はたがいに統計的に独立であるという。

$$p(\boldsymbol{x}) = p(x_1, \cdots, x_N) = \prod_{i=1}^{N} p(x_i) \tag{B.10}$$

B.1.2 ガウス分布

確率変数が単変数 x の場合，ガウス分布の確率密度関数は次式で与えられる。

$$p(x) = \frac{1}{\sqrt{2\pi\sigma^2}} \exp\left(-\frac{(x-\mu)^2}{2\sigma^2}\right) \tag{B.11}$$

ここで，μ と σ^2 は，式 (B.23) および式 (B.24) で定義される x の平均値と分散である。式 (B.11) のガウス分布を $\mathcal{N}(x|\mu, \sigma^2)$ あるいは $\mathcal{N}(\mu, \sigma^2)$ と表す場合がある。また，確率変数 x がガウス分布 $\mathcal{N}(\mu, \sigma^2)$ に従うことを，次式のように表す。

$$x \sim \mathcal{N}(\mu, \sigma^2) \tag{B.12}$$

確率変数が多変数 $\boldsymbol{x} = [x_1, \cdots, x_N]^T$ の場合，ガウス分布の確率密度関数は次式のようになる。

$$p(\boldsymbol{x}) = \frac{1}{(2\pi)^{N/2} \det(\boldsymbol{P})^{1/2}} \exp\left(-\frac{1}{2}(\boldsymbol{x}-\boldsymbol{\mu})^T \boldsymbol{P}^{-1}(\boldsymbol{x}-\boldsymbol{\mu})\right) \tag{B.13}$$

ここで，$\boldsymbol{\mu}$ と $\boldsymbol{P}$ は，式 (B.25) および式 (B.26) で定義される $\boldsymbol{x}$ の平均値と共分散行列である。

確率変数 $\boldsymbol{x}$ が複素数の場合，確率密度関数は次式のようになる[1),2)]。

$$p(\boldsymbol{x}) = \frac{1}{\pi^N \det(\boldsymbol{P})} \exp\Big(-(\boldsymbol{x}-\boldsymbol{\mu})^H \boldsymbol{P}^{-1}(\boldsymbol{x}-\boldsymbol{\mu})\Big) \tag{B.14}$$

ガウス分布には以下の重要な性質がある[3)]。

- **線形変換**　$\boldsymbol{x}$ がガウス分布 $\mathcal{N}(\boldsymbol{\mu}_x, \boldsymbol{P}_x)$ に従う場合，これを線形変換した $\boldsymbol{y} = \boldsymbol{A}\boldsymbol{x}$ もガウス分布に従う。$\boldsymbol{y}$ の平均値および共分散行列は次式で与えられる。

$$\boldsymbol{\mu}_y = \boldsymbol{A}\boldsymbol{\mu}_x, \qquad \boldsymbol{P}_y = \boldsymbol{A}\boldsymbol{P}_x\boldsymbol{A}^H \tag{B.15}$$

- **条件付き確率密度**　$\boldsymbol{x}$ と $\boldsymbol{y}$ が結合ガウス分布 (jointly Gaussian distribution) に従うとき，条件付き確率密度 $p(\boldsymbol{x}|\boldsymbol{y})$ および $p(\boldsymbol{y}|\boldsymbol{x})$ もガウス分布となる。これについては，2.3.2 項で詳しく述べてある。
- **周辺確率密度**　$\boldsymbol{x}$ と $\boldsymbol{y}$ が結合ガウス分布の場合，周辺確率密度 $p(\boldsymbol{x}) = \displaystyle\int p(\boldsymbol{x},\boldsymbol{y})d\boldsymbol{y}$ もガウス分布となる。$p(\boldsymbol{y})$ についても同様である。

例 B.1

図 B.1 に 2 変数 $\boldsymbol{x} = [x_1, x_2]^T$ の場合のガウス分布の例を示す。図 (a) は同時確率密度 $p(x_1, x_2)$，図 (b) はその等高線表示である。図 (c) は周辺確率密度 $p(x_1) = \displaystyle\int p(x_1, x_2)\, dx_2$，および条件付き確率密度 $p(x_1|x_2 = 2)$ を示す。$p(x_1|x_2 = 2)$ は，図 (b) において，同時確率密度を $x_2 = 2$（一点鎖線）でスライスしたものである。$\boldsymbol{x}$ がガウス分布であるので，周辺確率密度および条件付き確率密度もガウス分布となっている。

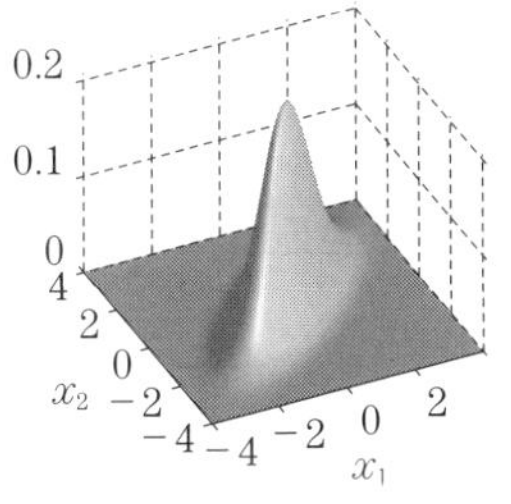

(a)　同時確率密度 $p(x_1, x_2)$

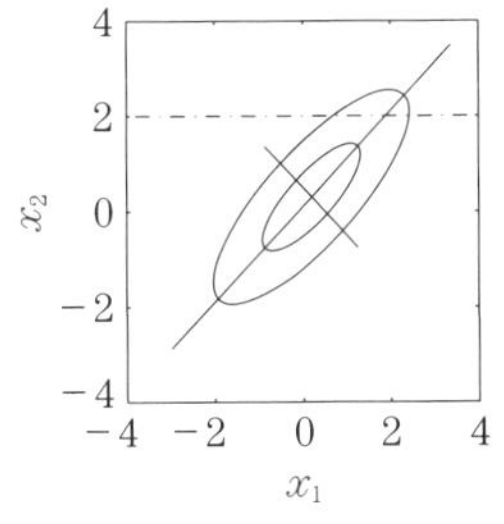

(b)　$p(x_1, x_2)$ の等高線表示

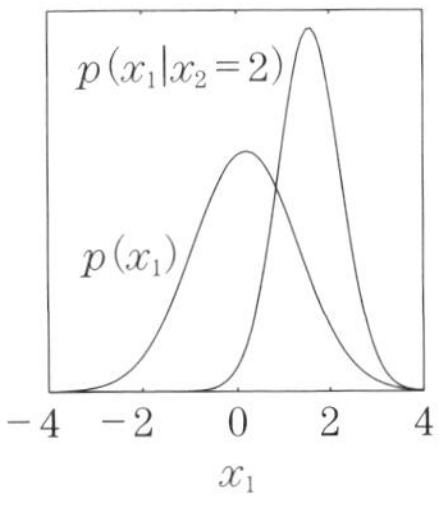

(c)　周辺確率密度 $p(x_1)$ と条件付き確率密度 $p(x_1|x_2 = 2)$

図 B.1　ガウス分布の例

図 **B.2** は，図 B.1(b) で示した等高線表示の幾何学的な意味を示している[4),5)]。等高線は，式 (B.13) の exp(·) の中身の 2 次形式が次式のように一定値となる場合であり，楕円となる。これを**等確率楕円**と呼ぶ。

$$(\boldsymbol{x}-\boldsymbol{\mu})^T\boldsymbol{P}^{-1}(\boldsymbol{x}-\boldsymbol{\mu}) \;=\; c \tag{B.16}$$

続いて，共分散行列 $\boldsymbol{P}$ を次式のように固有値分解する。

$$\boldsymbol{P} \;=\; \boldsymbol{E}\boldsymbol{\Lambda}\boldsymbol{E}^T \;=\; \sum_{i=1}^{N}\lambda_i\boldsymbol{e}_i\boldsymbol{e}_i^T \tag{B.17}$$

このとき，固有ベクトル $\{\boldsymbol{e}_1,\boldsymbol{e}_2\}$ は楕円の長軸および短軸方向を表す。また，固有値の平方根 $\{\lambda_1^{1/2},\lambda_2^{1/2}\}$ は軸方向の倍率である。楕円の中心は平均値 $\boldsymbol{\mu}$ である。これは，$\boldsymbol{x}$ に次式のような回転と並行移動を施すことにより理解される。

$$\boldsymbol{y} \;=\; \boldsymbol{E}^T(\boldsymbol{x}-\boldsymbol{\mu}) \tag{B.18}$$

式 (B.18) の変換により，2 次形式（式 (B.16)）は，次式のように，新たな座標系 (y_1,y_2) における標準的な楕円の方程式となる。

$$\boldsymbol{y}^T\boldsymbol{\Lambda}^{-1}\boldsymbol{y} \;=\; \frac{y_1^2}{\lambda_1}+\frac{y_2^2}{\lambda_2} \;=\; c \tag{B.19}$$

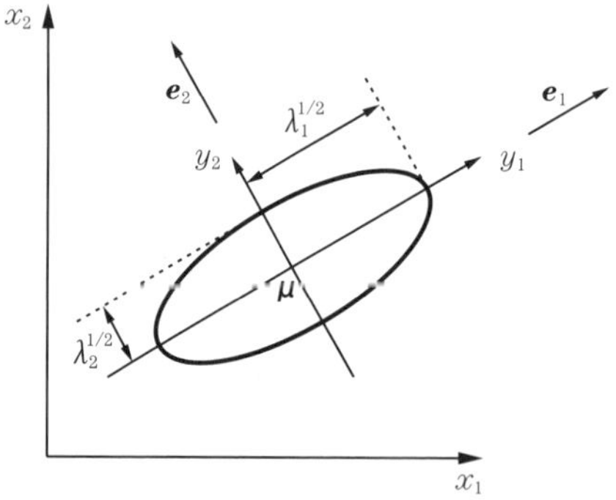

図 **B.2**　ガウス分布の幾何学的な意味[4)]

B.2　統　　計　　量

B.2.1　期　　待　　値

確率変数 x が分布 $p(x)$ に従うとき，関数 $f(x)$ の**期待値**（expectation）は次式で与えられる。

$$E[f(x)] \;:=\; \int f(x)p(x)\,dx \tag{B.20}$$

また，**条件付き期待値**（conditional expectation）は次式で与えられる。

$$E[f(x)|y] \;:=\; \int f(x)p(x|y)\,dx \tag{B.21}$$

期待値演算は，線形変換と順序の交換が可能である。

$$E[\boldsymbol{A}\boldsymbol{x}] \;=\; \boldsymbol{A}E[\boldsymbol{x}] \tag{B.22}$$

ここで，$\boldsymbol{x} = [x_1, \cdots, x_N]^T$，$\boldsymbol{A}$ は定数行列である。

B.2.2 平均値と共分散行列

分布 $p(x)$ に従う実数の確率変数 x の**平均値**（mean）と**分散**（varinace）は，次式で定義される。

$$\mu_x \;:=\; E[x] \;=\; \int xp(x)\,dx \tag{B.23}$$

$$\sigma_x^2 \;:=\; E[(x-\mu_x)^2] \;=\; \int (x-\mu_x)^2 p(x)\,dx \tag{B.24}$$

分布 $p(\boldsymbol{x})$ に従う複素数の確率変数ベクトル $\boldsymbol{x} = [x_1, \cdots, x_N]^T$ の場合，**平均値ベクトル**（mean vector）と**共分散行列**（covariance matrix）は次式で定義される。

$$\boldsymbol{\mu}_x \;:=\; E[\boldsymbol{x}] \;=\; \int \boldsymbol{x}p(\boldsymbol{x})\,d\boldsymbol{x} \tag{B.25}$$

$$\boldsymbol{P}_x \;:=\; E[(\boldsymbol{x}-\boldsymbol{\mu}_x)(\boldsymbol{x}-\boldsymbol{\mu}_x)^H] \;=\; \int (\boldsymbol{x}-\boldsymbol{\mu}_x)(\boldsymbol{x}-\boldsymbol{\mu}_x)^H p(\boldsymbol{x})\,d\boldsymbol{x} \tag{B.26}$$

相関行列（correlation matrix）は次式で定義される。

$$\boldsymbol{R}_x \;:=\; E[\boldsymbol{x}\boldsymbol{x}^H] = \int \boldsymbol{x}\boldsymbol{x}^H p(\boldsymbol{x})\,d\boldsymbol{x} \tag{B.27}$$

相関行列はエルミート行列であり，半正定値である。相関行列と共分散行列の間には，次式の関係がある。

$$\boldsymbol{P}_x \;=\; \boldsymbol{R}_x - \boldsymbol{\mu}_x\boldsymbol{\mu}_x^H \tag{B.28}$$

平均値が $\boldsymbol{\mu} = \boldsymbol{0}$ の場合は，相関行列と共分散行列は等しい。

$\boldsymbol{x}$ と $\boldsymbol{y}$ の間の**相互共分散行列**（cross covariance matrix）$\boldsymbol{P}_{xy}$，および**相互相関行列**（cross correlation matrix）$\boldsymbol{R}_{xy}$ は次式で定義される。

$$\boldsymbol{P}_{xy} \;:=\; E[(\boldsymbol{x}-\boldsymbol{\mu}_x)(\boldsymbol{y}-\boldsymbol{\mu}_y)^H] \tag{B.29}$$

$$\boldsymbol{R}_{xy} \;:=\; E[\boldsymbol{x}\boldsymbol{y}^H] \tag{B.30}$$

B.2.3 高次統計量

スカラーの確率変数 x に対する j 次の**モーメント**（moment）は，次式で定義される。

$$m_j := E[x^j] \tag{B.31}$$

また，**キュムラント**（cumulant）は次式で定義される[6)]。

$$\kappa_2 := m_2 \tag{B.32}$$

$$\kappa_3 := m_3 \tag{B.33}$$

$$\kappa_4 := m_4 - 3m_2^2 \tag{B.34}$$

ここでは，平均値 $m_1 = 0$ の場合について，本書で用いる 4 次までのキュムラントを示してある。2 次のキュムラント κ_2 は分散に等しい。3 次のキュムラント κ_3 は**歪度**（skewness）と呼ばれ，分布の非対称性の指標として用いられる。4 次のキュムラント κ_4 は**尖度**（kurtosis）と呼ばれ，分布の尖り具合を示す指標として用いられる。次式で定義される**正規化尖度**（normalized kurtosis）もよく用いられる。

$$\tilde{\kappa}_4 := \frac{m_4}{m_2^2} - 3 \tag{B.35}$$

尖度は，分散が正規化されている $(m_2 = 1)$ 場合，$[-2, \infty]$ の範囲の値をとり，ガウス分布の場合に 0 となる。このことから，尖度は非ガウス性の尺度として，しばしば用いられる[3),6)]。尖度が負の場合は，**劣ガウス**（subgaussian）分布と呼ばれ，ガウス分布より平坦な分布となる場合が多い。その代表例として，**一様分布**（uniform distribution）が挙げられる。一方，尖度が正の場合は，**優ガウス**（supergaussian）分布と呼ばれ，一般に分布の先端が鋭くなり「すそ」が広くなる傾向にある。その代表例として，**ラプラス分布**（Laplacian distribution）が挙げられる。本書で扱う音声や音楽信号も一般に優ガウス分布であることが知られている。

B.2.4 多変数の高次統計量

実数の確率変数ベクトル $\boldsymbol{x} = [x_1, \cdots, x_N]^T$ の場合，キュムラントは次式で定義される[3),6)]。

$$\mathrm{cum}(x_i, x_j) := E[x_i x_j] \tag{B.36}$$

$$\mathrm{cum}(x_i, x_j, x_k) := E[x_i x_j x_k] \tag{B.37}$$

$$\begin{aligned}\mathrm{cum}(x_i, x_j, x_k, x_l) := {} & E[x_i x_j x_k x_l] - E[x_i x_j]E[x_k x_l] \\ & - E[x_i x_k]E[x_j x_l] - E[x_i x_l]E[x_j x_k]\end{aligned} \tag{B.38}$$

ただし，平均値が $E[\boldsymbol{x}] = \mathbf{0}$ の場合を示してある。$\boldsymbol{x}$ が複素数の場合については，5.4 節で述べる。

多変数のキュムラントには，以下の性質がある[6)]。

1) $\{a_1, \cdots, a_N\}$ を定数とした場合

$$\mathrm{cum}(a_1 x_1, \cdots, a_N x_N) = a_1 \cdots a_N\ \mathrm{cum}(x_1, \cdots, x_N) \tag{B.39}$$

2) 二つの統計的に独立な確率変数ベクトル $\boldsymbol{x} = [x_1, \cdots, x_N]^T$ および $\boldsymbol{y} = [y_1, \cdots, y_N]^T$ がある場合

$$\mathrm{cum}(\boldsymbol{x} + \boldsymbol{y}) = \mathrm{cum}(\boldsymbol{x}) + \mathrm{cum}(\boldsymbol{y}) \tag{B.40}$$

3) $\boldsymbol{x} = [x_1, \cdots, x_N]^T$ が結合ガウス分布に従うとき，3 次以上のキュムラントは 0 となる。

B.3 確　率　過　程

B.3.1 定　常　過　程

- **強定常**

  時系列 $\{x_k; k = 1, 2, \cdots\}$ について，その確率密度関数が，時刻 k によらず一定である場合を**強定常**（strongly stationary），あるいは**狭義定常**（strict-sense stationary）であるという[†1]。

- **弱定常**

  時系列 $\{x_k\}$ について，2 次までのモーメント，すなわち平均値と自己相関関数が時刻 k によらず一定である場合を，**弱定常**（weakly stationary），あるいは**広義定常**（wide-sense stationary）であるという。すなわち

$$E[x_k] = \mu, \qquad E[x_k^* x_{k+\tau}] = r(\tau) \quad \forall k \tag{B.41}$$

ここで，μ は定数を，$r(\tau)$ は時間差 τ のみの関数であることを表す。

B.3.2 マルコフ過程

過去から現在にいたる時系列 $\{x_1, \cdots, x_k\}$ が与えられたとき，現在のデータ x_k は，直近の過去のデータ x_{k-1} のみに依存し，それ以外の過去のデータ $\{x_1, \cdots, x_{k-2}\}$ には依存しない場合を，**1 次のマルコフ連鎖**（first-order Markov chain）と呼ぶ[†2]。これを式で表すと，次式のようになる[4),7)]。

---

†1　厳密な定義は，文献7) などを参照。

†2　マルコフ過程のうち，x_k が離散値をとる場合をマルコフ連鎖と呼ぶ。

$$p(x_k|x_1, \cdots, x_{k-1}) \;=\; p(x_k|x_{k-1}) \tag{B.42}$$

$p(x_k|x_{k-1})$ は**遷移確率**（transition probability）と呼ばれる。式 (B.42) により，同時確率 $p(x_1, \cdots, x_k)$ は，次式のような遷移確率の積として表される。

$$p(x_1, \cdots, x_k) \;=\; p(x_1)\prod_{i=2}^{k} p(x_i|x_{i-1}) \tag{B.43}$$

遷移確率が，時刻によらず一定となる場合 ($p(x_k|x_{k-1}) = \cdots = p(x_2|x_1)$) を，**一様マルコフ連鎖**（homogeneous Markov chain）と呼ぶ。$p(x_k)$ と $p(x_{k-1})$ の間には，次式の関係が成り立つ。

$$p(x_k) \;=\; \sum_{x_{k-1}} p(x_k|x_{k-1})p(x_{k-1}) \tag{B.44}$$

x_k が連続値をとる場合は，式 (B.44) は次式のようになる。

$$p(x_k) \;=\; \int p(x_k|x_{k-1})p(x_{k-1})\,dx_{k-1} \tag{B.45}$$

B.4　情　報　理　論

B.4.1　エントロピー

確率変数 $\boldsymbol{x}$ のエントロピー（entropy, differential entropy†）は，次式で与えられる。

$$H(\boldsymbol{x}) \;:=\; -\int p(\boldsymbol{x})\log p(\boldsymbol{x})\,d\boldsymbol{x} \;=\; -E[\log p(\boldsymbol{x})] \tag{B.46}$$

確率変数 $\boldsymbol{x}$ と $\boldsymbol{y}$ が線形変換 $\boldsymbol{y} = \boldsymbol{A}\boldsymbol{x}$ の関係にある場合，式 (B.9) から，$\boldsymbol{x}$ と $\boldsymbol{y}$ のエントロピーには次式の関係が成立する[3)]。

$$H(\boldsymbol{y}) = H(\boldsymbol{x}) + \log|\det(\boldsymbol{A})| \tag{B.47}$$

B.4.2　KL 情報量と相互情報量

確率分布 $p(\boldsymbol{x})$ と $q(\boldsymbol{x})$ の間の **KL 情報量**（Kullback-Leibler divergence, KLD）は，次式で定義される[4)]。

$$\begin{aligned} D_{\mathrm{KL}}(p(\boldsymbol{x}), q(\boldsymbol{x})) \;&:=\; \int p(\boldsymbol{x})\log\frac{p(\boldsymbol{x})}{q(\boldsymbol{x})}\,d\boldsymbol{x} \qquad \text{(B.48)} \\ &=\; -\int p(\boldsymbol{x})\log q(\boldsymbol{x})\,d\boldsymbol{x} - \left(-\int p(\boldsymbol{x})\log p(\boldsymbol{x})\,d\boldsymbol{x}\right) \end{aligned}$$

KL 情報量はつねに非負の値をとり，$p(\boldsymbol{x}) = q(\boldsymbol{x})$ が成り立つ場合に限り 0 となる。

† $\boldsymbol{x}$ が連続値の場合，differential entropy と呼ばれる。

このことから，KL 情報量は，二つの確率分布間の距離と考えることができる。KL 情報量は**相対エントロピー**（relative entropy）とも呼ばれる。

N 個の確率変数 $\{x_1, \cdots, x_N\}$ 間の**相互情報量**（mutual information）は，次式で与えられる[3)]。

$$I(x_1, \cdots, x_N) := \sum_{i=1}^{N} H(x_i) - H(\boldsymbol{x}) \tag{B.49}$$

ここで，$\boldsymbol{x} = [x_1, \cdots, x_N]^T$。相互情報量は，8.3.1 項で述べるように，$\{x_1, \cdots, x_N\}$ の同時分布 $p(\boldsymbol{x})$ と，周辺分布の積 $\prod_{i=1}^{N} p(x_i)$ との KL 情報量に等しく，$\{x_1, \cdots, x_N\}$ が独立である場合に 0 となる。

引用・参考文献

1) D. H. Johnson and D. E. Dudgeon：*Array signal processing*, Prentice Hall, Englewood Cliffs NJ (1993)
2) A. H. Sayed：*Adaptive filters*, Wiely (2008)
3) A. Hyvärinen, J. Karhunen, and E. Oja：*Independent component analysis*, Wiley (2001)
4) C. Bishop：*Pattern recognition and machine learning*, Springer (2006)
5) 金井浩：音・振動のスペクトル解析，コロナ社 (1999)
6) C. L. Nikias and A. P. Petropulu：*Higher-order spectral analysis*, Prentice Hall (1993)
7) R. D. Yates and D. J. Goodman：*Probability and stochastic processes*, Wiley (2005)

索　　　　引

―― 著者略歴 ――

浅野　太（あさの　ふとし）
1986年　東北大学工学部電気工学科卒業
1991年　東北大学大学院工学研究科博士課程修了
（電気及通信工学専攻）
工学博士
1991年　東北大学電気通信研究所助手
1995年　電子技術総合研究所
（現 産業技術総合研究所）
2015年　工学院大学教授
現在に至る

1993年
～1994年　ペンシルベニア州立大学客員研究員
2006年～　ホンダ・リサーチ・インスティチュート・
ジャパン客員研究員

音のアレイ信号処理
―音源の定位・追跡と分離―
Array signal processing for acoustics
―Localization, tracking and separation of sound sources―

2011 年 2 月 25 日　初版第 1 刷発行
2019 年 6 月 20 日　初版第 4 刷発行

検印省略

編　者　一般社団法人 日本音響学会
発行者　株式会社　コロナ社
代表者　牛来真也
印刷所　三美印刷株式会社
製本所　牧製本印刷株式会社

112–0011　東京都文京区千石 4–46–10
発行所　株式会社　コロナ社
CORONA PUBLISHING CO., LTD.
Tokyo Japan
振替 00140–8–14844・電話(03)3941–3131(代)
ホームページ　http://www.coronasha.co.jp

ISBN 978–4–339–01116–6　C3355　Printed in Japan　（河村）